Hopp

Kunststoffrecycling im Wandel

Matthias Hopp

Kunststoffrecycling im Wandel

Technologische, wirtschaftliche und politische Aspekte

HANSER

Print-ISBN: 978-3-446-48418-4
E-Book-ISBN: 978-3-446-48648-5
E-Pub-ISBN: 978-3-446-48808-3

Bibliografische Information der Deutschen Nationalbibliothek:
Die Deutsche Nationalbibliothek verzeichnet diese Publikation in der Deutschen Nationalbibliografie; detaillierte bibliografische Daten sind im Internet unter http://dnb.d-nb.de abrufbar.

Vilshofener Straße 10 | 81679 München | info@hanser.de
www.hanser-fachbuch.de
Lektorat: Dr. Mark Smith
Herstellung: Cornelia Speckmaier
Coverkonzept: Marc Müller-Bremer, www.rebranding.de, München
Covergestaltung: Thomas West
Titelmotiv: gettyimages.de/Govindanmarudhai
Satz: le-tex publishing services GmbH, Leipzig
Druck: CPI Books GmbH, Leck
Printed in Germany

Inhalt

Danksagung

In erster Linie möchte ich mich bei Prof. Dr.-Ing. Elmar Moritzer und Prof. Dr.-Ing. Volker Schöppner bedanken, die es mir ermöglicht haben, in einem eigenen Forschungs- und Lehrgebiet die Inhalte für die Habilitationsschrift zu erstellen, welche Grundlage für dieses Buch darstellen.

Im Zuge des Aufbaus der neuen Lehrveranstaltung „Kunststoffrecycling“ danke ich insbesondere Frau Dr.-Ing. Lisa Tölle und Dr.-Ing. Maximilian Scholle für die wertvolle Unterstützung. Zudem konnten wir in einer Arbeitsgruppe eine erste Analyse der Stoffströme erarbeiten, wofür ich allen Teilnehmern dankbar bin. Ein herzliches Dankeschön geht auch an Dr.-Ing. Frederik Mühlhoff, Leon Schäffer, Dr.-Ing. Laura Austermeier und nochmals Dr.-Ing. Lisa Tölle, die bei der Umsetzung von Forschungsthemen im Labor unterstützt haben. In dem Zusammenhang sind ebenfalls die Studierenden zu nennen, die im Rahmen ihrer studentischen Arbeiten einen großen Beitrag geleistet haben. Anne Jäckel und Florian Löhr danke ich für die Hilfe bei der Erstellung von Abbildungen und Diagrammen und entschuldige mich nachträglich für die vielen, von mir verschuldeten Änderungsschleifen.

Dass ich während meiner Tätigkeit als Oberingenieur die Zeit finden konnte, die Habilitation weiter voranzutreiben, ist denjenigen zu verdanken, die mich bei den eingeführten Prozessen zur Budgetplanung und -steuerung unterstützt haben.

Nicht zuletzt möchte ich meiner Frau danken, die mich immer wieder unterstützt und motiviert hat, die Habilitation zu Ende zu führen. Ohne sie wäre es nicht zu diesem Buch gekommen.

Vorwort

Die Wiederverwendung von Produkten oder Werkstoffen mit dem Ziel der Ressourcenschonung ist vor dem Hintergrund steigender Umweltprobleme und der Änderung der klimatischen Verhältnisse ein wichtiges Thema. Kunststoffe sind seit vielen Jahren stark im Fokus der Betrachtung, da sie aufgrund des unzureichenden Abfallmanagements in vielen Ländern dieser Erde die Umwelt verschmutzen und Probleme für Mensch und Tier hervorrufen. Technisch gesehen lassen sich zumindest die Thermoplaste nach dem Gebrauch recyceln und können auf diese Weise einen zweiten Lebenszyklus erhalten.

Warum nur ist das stoffliche Recycling zumindest in den westlichen Ländern nicht längst stärker ausgebaut, wenn es doch so viele Vorteile zu bieten scheint? Warum verbrennen wir nach wie vor einen Großteil der Kunststoffabfälle?

In diesem Buch werden aus wissenschaftlicher Sicht die Möglichkeiten des Recyclings von Kunststoffen unter den politischen, wirtschaftlichen und technologischen Rahmenbedingungen beleuchtet. Die politische Sicht auf dieses Thema ist geprägt von Verordnungen und Richtlinien der EU, die in Deutschland in Form von Gesetzen in nationales Recht umgesetzt werden. Auch wenn sich die Gesetzgebung in diesem Bereich nach wie vor noch in einem größeren Wandel befindet, soll gezeigt werden, wie Hersteller sich auf verändernde Randbedingungen einstellen müssen. Die von der EU angestrebte Transformation von einer linearen Bewirtschaftung von Kunststoffen hin zu einer Kreislaufwirtschaft wird nur unter dieser massiven politischen Einflussnahme funktionieren.

In diesem Buch wird vorgestellt, welche Akteure entlang der Wertschöpfungskette das Recycling von Kunststoffen und die Nutzung von Rezyklat beeinflussen und wie stark die Abhängigkeit der Akteure untereinander ist. Anhand ausgewählter Stoffströme werden zudem die Besonderheiten der einzelnen Branchen aufgezeigt. Bei differenzierter Betrachtung wird deutlich, dass das stoffliche Recycling in einigen Bereichen nur zu einem geringen Anteil technisch und wirtschaftlich umsetzbar ist.

Die Technologien zur Aufbereitung von Kunststoffen, die vorgestellt werden, sind teilweise seit über dreißig Jahren und länger bekannt. Darüber hinaus erfolgt in diesem Buch eine grundlegende Betrachtung der Verbundtrennung von mehrkomponentigen Produkten und es wird aus aktuellen Forschungsergebnissen das Potenzial für einen Einsatz beim Recycling von Kunststoffen gezeigt.

Die in dieser wissenschaftlichen Abhandlung vorgestellten Analysen, Forschungsergebnisse und theoretischen Herleitungen können dem geneigten Leser als Nachschlagewerk in Forschung und Lehre dienen.

Dr.-Ing. Matthias Hopp

Frühling 2026

1 Kunststoffe und ihre Recyclingfähigkeit

Neben Metallen, Keramiken und Naturmaterialien wie Holz stehen den Menschen die Kunststoffe als Werkstoff zur Verfügung. Das eigenständige Eigenschaftsprofil der Kunststoffe hat zu einer rasanten Entwicklung der Verarbeitungsmenge ab der Hälfte des letzten Jahrhunderts geführt. Heute ist der Kunststoff in nahezu allen Branchen nicht mehr wegzudenken und wesentlicher Bestandteil unseres Lebens.

Seit einigen Jahren beschäftigen uns jedoch zahlreiche Bilder und Berichte über illegal betriebene Deponien in Asien und Afrika, über die Entsorgung von Kunststoffmüll in Flüssen, der daraufhin in die Weltmeere gelangt, über die Folgen der Kunststoffe in den Meeren in Bezug auf Tiere und Pflanzen, über Gesundheitsrisiken für Menschen durch unsachgemäße Verbrennung von Kunststoffmüll und über die sozialen, wirtschaftlichen und politischen Herausforderungen, die daraus entstehen. Die Probleme sind im Kern auf den unsachgemäßen Umgang mit dem Müll und den teils übermäßigen Gebrauch kurzlebiger Kunststoffprodukte zurückzuführen. Eine Folge dieser Entwicklung ist jedoch, dass der Kunststoff als Werkstoff zunehmend pauschale Ablehnung erfährt und oftmals eine sachliche Auseinandersetzung vor dem Hintergrund plakativer Bilder von verendenden Tieren durch Kunststoffmüll ausbleibt.

Dabei sind Kunststoffe in zahlreichen Anwendungen auch unter ökologischen Gesichtspunkten der ideal einzusetzende Werkstoff. Zudem ist insbesondere die Gruppe der Thermoplaste durch die Möglichkeit des Wiederaufschmelzens grundsätzlich recyclingfähig.

In diesem Kapitel werden zunächst die kritischen Aspekte bei der Verwendung des Kunststoffs und bei dem Umgang mit Kunststoffabfall beleuchtet. Eine historische Einordnung und der aktuelle Stand der Herstellung, Verarbeitung, Sammlung und Verwertung von Kunststoffen ist Gegenstand eines weiteren Abschnitts (Abschnitt 1.2). Daraufhin wird auf den Werkstoff Kunststoff als solchen eingegangen und es werden das Eigenschaftsprofil, die Herstellung und die Verwertungsmöglichkeiten der mengenmäßig bedeutendsten Kunststoffe vorgestellt. Weiterhin erfolgt eine sich auf Deutschland beziehende Analyse der Voraussetzungen, die gegeben sein müssen, damit aus dem Kunststoffabfall der Wertstoff Kunststoff gewonnen werden kann.

1.1 Kunststoff in der Kritik – Umweltproblematik

Der Umgang mit Kunststoffabfällen ist in den Ländern der Erde höchst unterschiedlich organisiert. Während in vielen Ländern ein funktionierendes Abfallmanagement-System eine geordnete Sammlung des Abfalls sicherstellt, gibt es andere, in denen die Sammlung nicht oder nur unzureichend organisiert ist. Die Folge ist die unsachgemäße Entsorgung eines großen Anteils der Siedlungsabfälle, u. a. auch der Kunststoffe. Doch auch in Ländern mit einem halbwegs funktionierenden Abfallsystem werden Abfälle häufig achtlos in die Umwelt geworfen. Gründe hierfür reichen von unzureichendem Verantwortungsbewusstsein, Bequemlichkeit, Gleichgültigkeit, Unwissenheit bis hin zum Ausdruck von Provokation der Menschen gegen die allgemeine Ordnung.

Ohne das Problem kleinreden zu wollen, scheint sich die Kritik an den insgesamt in der Umwelt unkontrolliert entsorgten Abfällen überproportional auf den mengenmäßig eher kleinen Anteil der Kunststoffe zu fokussieren. Folgende Gründe können zu diesem Phänomen geführt haben:

- Kunststoffe entstammen der chemischen Industrie und werden daher in der Öffentlichkeit häufig als gesundheitsschädlich angesehen.
- Kunststoffe haben eine lange Lebensdauer und halten sich somit lange in der Umwelt.
- Kunststoffe haben eine geringe Dichte und werden leicht z. B. von offenen Deponien über Winde in der Umwelt verteilt. Zudem schwimmen Kunststoffteile aufgrund des Dichteunterschieds an der Wasseroberfläche und sind damit präsenter als Abfälle aus Metallen.

Dass fehlende Abfallmanagement-Systeme in einigen Ländern dieser Erde zu den großen Umweltproblemen geführt haben, ist offenkundig. Daneben fehlt eine faktenbasierte Aufklärung der Bevölkerung über den in vieler Hinsicht wertvollen Werkstoff Kunststoff und dessen Vorzüge im Alltag und über den verantwortungsvollen Umgang mit dem Kunststoffmüll. Darüber hinaus sollte die Mikroplastik-Thematik stärker in den Fokus genommen werden, da hier durch Rückhaltemaßnahmen viel getan werden kann, um den Eintrag von Mikroplastik in die Umwelt zu reduzieren. Bislang ist noch zu wenig bekannt über die regional stark unterschiedlichen Mechanismen, die zur Entstehung und Verbreitung von Mikroplastik führen.

Im Folgenden werden nun einige der entstandenen Umweltprobleme anhand von Studien vorgestellt.

1.1.1 Kunststoff in den Ozeanen

Es gibt zahlreiche Studien, die das Kunststoffabfallvorkommen in den Weltmeeren und den jährlichen Eintrag von Kunststoffmüll in die Weltmeere durch unterschiedliche Modellansätze abschätzen. Dabei ist klar, dass es sich bei allen Studien um Schätzungen und Hochrechnungen handelt, weil die Müllmengen nur unter großem Aufwand ermittelt werden können. Die Modellansätze sind gänzlich unterschiedlich und gehen entweder von stichprobenartig ermittelten, an der Oberfläche der Meere treibenden Kunststoffen aus oder von nicht kontrolliert erfassten Müllmengen an Land, welche potenziell in die Meere gelangen können. Es lässt sich somit nur ein grobes Bild der Situation skizzieren.

Jährlicher Eintrag von Kunststoffmüll in die Ozeane

Kunststoffmüll wird entweder über Land in die Weltmeere transportiert oder gelangt auf See durch Havarien oder die Fischerei dorthin. Nach einer Studie von McKinsey macht die Müllmenge, die auf See freigesetzt wird, weniger als 20 % der gesamten, jährlich in die Meere gelangenden Müllmenge aus [NN01-ol, S. 7]. Diese Zahl wird auch durch eine Studie von Morales-Caselles et al. bestätigt, die von einem Anteil von 22 % an dem Müll im Meer ausgehen, der durch maritime Aktivitäten (Fischerei etc.) in die Meere gelangt [MVG+21, S. 2]. Somit wird der größte Teil des Mülls vom Land in die Meere transportiert, auch wenn der Anteil von 20 % des auf See freigesetzten Mülls durchaus nicht zu vernachlässigen ist.

Jambeck et al. analysieren die in den weltweiten Küstenregionen (50 km Entfernung zum Meer) vorkommende, nicht kontrolliert gesammelte Müllmenge aus Kunststoff, die entweder direkt in die Umwelt gelangt oder auf offenen Deponien gelagert wird. Der Ansatz der Studie geht davon aus, dass dieser Müll potenziell in das Meer gelangen kann. Unter Einbeziehung der in den untersuchten Regionen wohnenden Bevölkerung wird eine Gesamtmenge an Kunststoffmüll von 99,5 Mio. Tonnen im Jahr 2010 berechnet, von denen 31,9 Mio. Tonnen als derjenige Anteil klassifiziert werden, der nicht durch ein kontrolliertes Abfallmanagement behandelt wird. Unter Annahme einer Rate von 15 bis 40 % dieses Anteils, der in die Meere gelangt, lassen sich Müllmengen von 4,8 bis 12,7 Mio. Tonnen errechnen, die jedes Jahr weltweit in die Ozeane eingetragen werden. Ca. 55 % dieses Abfalls werden von China, Indonesien, den Philippinen, Vietnam und Sri Lanka verursacht [JGW+15]. In einer weiteren Studie befassen sich Lebreton et al. mit dem weltweiten Eintrag von Kunststoff in die Meere über Flüsse. Demnach gelangen jedes Jahr 1,15 bis 2,41 Mio. Tonnen Kunststoff über Flüsse in die Ozeane dieser Erde [LZD+17]. Auch Schmidt et al. zeigen, dass der Eintrag des Kunststoffs über Flüsse einen substanziellen Anteil der gesamten Kunststoffmenge ausmacht, die vom Land in die Meere transportiert wird [SKW17]. Über eine große Anzahl von anerkannten Studien haben die Wissenschaftler eine Datenmenge extrahiert und über einen Modellansatz den Eintrag von Kunststoffen über die Einzugsgebiete der Flüsse in die Meere extrapoliert. Dabei ist zusätzlich entscheidend, wie hoch der Frischwassereintrag der einzelnen Flüsse in die Ozeane weltweit ist, was über die Datenbasis von Milliman und Farnsworth berücksichtigt wird [MF11]. Grundlage der zugrunde gelegten Abfallmengen ist die in [JGW+15] berechnete Menge des Abfalls, welcher nicht durch ein kontrolliertes Sammelsystem erfasst wird, ergänzt durch Daten einer weiteren Studie von Hoornweg und Blade-Tata [HB12], um zusätzlich zu den Küsten auch noch die Einzugsgebiete der Flüsse hinzuzunehmen. Abhängig von der jeweiligen Datenbasis bezüglich der durch Probennahme in Flüssen ermittelten Konzentrationen werden Eintragsmengen von weltweit 0,48 bis 2,75 Mio. Tonnen Kunststoff über Flusssysteme in die Meere errechnet. Über zehn Flüsse der Erde gelangen ca. 90 % dieser Menge in die Meere, von denen acht in Asien und die anderen beiden in Afrika liegen.

In Bezug auf Europa schätzen González-Fernández et al. in einer im Juni 2021 veröffentlichten Studie, dass über die Flusssysteme in Europa zwischen 307 Mio. und 925 Mio. Abfallstücke in die Meere transportiert werden. Die Kunststofffraktion liegt bei 80 % und es handelt sich im Wesentlichen um Verpackungen, Flaschen und Tüten. Insgesamt gelangen nach dieser Studie zwischen 1600 und 5000 Tonnen Kunststoffmüll pro Jahr aus Europa in die Meere. Den größten Anteil des Mülls stellen dabei die Türkei, Italien, das Vereinigte Königreich und Spanien mit zusammen 45 % an der Gesamtmenge. Aus Deutschlands Flusssystemen gelangen demnach nur ca. 2 % der europäischen Gesamtmenge in das Meer, was einer Müllmenge von 32 bis 100 Tonnen pro Jahr entspricht [GCH+21].

Weltweites Vorkommen von Kunststoffmüll in den Ozeanen

Der vom Land in die Meere eingetragene Kunststoffmüll sammelt sich zu einem Teil in küstennahen Gewässern, in Buchten und Golfen und zu einem anderen Teil in großen Zonen innerhalb der fünf Ozeanwirbel (Nordpazifikwirbel, Nordatlantikwirbel, Südpazifikwirbel, Südatlantikwirbel und Indischer Ozeanwirbel) [ELC+14]. Die größte Müllansammlung befindet sich im Nordpazifikwirbel, die den Namen Great Pacific Garbage Patch trägt und eine Fläche von 1,6 km^2 bedeckt. Nach Lebreton et al. befinden sich auf dieser Fläche zwischen 45 000 und 129 000 Tonnen Kunststoffmüll im oberflächennahen Bereich. Dabei handelt es sich hauptsächlich um Fischernetze und weiteres Fischereimaterial, daneben Flaschen und deren Verschlüsse [LSF+18]. Weitere Studien beschäftigen sich mit dem weltweit in den Meeren verbreiteten Kunststoffabfall und errechnen über Zählungen zahlreicher Proben, die zugrunde liegenden Meeresströmungen und weitere Faktoren die Müllmenge pro km^2 Meeresfläche [z. B. ELS+14, SWL+14]. Daraus resultieren beispielsweise Weltkarten mit modellhaft ermittelten Müllmengen, wie in Bild 1.1 zu sehen ist. Besonders für die Makrofraktion >200 mm sind die fünf Zonen zu erkennen, die in den fünf Ozeanwirbeln zu finden sind, und darüber hinaus Bereiche mit hoher Konzentration beispielsweise im Mittelmeer oder im Golf von Mexiko.

Eriksen et al. und Cózar et al. vergleichen in ihren Studien über die Menge des an der Oberfläche befindlichen Kunststoffmülls die errechneten Werte mit den Studien über die jährliche Eintragsmenge in die Ozeane über Flüsse und küstennahe Gebiete und die daraus abgeschätzte, in den Ozeanen befindliche Müllmenge. Sie kommen auf teilweise deutlich geringere Werte und begründen dies mit dem Absinken des Mülls durch Anlagerung von Algen und Mikroorganismen, durch Abbau des Kunststoffs in kleinste Teilchen (Nanopartikel) oder dadurch, dass Organismen die Abfallfragmente aufnehmen [ELC+14, CEG+14].

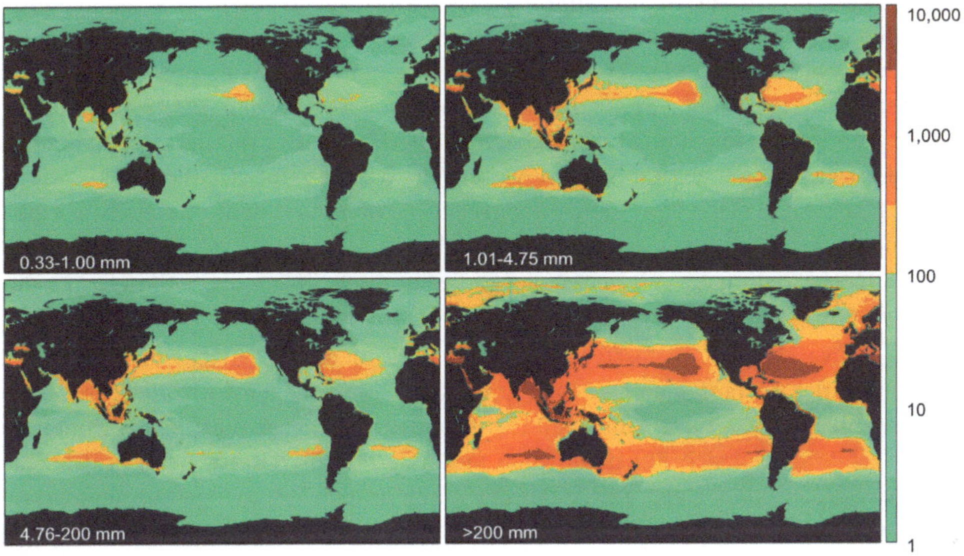

Bild 1.1 Modellergebnisse über die Kunststoffmüll-Vorkommen in den Ozeanen in g/km² für vier verschiedene Größenklassen der vorkommenden, schwimmfähigen Abfallstücke [ELC+14]

Durch Probennahme in Flussgebieten und den Ozeanen lassen sich weitere Erkenntnisse zu dem weltweit in den Ozeanen befindlichen Müll ableiten. Insbesondere kann über die Art des gefundenen Müllgegenstands auf die Herkunft und das Material geschlossen werden. Morales-Caselles et al. klassifizieren in ihrer Untersuchung Müllgegenstände, die in sieben marinen Regionen in mehreren Datenbanken dokumentiert sind. Um vergleichbare Voraussetzungen zu schaffen, führen sie zunächst eine über alle ausgewerteten Studien harmonisierte Klassifizierung der Gegenstände nach Produktart, Material, Herkunft und Region durch. Über eine Menge von 12 Millionen untersuchten Müllfragmenten bestehen im Mittel 80 % aus Kunststoff, gefolgt von Metall, Glas und Stoffen (Textil). Mit 95 % ist der größte Kunststoffanteil erwartungsgemäß an der Meeresoberfläche zu finden, da die Dichte vieler Kunststoffe unter der von Wasser liegt [MVG+21].

Bild 1.2 bis Bild 1.4 zeigen eine zusammenfassende Übersicht über Müllgegenstände, welche im Fluss, im Küstengewässer und auf offener See jeweils an der Wasseroberfläche und am Boden (Flussbett bzw. Meeresboden) gefunden werden. Es ist zu sehen, dass an der Oberfläche des Wassers in Flüssen und an der Küste hauptsächlich Kunststoffmüll in Form von Kunststofftüten, Lebensmittelbehältern und Kunststoffflaschen anfällt (ca. 65 % nach der Anzahl der Teile). Flaschendeckel aus Kunststoff machen immerhin 5 % der Gesamtmenge aus. Auf offener See finden sich immer noch ca. 20 % Kunststoffflaschen und Flaschendeckel, allerdings stellen die zu maritimen Aktivitäten zugehörigen Abfälle mit ca. 60 % den größten Anteil dar (Seile, Angelzubehör, Fischernetze). Auffällig ist, dass auf offener See nur noch zu einem sehr geringen Anteil folienartige Verpackungen wie Tüten oder Taschen vorkommen. Da diese zumeist aus den leichten Polyethylen-Typen bestehen, läge es nahe, dass diese über Wind und Meeresströmungen auch auf die offene See transportiert werden. Dies ist gemäß der genannten Quelle jedoch nicht der Fall, wie auch in [LSF+18] bestätigt wird. Das zeigt, dass es offensichtlich keinen starken Austausch zwischen den Abfällen in küstennahen Gewässern, welche vom Land eingetragen werden, und dem offenen Meer gibt. Zumindest oberflächennah werden die Abfälle aus den Flüssen im küstennahen Bereich zurückgehalten und erreichen nur an bestimmten Stellen die großen Ozeanwirbel über entsprechende Meeresströmungen [MVG+21].

Durch den Vergleich der erfassten Müllgegenstände an der Oberfläche und am Grund der Flüsse, der küstennahen Gewässer und der offenen See wird deutlich, dass auch ein erheblicher Anteil der Kunststoffartikel am Grund dieser marinen Regionen zu finden ist. Während sich Kunststofftüten in Flüssen noch weitestgehend im Oberflächenwasser befinden, steigt der Anteil der Tüten an der Müllmenge auf dem Grund der küstennahen Gewässer und der offenen See bis auf 18,5 % an. Auffällig ist zudem, dass Kunststoffflaschen den größten Anteil der Abfallstücke auf dem Meeresgrund im offenen Gewässer darstellen, während Gegenstände aus der Fischerei sich eher an der Oberfläche befinden. Ob sich Kunststoffartikel im oberflächennahen Bereich aufhalten oder auf den Meeresgrund sinken, hängt von vielen Faktoren ab. An großflächigen Abfallstücken, wie Tüten oder Folien, siedeln sich Mikroorganismen oder Algen an, wodurch eine Dichteverschiebung stattfindet. Allgemein ist die Auftriebskraft der Müllgegenstände neben der Dichte noch von dem verdrängten Volumen abhängig, sodass großvolumige Abfälle eine hohe Auftriebskraft besitzen, insbesondere leere und verschlossene Behälter wie Kanister oder Flaschen. Die Abfälle mit hohem Auftriebsvermögen werden vorrangig über Wind und oberflächennahe Strömungen an Küsten und Strände gespült. Andererseits werden Kunststoffabfälle mit geringem Auftriebsvermögen eher absinken und durch die jeweils vorliegenden Meeresströmungen entlang von Küsten oder auf die offene See ausgetrieben. In Bezug auf den vertikalen und horizontalen Transport von Kunststoffabfällen im Meer und die daraus errechneten tiefenabhängigen Konzentrationen existieren mehrere differierende Studien, die insgesamt zeigen, dass u. a. die jeweils in den Seegebieten vorherrschenden Strömungs-

und Windverhältnisse großen Einfluss haben sowie eine genauere Analyse der Partikelgrößenverteilung der Abfälle notwendig ist [RSN+15, CEG+14, LMG+14].

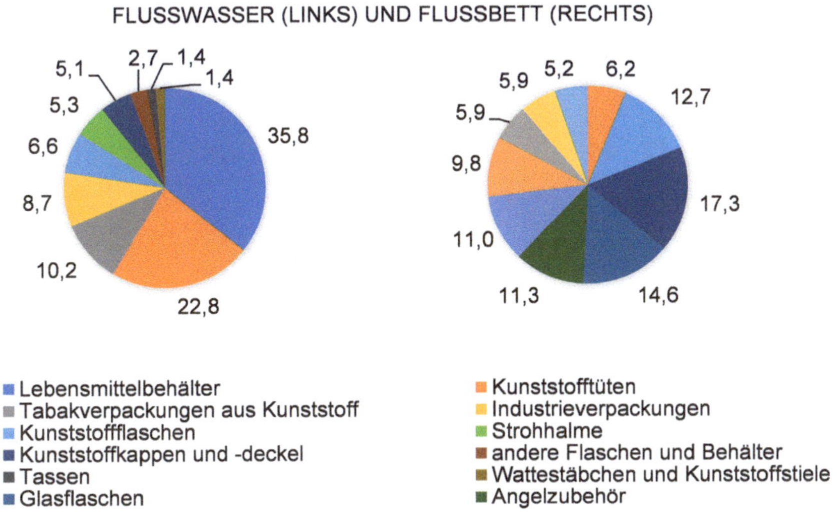

Bild 1.2 Übersicht über die im Flusswasser (links) und im Flussbett (rechts) gefundenen Müllgegenstände, eigene Darstellung mit Daten von [MVG+21]

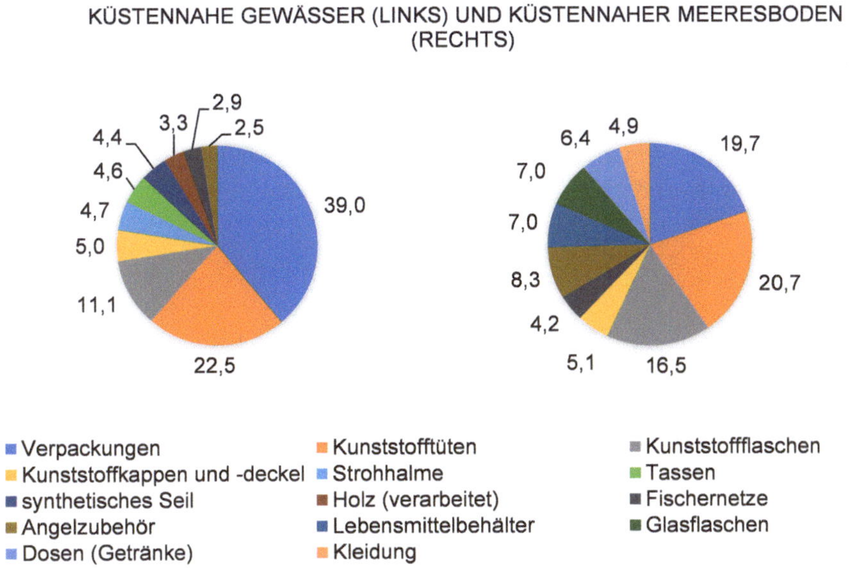

Bild 1.3 Übersicht über die im küstennahen Gewässer (links) und am küstennahen Meeresboden (rechts) gefundenen Müllgegenstände, eigene Darstellung mit Daten von [MVG+21]

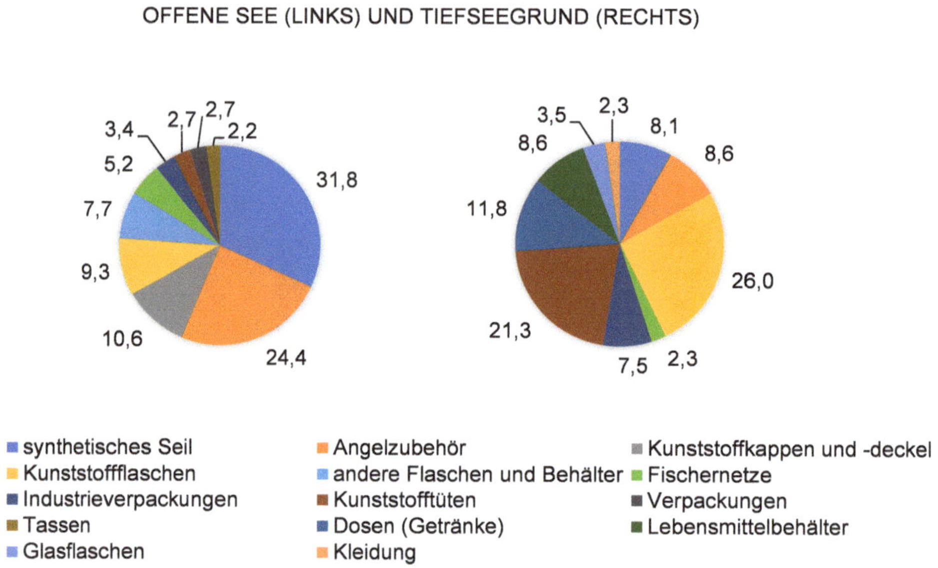

Bild 1.4 Übersicht über die auf offener See (links) und am Grund der Tiefsee (rechts) gefundenen Müllgegenstände, eigene Darstellung mit Daten von [MVG+21]

Die in den letzten Jahren vermehrt publizierten Studien zur Umweltverschmutzung durch Makro- und Mikroplastik zeigen, dass eine Vereinheitlichung von unterschiedlichen Studienergebnissen äußerst schwierig ist, weil die Methoden nicht einheitlich sind und weil zur Quantifizierung der Meeresverschmutzung unterschiedliche Einheiten verwendet werden, die teilweise nicht ineinander umgerechnet werden können.

Insgesamt weisen die Studien extrapolierte Modellergebnisse auf, für die teilweise unvermeidbar vage Annahmen getroffen werden müssen. Eine weltweite Analyse weist somit eine starke Streuung auf, die durch neu publizierte Studien gegebenenfalls reduziert werden kann.

1.1.2 Mikroplastik

Über das Vorkommen von Mikroplastik in der Umwelt gibt es zahlreiche Veröffentlichungen, deren unterschiedliche Untersuchungsmethodik zu einer starken Streuung von Ergebnissen geführt hat. Nicht nur die Probennahme im Wasser oder im Boden wird unterschiedlich gehandhabt, sondern auch die Klassifizierung der gefundenen Partikel in Größe und Form unterscheidet sich deutlich.

Klassifizierung

Da die negativen Effekte der Kunststoffemissionen auf die Umwelt und den Menschen noch unzureichend beschrieben sind, kann eine Klassifizierung nach Größe und

Form in Abhängigkeit des Gefahrenpotenzials nicht getroffen werden. Insofern ist die scheinbar bestehende Werkstoffgruppe „Mikroplastik" eine willkürlich gewählte Kategorie. Nichtsdestotrotz lassen sich je nach Größe der Kunststoffemissionen unterschiedliche Effekte nach Herkunft, Vorkommen und Umwelteinfluss beobachten. In den letzten Jahren wurden Diskussionspapiere und technische Berichte von Normenausschüssen erarbeitet, die einen Vorschlag zur Verwendung von Größenklassen der Kunststoffemissionen unterbreiten und Empfehlungen für eine standardisierte Analytik hinsichtlich Probennahme, Probenpräparation und Analysemethoden aussprechen [DIN CEN ISO/TR 21960 und BJG+18]. Demnach wird die in Tabelle 1.1 gezeigte Größenklassifizierung vorgeschlagen, die teilweise aus bisherigen Studien übernommen wurde und sich teilweise aus den jeweils zu verwendenden Nachweismethoden ergibt.

Tabelle 1.1 Klassifizierung der Kunststoffemissionen nach DIN CEN ISO/TR 21960:2021-02

Nanoplastik	Mikroplastik	Großes Mikroplastik	Makroplastik
<1 µm	1 µm–1000 µm	1–5 mm	>5 mm

Üblicherweise erfolgt die Zuordnung nach der größten Länge der Partikel, wobei Folien und Fasern mit großen Dimensionsunterschieden teilweise auf andere Weise klassifiziert werden [BBB+21, S. 20; BDS+22, S. 14].

In Bezug auf die Entstehung von Mikroplastik wird zwischen primärem und sekundärem Mikroplastik unterschieden. Primäres Mikroplastik gelangt in Form von kleinen Partikeln direkt in die Umwelt, während sekundäres Mikroplastik der Umwelt als Makroplastik zugeführt wird, das sich dann durch Umwelteinwirkung in Fragmente zerlegt. Das primäre Mikroplastik lässt sich noch einmal wie folgt unterteilen [BBH+18, S. 9; BBB+21, S. 16/17]:

- Typ A: bewusst produziertes, primäres Mikroplastik, z. B. Schleifmittel in Kosmetikprodukten, polymere Strahlmittel, Lasersinterpulver
- Typ B: während der Nutzungsphase eines Kunststoffbauteils entstehendes Mikroplastik durch mechanische Beanspruchung oder Umwelteinflüsse, z. B. Reifenabrieb, Verwitterung von Farbe, beim Waschen freigesetzte Textilfasern

Eintrag in die Umwelt – Mengen und Anteile

Nach Bertling et al. macht Typ B 89 % der gesamten Menge an primärem Mikroplastik in Deutschland aus, wobei der Reifenabrieb den größten Anteil darstellt. Insgesamt bestehen die Kunststoffemissionen in Deutschland nach Schätzung der Autoren lediglich zu 26 % aus Makroplastik und zu 74 % aus Mikroplastik [BBH+18, S. 15]. Damit ist in Deutschland im Vergleich zur weltweiten Betrachtung die Mikroplastik-Thematik bei dem Vorhaben, Emissionen zu vermeiden, wichtiger als der Eintrag von Makroplastik in die Umwelt (siehe auch [BDS+22, S. 17]). Dieser Befund steht im Gegensatz zu der Betrachtung der weltweiten Kunststoffvorkommen in den Weltmeeren. Bild 1.5 zeigt die Anteile der Mengen von Mikroplastik und Makroplastik, die in Abhängigkeit der jeweiligen Herkunft in den Weltmeeren vorkommen. So beträgt der Anteil des Makroplastiks im Meer geschätzt 92 %, von denen 78 % aus landbasierten Quellen stammen. Demnach sind lediglich 8 % des gesamten Kunststoffmülls im Meer dem Mikroplastik zuzuordnen, drei Viertel davon aus landbasierten Quellen. Einschränkend sei erwähnt, dass ein nicht unwesentlicher Teil des Mikroplastiks gar nicht das Meer erreicht, sondern beispielsweise durch Sedimentation an Land verbleibt. So wird je nach Studie der Anteil des Mikroplastiks, der nicht in die Meere gelangt, auf 53 bis 98 % geschätzt [BBH+18, S. 25; GKR20, S. 37; She16].

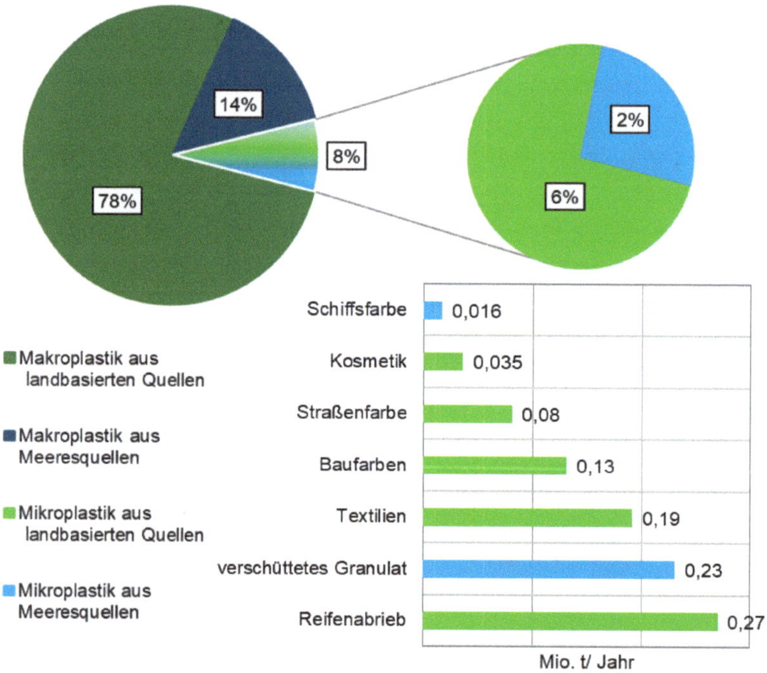

Bild 1.5 Aufstellung der Anteile von Makro- und Mikroplastik in den Weltmeeren, aufgeschlüsselt nach der Herkunft, eigene Darstellung nach Daten von [GKR20, S. 37] und [She16-ol]

Herkunft von Mikroplastik

In vielen Veröffentlichungen werden mittels Analysen und Hochrechnungen Angaben über die Herkunft des gefundenen Mikroplastiks gemacht. So identifizieren die meisten Studien den Abrieb der Reifen (Naturkautschuk und synthetischer Kautschuk) als mengenmäßig größte Quelle für Mikroplastik [BBH+18, S. 10; BBB+21, S. 26;

BDS+22, S. 32, BF17, S. 21; She16]. Textilien gelten weithin als weitere große Herkunftsquelle von Mikroplastik [BF17, S. 21; NT16]. Von Breitling et al. wurden insgesamt 74 potenziell relevante Quellen identifiziert, von denen 51 über Schätzungen auch quantifiziert wurden. Demnach sind die zehn Hauptquellen für Mikroplastik [BBH+18, S. 10/11]:

1. Reifenabrieb
2. Freisetzung auf Baustellen
3. Freisetzung von Mikroplastik bei der Abfallentsorgung
4. Abrieb Schuhsohlen
5. Abrieb von Polymeren und Bitumen in Asphalt
6. Abrieb Kunststoffverpackungen
7. Granulatverlust
8. Abrieb Fahrbahnmarkierungen
9. Verwehungen auf Spiel- und Sportplätzen
10. Faserabrieb der Textilwäsche

Transportwege und Verbleib von Mikroplastik

Das aus verschiedenen Quellen in die Umwelt eingetragene Mikroplastik verbleibt entweder an dem Ort des ursprünglichen Eintrags oder unterliegt einem Transport an Land oder letztlich zu Gewässern oder in die Meere. Auch die Rückgewinnung von Mikroplastik aus der Umwelt ist prinzipiell in Erwägung zu ziehen. Dies erweist sich jedoch als äußerst schwierig, da es aufgrund des geringen Gewichts der Partikel zu Verwehungen oder zum Wegspülen durch Niederschläge kommt. Bislang gibt es, im Gegensatz zur Rückgewinnung von Makroplastik durch kommunale Entsorgungsunternehmen, kaum Analysen, die die Menge an zurückgewonnenem Material quantifizieren [BBH+18, S. 19].

Nach [BDS+22] lassen sich folgende Transportwege für Mikroplastik unterscheiden:

- punktförmige Emissionen
- diffuse Emissionen
- behandelte Abwässer der Kläranlage
- Transport durch Wind
- Regenwasserkanäle im Trennsystem
- Abschwemmen durch Regenwasser
- Mischwasserüberläufe

- Grundwasser
- direkt einleitende Haushalte/Industriebetriebe
- Transport durch Tiere
- Regenwasserkanalisation außerhalb von Ortschaften
- Wellen
- Direkteinleitungen aus Schiffen und Wasserbauwerken

Faserförmige Mikroplastik-Partikel können vom Wind über weite Strecken durch die Luft transportiert werden. Diese hauptsächlich aus Textilien stammenden, luftgetragenen Partikel befinden sich in Innen- und Außenräumen in der Luft bzw. in dem sich absetzenden Staub oder in den sich durch Niederschlag am Boden sammelnden Stoffen. In Studien konnte gezeigt werden, dass ca. 30 % der faserartigen Partikel petrochemische Herkunft aufweisen [DGM+17; DGS+16, WL20]. Der Transport von Mikroplastik über Winde hängt stark von der Region ab und es konnte gezeigt werden, dass beispielsweise in Bergregionen die Verteilung von Mikroplastik regional begrenzt zu sein scheint und zusätzlich der Transport über Niederschläge durch große Höhenunterschiede stärker ins Gewicht fällt als in flacheren Regionen [AAP+19, BDS+22, S. 18]. Das Transportverhalten von Mikroplastik durch Wind und in wässriger Umgebung ist abhängig von der Dichte des Kunststofftyps (in Relation zu Wasser), von der Größe der Partikel, von den äußeren konvektiven Kräften und dem Untergrund. Polyolefine und geschäumte Kunststoffe können leicht über weite Strecken transportiert werden, während technische Kunststoffe oder Elastomere eher zur Sedimentation neigen [BBH+18, S. 20].

Ein weiterer wesentlicher Transportweg von Mikroplastik wird durch die Wassermanagement-Systeme von Städten und Dörfern bestimmt, die sowohl das Niederschlagswasser als auch das Schmutzwasser betreffen. Dabei ist in Deutschland das Mischsystem, bei dem beide Abwasserarten in die Kläranlage gelangen, und das Trennsystem, bei dem das Niederschlagswasser nicht geklärt wird, zu unterscheiden. Das Mischsystem arbeitet in Bezug auf die Zurückhaltung von Kunststoffemissionen somit effizienter als das Trennsystem. In Kläranlagen werden die Mikroplastik-Partikel zu einem hohen Grad abgeschieden (massebezogene Abscheidequote 95 % nach [BBH18, S. 23] bzw. 99 % nach [WL20, S. 229]). Das im Trennsystem ungeklärte, in der Kanalisation anfallende Niederschlagswasser wird, wie auch das nicht über die Kanalisation abgeführte Wasser, nicht behandelt. Allerdings ist zu erwähnen, dass es außerhalb der Kläranlagen weitere Senken für Mikroplastik gibt. Dies sind zum Beispiel die Sinkkästen in den Gullis, Regenrückhaltebecken oder Versickerungsanlagen [BBH+18, S. 21].

Nicht zurückzuhaltendes Mikroplastik gelangt in die Umwelt und setzt sich im Boden, in Flüssen [HSW+17], Seen [VTR17; THR+19], auf dem Meeresboden [LSL+17] oder sogar im Meereis [PPB+19] ab oder wird in Küstenregionen angeschwemmt. Schernewski et al. analysierten den Eintrag von Mikroplastik vom Land in die Ostsee und stellten fest, dass ein Großteil des eingetragenen Mikroplastiks nicht weit von der Eintragsquelle an der Küste verbleibt und nicht weiter im Meer verteilt wird. Die Verweilzeit des Mikroplastiks im offenen Gewässer der Ostsee ist laut dieser Studie mit 14 Tagen oder wenigen Monaten entgegen vorheriger Studien gering. Der Eintrag in die Meere resultiert hauptsächlich aus den Überlaufsystemen von Kanalisationsanlagen, die insbesondere bei Starkregenereignissen zum Tragen kommen [SRH+20; SRH+21].

Das Mikroplastik verbleibt allerdings auch über verschiedene Wege auf dem Land und lässt sich durch Bodenuntersuchungen detektieren (z. B. [LLS+18]). Nach Welden et al. ist die Ausbringung von Klärschlamm die Haupteintragsquelle für Mikroplastik auf das Land [WL20, S. 229]. In Deutschland ist aufgrund der damit einhergehenden Bodenbelastung die Ausbringung von Klärschlamm nach § 14 Klärschlammverordnung auf maximal fünf Tonnen getrockneten Klärschlamm pro Hektar innerhalb von drei Jahren begrenzt. Dennoch gelangen ca. 35 % des Klärschlamms mit potenziell enthaltenem Mikroplastik durch Landwirtschaft und Landschaftsbau zurück in die Umwelt [BBH+18, S. 24].

Auswirkungen des Mikroplastiks auf die Umwelt

Die Effekte, die das Mikroplastik auf die Umwelt ausübt, sind bislang nicht ausreichend geklärt. Aufgrund der Größe ist die Aufnahme von Mikroplastik durch Tiere ein großes Problem, insbesondere für die Meereslebewesen. Dies kann zu verstopften Verdauungstrakten und letztlich zum Verenden der Tiere führen, was vielfach dokumentiert ist [Ker16].

Da die Kunststoffe generell inert sind und toxikologisch als unbedenklich gelten, geht aus chemisch-toxikologischer Sicht keine große Gefahr von ihnen aus. Jedoch ist zu berücksichtigen, dass Additive oder auch Abbauprodukte durch die Umwelteinwirkungen freigesetzt werden können. Hier sind bislang kaum Studien in Bezug auf Mikroplastik und das chemische Schädigungspotenzial auf Tiere und den Menschen bekannt [BBH+18, S. 31]. Ansätze zum schädigenden Einfluss auf Ökosysteme insbesondere für Nanopartikel werden in [MKZ+17], [RH18] oder [SWL+18] diskutiert.

1.2 Historische Entwicklung und aktueller Stand

Im Folgenden wird ein kurzer, globaler Abriss über die Entwicklung der Kunststoffe, der Herstellmengen und der Behandlung der Kunststoffabfälle gegeben.

Die Geschichte der Kunststoffe lässt sich weit bis in die Vorzeit zurückverfolgen, in der natürliche Polymere wie Wildkautschuk, Naturharze oder Kunststoffe aus Eiweißstoffen durch damals noch unbekannte chemische Veränderungen unter Temperatureinfluss zu formbaren Massen verarbeitet wurden. Durch Beimischung von

Farbpigmenten oder anderen Füllstoffen wurden die Eigenschaften dieser plastischen Formmassen verändert, wie dies heute durch Additivierung immer noch geschieht.

Ab dem 19. Jahrhundert wurden verstärkt unterschiedliche Naturmaterialien wie Horn oder Naturharze als Ersatz für teure Naturstoffe, wie Marmor oder Elfenbein, eingesetzt. Parallel entwickelte sich die Geschichte der Kautschuke mit bedeutenden Meilensteinen wie der Entdeckung des Mastizierens von Kautschuken zur Verbesserung der Verarbeitbarkeit im Jahr 1824 durch den Engländer Thomas Hancock oder der Entdeckung der Vulkanisation im Jahr 1839 durch Charles Goodyear.

Anfang des 20. Jahrhunderts entstanden die ersten synthetischen Kunststoffe. Durch den Gründer der Zeitschrift „Kunststoffe“, Dr. Ernst Richard Escales, wurde in dieser Zeit im deutschsprachigen Raum der Begriff „Kunststoff“ geprägt. Neben den Phenolharzen, maßgeblich beeinflusst durch den Erfinder des Materials „Bakelit“, Dr. Leo Baekeland, wurden ab dem Beginn der 1930er-Jahre die Polyolefine, Polystyrol und Polyvinylchlorid entwickelt und industriell hergestellt [Bra13]. Ab dieser Zeit begann eine rasante Entwicklung der Kunststoffe, welche anhand der Produktionsmenge in Bild 1.6 über der Zeit dargestellt ist.

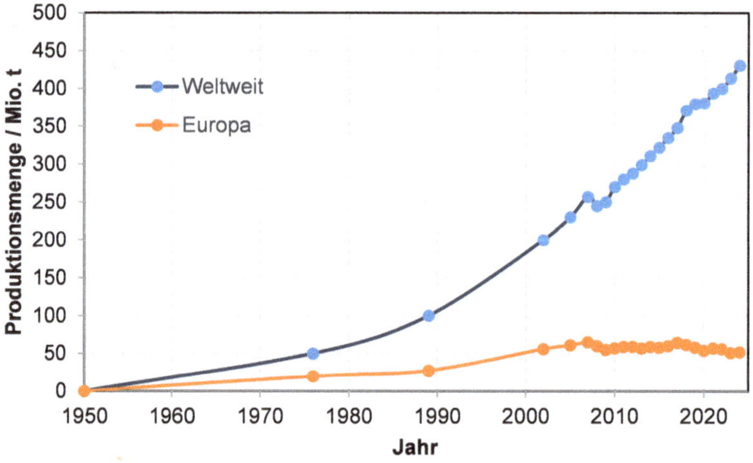

Bild 1.6 Entwicklung der Produktionsmengen von Kunststoff in Europa und weltweit, eigene Darstellung mit Daten von Plastics Europe

Die weltweite Produktionsmenge steigt insbesondere seit den 1970er-Jahren stetig an und erreichte im Jahr 2024 einen Wert von ca. 431 Mio. Tonnen. Die Werte für Europa stagnierten von 2007 bis 2021 auf einem Niveau zwischen 57 und 64 Mio. Tonnen [NN02-ol]. Seit 2023 sinkt die Produktionsmenge jährlich, was einen deutlichen Rückgang des Anteils europäischer Produktion an der globalen Produktionsmenge bedeutet. In Deutschland lag die Produktionsmenge im Jahr 2023 bei ca. 10,5 Mio. Tonnen, was bezüglich der europäischen Produktionsleistung einem Anteil von knapp über 20 % entspricht und im Vergleich zu den Vorjahren ebenfalls rückläufig ist. Die Nachfrage nach dem Rohstoff Kunststoff durch Kunststoffverarbeiter betrug im Jahr 2021 50,3 Mio. Tonnen, wovon auf Deutschland etwa ein Viertel dieser Menge entfiel [NN02-ol, S. 31].

Die im Jahr 2021 europaweit am meisten eingesetzten Kunststoffe sind die Polyolefine Polypropylen (PP) und Polyethylen (PE) mit seinen Varianten HDPE (High-Density-PE) und LDPE (Low-Density-PE). Diese machen etwa die Hälfte der gesamten verarbeiteten Kunststoffmenge in Europa aus. Wie aus Bild 1.7 zu erkennen ist, sind die Kunststoffe Polyvinylchlorid (PVC), Polyurethan (PUR), Polyethylenterephthalat (PET) und Polystyrol (PS) weitere mengenmäßig bedeutende Kunststoffe.

Der mengenmäßig wichtigste Einsatzbereich der Kunststoffe sind die Verpackungen mit knapp 40 % der verarbeiteten Kunststoffmenge in Europa. Hierzu zählen unter anderem Lebensmittelverpackungen, Logistik- und Transportverpackungen, Verpackungen für medizinische Zwecke, Müllsäcke sowie Haushalts- und Frischhaltebeutel. Die in diesem Segment am häufigsten zu findenden Kunststoffe sind PE, PP und PET. Wie aus Bild 1.8 deutlich wird, verwendet die Bauindustrie weitere 21,3 % der verarbeiteten Kunststoffmenge.

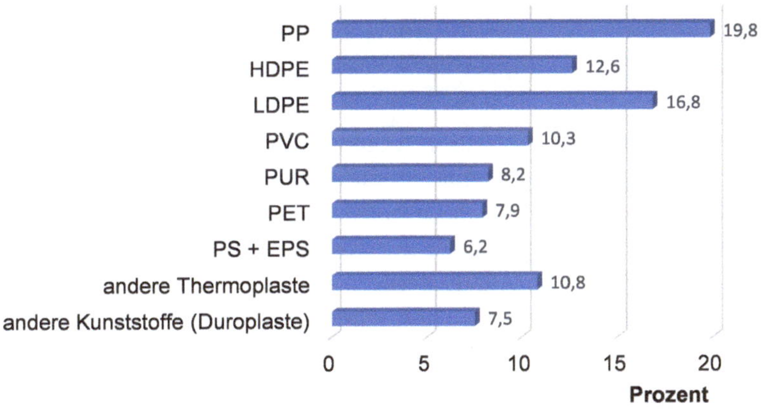

Bild 1.7 Nachfrage der einzelnen Kunststofftypen durch europäische Kunststoffverarbeiter im Jahr 2021, eigene Darstellung mit Daten von Plastics Europe Market Research Group (PEMRG) und Conversio Market & Strategy GmbH

Hergestellt werden unter anderem Produkte für den Straßen- und Tiefbau (z. B. PVC-Rohre), für den Hochbau, für zahlreiche Bauwerkstoffe, für den Sanitärbereich, Bodenbeläge, Wand- und Deckenverkleidungen, Fensterprofile und Dämmwerkstoffe. Die hierfür wichtigste Kunststoffsorte ist das PVC, gefolgt von PE, PP, EPS (expandiertes Polystyrol) und PUR.

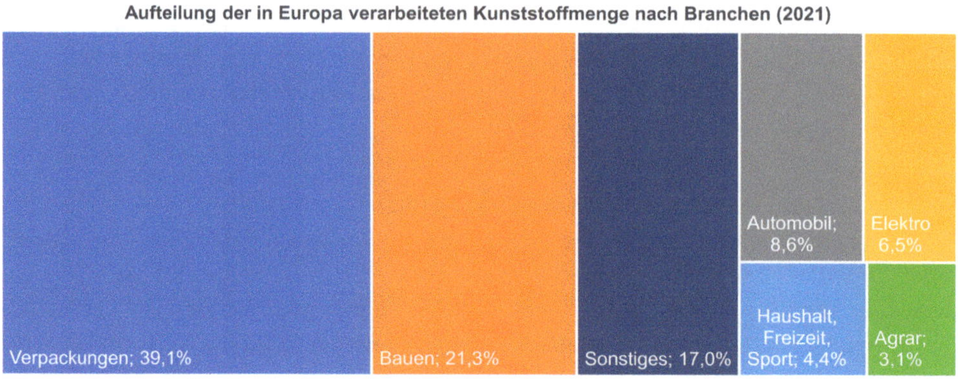

Bild 1.8 Aufteilung der in Europa verarbeiteten Kunststoffmenge nach Branchen (EU28 + N/CH), eigene Darstellung mit Daten von Plastics Europe Market Research Group (PEMRG) und Conversio Market & Strategy GmbH

Auf die Automobilindustrie entfallen weitere knapp 9 % der gesamten Kunststoffmenge. Zur Herstellung zahlreicher Interieur- und Exterieur-Teile werden neben PP verstärkt technische Kunststoffe wie PC/ABS, PA, PUR oder PC verwendet. Weitere nennenswerte Branchen sind die Elektroindustrie, der Bereich Haushalt, Freizeit und Sport sowie die Landwirtschaft.

Eine detailliertere Betrachtung der Kunststofftypen, ihrer Marktbedeutung, Verwertungsmöglichkeiten, Anwendung und ihres Einsatzes in ausgewählten Stoffströmen in Deutschland erfolgt in Abschnitt 1.3.1 und Abschnitt 2.4.

Eine weltweite Analyse der gesamten Kunststoffproduktions- und Kunststoffabfallmengen innerhalb eines Jahres ist Gegenstand einer Studie des Unternehmens McKinsey & Company, Inc. aus dem Jahr 2016. Demnach wurden von den 330 Mio. Tonnen produzierter Kunststoffmenge 150 Mio. Tonnen für kurzlebige Anwendungen verwendet, welche im Produktionsjahr wieder zu Abfall werden, wie beispielsweise Lebensmittelverpackungen. Die restlichen 180 Mio. Tonnen wurden zu langlebigen Produkten verarbeitet, die nach der Definition der Autoren erst in den darauffolgenden Jahren als Abfall anfallen, wie beispielsweise Produkte aus dem Baugewerbe. Aus der Kategorie der langlebigen Anwendungen (Herstellung in den Vorjahren) wurden im Jahr 2016 110 Mio. Tonnen zu Kunststoffabfall, was sich mit den kurzlebigen Produkten zu einer Gesamtmenge von 260 Mio. Tonnen Kunststoffabfall weltweit aufsummiert (siehe Bild 1.9).

Wie in Abschnitt 1.1.1 erläutert, wird in vielen Ländern ein Großteil des Abfalls nicht kontrolliert gesammelt und damit auch nicht ordnungsgemäß entsorgt. Dies macht gemäß dieser Studie einen Anteil von 19 % der gesamten Kunststoffabfallmenge aus. Weitere 40 % werden deponiert, 25 % energetisch verwertet und lediglich 16 % dem Recycling zugeführt.

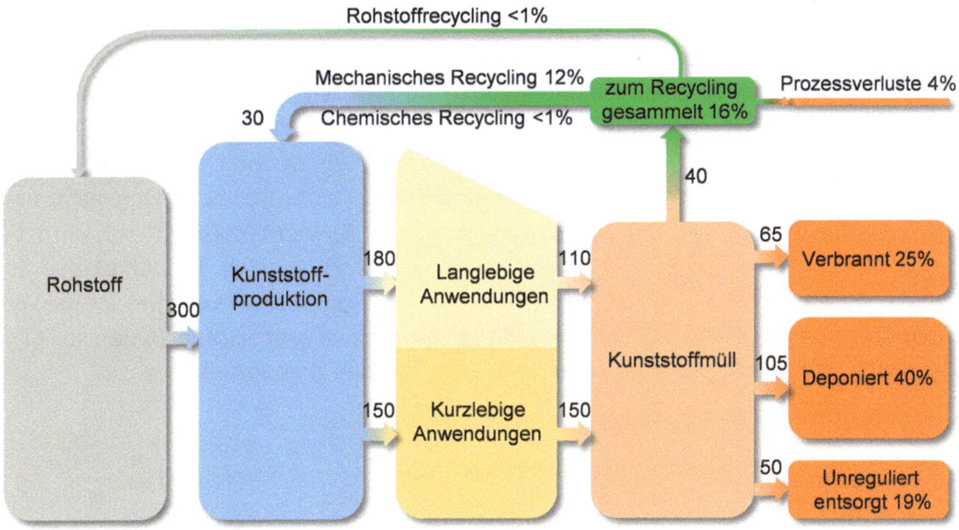

Bild 1.9 Globale Kunststoff- und Plastikmüllproduktion 2016 in Millionen Tonnen, nach [Mck16-ol]

In Bezug auf die langlebigen Wirtschaftsgüter lässt sich aus der Studie der Zusammenhang ableiten, dass jährlich mehr Produkte aus Kunststoff hergestellt werden als im gleichen Jahr an Kunststoffabfall anfällt. Hält dieser Trend an, so würde der gesamte Markt selbst bei einer theoretischen Recyclingquote von 100 % nicht mit Sekundärkunststoffen befriedigt werden können. Es würden nach wie vor fossile Rohstoffe notwendig sein, es sei denn, aus Vorjahren deponierte Kunststoffabfälle ließen sich als Rohstoffquelle nutzen oder die Gewinnung aus nachwachsenden Rohstoffen würde substanziell an Bedeutung gewinnen. Dies ist zumindest für technische Kunststoffe, die häufig für langlebige Produkte verwendet werden, nicht zu erwarten. McKinsey geht davon aus, dass die verarbeitete Kunststoffmenge bis 2030 um knapp 70 % auf 560 Mio. Tonnen und die Abfallmenge ebenfalls um 70 % auf 440 Mio. Tonnen steigen wird. Gleichzeitig soll nach dieser Prognose jedoch der Recyclinganteil von 16 auf 50 % ansteigen und der unreguliert entsorgte Abfall auf unter 1 % sinken [Msk16-ol]. Letzteres ist allerdings nur durch den Aufbau eines funktionierenden Abfallsammelsystems in nahezu allen Ländern der Erde zu realisieren. Lebreton et al. zeigen in einer Modellrechnung, dass der global nicht ordnungsgemäß behandelte Kunststoffabfall bis 2060 linear ansteigen wird. Durch eine Verbesserung des Abfallmanagements und durch eine zusätzliche Reduktion des Kunststoffgebrauchs ließe sich diese Abfallmenge im Vergleich zum heutigen Stand deutlich reduzieren [LA19].

In einer in der Zeitschrift Science im Jahr 2017 erschienenen, vielfach zitierten Studie zur Ermittlung der gesamten seit 1950 hergestellten Kunststoffmenge und der Analyse ihres Verbleibs („Production, use, and fate of all plastics ever made") zeigen die Autoren, dass knapp 80 % des insgesamt angefallenen Kunststoffabfalls entweder deponiert oder aber unsachgemäß in der Umwelt entsorgt wurde [GJL17]. Bild 1.10 zeigt die in der genannten Studie aufgezeigten Zusammenhänge mit neueren, im Jahr 2020 veröffentlichten Daten. Insgesamt wurden weltweit 9,2 Mrd. Tonnen Kunststoff produziert, von denen sich aktuell 2,7 Mrd. Tonnen, in Produkten verbaut, im Gebrauch befinden. Im Lauf der Zeit haben 7 Mrd. Tonnen Kunststoffe den EoL-Zustand (End of Life) erreicht und wurden entsorgt (75,7 %), energetisch verwertet (14,3 %) oder recycelt (10 %). Wird die Prognose aus der Studie von McKinsey zugrunde gelegt, so wird die kumulative Zunahme der Kategorie Entsorgung bis 2030 deutlich kleiner ausfallen als dies für die Verbrennung und das Recycling der Fall ist. Ein Blick auf die europäischen Zahlen aus dem Jahr 2019 zeigt, dass Europa zu dieser Entwicklung einen großen Teil beiträgt.

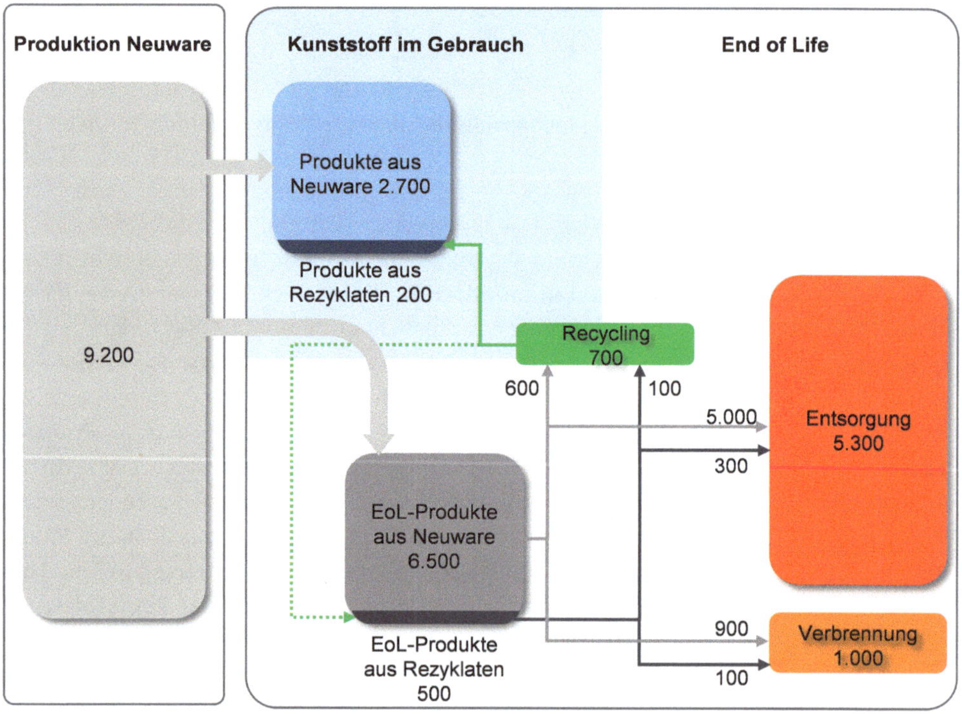

Bild 1.10 Kumulative Aufstellung der von 1950 bis 2017 weltweit produzierten, der im Gebrauch befindlichen und nach Gebrauch unterschiedlich behandelten Kunststoffmenge in Mio. Tonnen, eigene Darstellung in Anlehnung an und mit Daten von [Gey20, S. 27]

Die Recyclingraten liegen in allen europäischen Ländern über 20 % und die Deponieraten bei zwei Dritteln der Länder unter 40 % (siehe Bild 1.11). Gegenüber dem Jahr 2006 ist die Recyclingrate in Europa um 110 % und die Rate der energetischen Verwertung um 76 % gestiegen, während die Deponierate um 57 % zurückgegangen ist [NN02-ol, S. 54]. Ursächlich für die positive Entwicklung der steigenden Recyclingrate und der Erhöhung der Ressourceneffizienz in Europa sind die in Abschnitt 2.2 vorgestellten EU-Regelungen (Abfallrahmenrichtlinie, Green Deal etc.).

Nach dieser globalen Betrachtung der gesamten Kunststoffmengen soll in Abschnitt 1.3 auf die einzelnen Kunststofftypen eingegangen und es sollen die Verwertungsmöglichkeiten und -grenzen aufgezeigt werden.

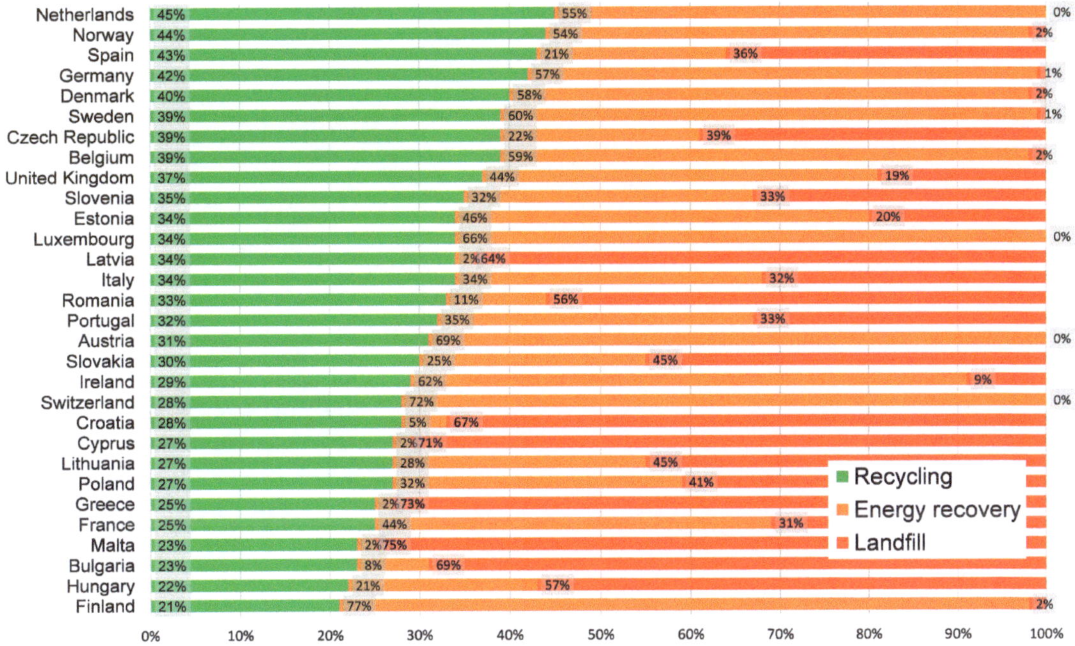

Bild 1.11 Anteile der Verwertungsarten von Post-Consumer-Abfällen in den europäischen Ländern im Jahr 2020 [NN02-ol, S. 49, geringfügig editiert]

1.3 Werkstoff und Wertstoff Kunststoff

Im Folgenden werden die für die Kunststoffverarbeitung mengenmäßig bedeutendsten Kunststoffe in ihrem Eigenschaftsprofil, der Herstellweise und den Verwertungsmöglichkeiten vorgestellt. Zudem soll anhand der grundlegenden Voraussetzungen zur Gewinnung des Sekundärrohstoffs Kunststoff aus dem Abfall ein Überblick über die vielschichtigen Zusammenhänge zwischen gesetzlichen Bestimmungen, Technologiestand und der Wirtschaftlichkeit der Aufbereitungswege gegeben werden.

1.3.1 Eigenschaftsprofil und Einordnung der Kunststoffe

Kunststoffe bieten zahlreiche Vorteile gegenüber Metallen oder Keramiken. Sie zeigen sehr gute gewichtsspezifische mechanische Eigenschaften, sie sind mit vergleichsweise geringem Energieeinsatz zu verarbeiten, sie weisen einen hohen Freiheitsgrad bei der Modifikation auf und sind (im Fall der Thermoplaste) grundsätzlich recyclingfähig. Bild 1.12 zeigt eine Übersicht über die besonderen Eigenschaften der Kunststoffe.

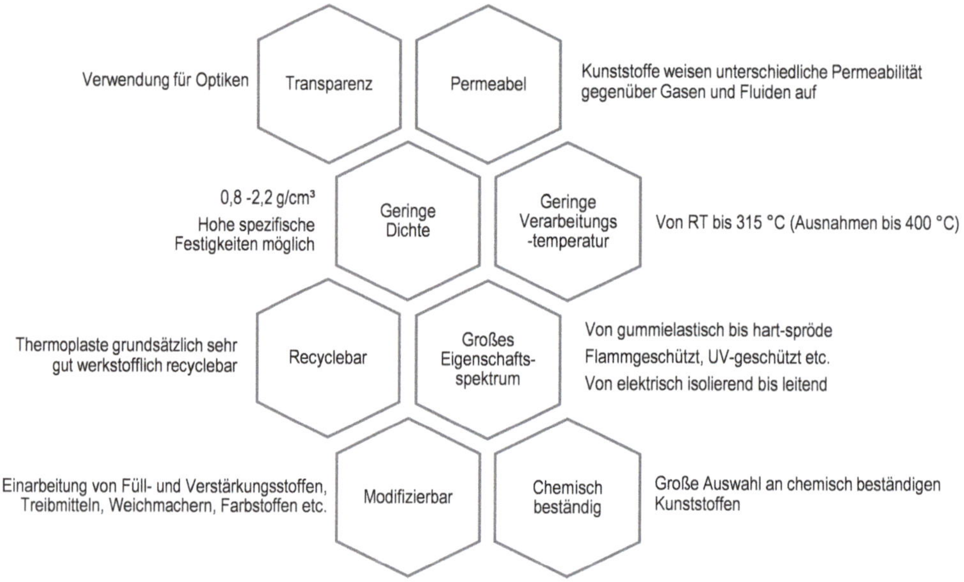

Bild 1.12 Ausgewählte, besondere Eigenschaften von Kunststoffen

Aufbau und Struktur der Kunststoffe

Kunststoffe bestehen aus Molekülketten, also aus einer durch chemische Synthesereaktion hervorgerufenen Aneinanderreihung von Monomeren. Letztere sind die Grundbausteine, die im Fall der synthetisch hergestellten Kunststoffe mittels Destillation und Steamcracking aus Erdöl gewonnen werden. Die Monomere sind innerhalb der Molekülkette chemisch über sogenannte kovalente Bindungen miteinander verbunden. Der eigentliche Polymerzusammenhalt (Kohäsion) wird jedoch über die deutlich schwächeren, zwischen benachbarten Molekülketten wirkenden physikalischen Nebenvalenzbindungen bestimmt. Die Höhe dieser Bindungskräfte beeinflusst direkt die makroskopisch sich einstellenden Eigenschaften wie Festigkeit, chemische Beständigkeit, Wärmeformbeständigkeit, Fließverhalten, Isolationseigenschaften, Wärmeleitfähigkeit usw. [DHM22, S. 73 ff.].

Durch Temperaturerhöhung kommt es zu einer Senkung der Nebenvalenzkräfte und damit zu einer Erniedrigung der Festigkeit. Eine weitere Erhöhung der Temperatur führt letztlich dazu, dass benachbarte Molekülketten bei Vorliegen einer äußeren Kraft voneinander abgleiten können. Der Kunststoff befindet sich dann im Schmelzezustand und kann im Urformverfahren (z. B. Spritzgießen oder Extrusion) verarbeitet werden. Auch durch Lösungsmittel lassen sich die Nebenvalenzkräfte herabsetzen und eine vollständige Inlösungnahme der Kunststoffe ist bei Verwendung des passenden Lösungsmittels möglich. Sowohl das Aufschmelzen als auch das Lösen der Kunststoffe sind wesentlich für das werkstoffliche Recycling der Kunststoffe. Beides ist allerdings nur für die Kunststoffgruppe der Thermoplaste möglich. Bei diesen wird noch zwischen den amorphen und den teilkristallinen Thermoplasten unterschieden. Die amorphen Thermoplaste weisen eine regellose Anordnung der Molekülketten auf, die auch Knäuelanordnung genannt wird. In diesem Zustand befinden sich die Moleküle in einem energetisch günstigen Zustand maximaler Entropie. Insbesondere in Schmelze oder in Lösung ist dieser Zustand auch bei teilkristallinen Thermoplasten zu finden. Gelangen diese jedoch durch Abkühlung in den festen Aggregatzustand, führen die immer stärker wirkenden Nebenvalenzkräfte jedoch zu einer Störung dieses Zustands hoher Entropie. Benachbarte Molekülketten mit symmetrischer Anordnung, geringem Verzweigungsgrad und regelmäßiger, räumlicher Anordnung der Moleküle üben gerichtete Nebenvalenzkräfte aufeinander aus. Dadurch richten sich die Molekülketten partiell parallel zueinander aus und es entstehen kristalline Strukturen mit hoher Bindungsenergie im Vergleich zu den amorphen, knäulartigen Bereichen der Ketten. Letztere bleiben neben den kristallinen Bereichen immer noch bestehen, weshalb auch von teilkristallinen Thermoplasten gesprochen wird [Kai16, S. 84 ff.].

Neben den Thermoplasten gibt es noch die Werkstoffgruppen der Elastomere und der Duromere (oder Duroplaste). Beide Kunststoffarten lassen sich nicht durch Wärmezufuhr plastisch verformen und somit auch nicht aufschmelzen und erneut urformen. Die Möglichkeit des werkstofflichen Recyclings beschränkt sich somit auf die Nutzung fein zerkleinerten Mahlguts aus diesen Kunststoffen als Zuschlagsstoff für Neuware-Material oder für thermoplastische Rezyklate. Der Grund dafür, dass sich die Elastomere und die Duroplaste nicht wieder aufschmelzen lassen, liegt in der Vernetzung benachbarter Molekülketten. Es entstehen durch chemische Reaktion (bei den Elastomeren auch „Vulkanisation“ genannt) hervorgerufene kovalente Bindungen. Wie auch die kovalenten Hauptvalenzbindungen innerhalb der Molekülketten lassen sich diese nicht durch Wärmezufuhr derart lösen, dass es zum Abgleiten der Ketten voneinander und damit zum Fließen des Materials kommt. Die Elastomere weisen eine geringe Anzahl von Vernetzungsstellen auf, was in Verbindung mit den geringen Glasübergangstemperaturen der Gummipolymere zu den typisch gummielastischen Eigenschaften führt. Duroplaste hingegen sind nach der Härtungsreaktion engmaschig vernetzt, was sich in der Formstabilität, der Festigkeit und der Härte des Werkstoffs widerspiegelt [BBO+13, S. 42 ff.].

Seit vielen Jahren werden neben den Thermoplasten, Elastomeren und Duroplasten teilweise auch die sogenannten thermoplastischen Elastomere (TPE) wie eine eigene Werkstoffgruppe klassifiziert. Dabei handelt es sich je nach Zusammensetzung um Copolymere oder Polymerblends, die thermoplastische Verarbeitungseigenschaften (schmelzbar) aufweisen, dabei aber gummielastische Gebrauchseigenschaften besitzen.

Modifizierung von Kunststoffen

Um dem Anforderungsprofil einer Vielzahl von Anwendungen gerecht werden zu können, werden Kunststoffe häufig modifiziert. Viele Eigenschaften lassen sich bereits durch Variation der Molmasse, der Molekülgestalt und der Molekülordnung variieren. Weitere Möglichkeiten ergeben sich durch die Herstellung von Copolymeren oder Polymerblends sowie durch den Einsatz von Zusatz- und Hilfsstoffen.

Polymere mit zwei oder mehr unterschiedlichen Monomertypen innerhalb einer Molekülkette werden Copolymere genannt. Sie werden wie die Homopolymere, die nur einen Monomertyp aufweisen, durch chemische Synthese in Reaktoren hergestellt. Je nach Anordnung der jeweiligen Monomertypen in der Molekülkette entstehen:

- alternierende Copolymere (Monomere wechseln sich in der Kette ab)
- statistische Copolymere (zufällige Verteilung der Monomere)
- Block-Copolymere (Segmente mit mehreren Monomereinheiten eines Typs wechseln sich mit solchen des anderen Typs ab)
- gepfropfte Copolymere (Seitenketten aus einem Monomertyp werden an die aus dem anderen Monomertyp bestehende Hauptkette aufgepfropft)

Ein typisches Beispiel ist ein Copolymer aus Ethylen und Propylen, welches bei einem Mischungsverhältnis von 35/65 bzw. 65/35 und durch Zugabe von ungesättigten Kohlenwasserstoffen zu einem Elastomer, dem EPDM (Ethylen-Propylen-Dien-Kautschuk), wird. Außerhalb des genannten Mischungsverhältnisses werden Ethylen-Propylen-Copolymere aufgrund der hohen Schlagzähigkeit eingesetzt. Ein weiteres, industriell weitverbreitetes Copolymer ist Acrylnitril-Butadien-Styrol-Copolymer (ABS), welches ebenfalls wegen seiner hohen Schlagzähigkeit, aber auch wegen der im Vergleich zu Polystyrol höheren Festigkeit, Steifigkeit und der höheren Temperaturbeständigkeit verwendet wird [DHM22, S. 95 ff.].

In Abgrenzung zu den Copolymeren, bei denen unterschiedliche Monomere miteinander verknüpft werden, werden bei der Herstellung von Polymerblends unterschiedliche, fertig synthetisierte Polymere miteinander gemischt. Dies geschieht auf typischen Compoundieranlagen, wie beispielsweise einem gleichsinnig drehenden Doppelschneckenextruder. Die Eigenschaften der Polymerblends werden insbesondere durch die zwischenmolekularen Wechselwirkungen der beiden Polymerphasen bestimmt. Diese hängen von der Verträglichkeit der beiden Polymertypen sowie den

Verfahrensparametern beim Mischvorgang ab. Auch unverträgliche Polymere lassen sich mittels Verträglichkeitsmacher (Compatibilizer) zu einem Blend mischen. Typische Vertreter der Polymerblends sind Kombinationen aus PC und ABS, PA 6 und PA 10 oder auch LLDPE und LDPE. Da nach dem Durchlaufen von Kunststoffabfall durch eine Sortieranlage ein großer Anteil gemischter Kunststoffe verbleibt und auch die Einzelfraktionen nicht ganz sortenrein sind, kommt der Blend-Technologie auch im Bereich des werkstofflichen Recyclings eine entsprechende Bedeutung zu [BBO+13, S. 52 ff., DHM22, S. 102 ff.].

Eine weitere, sehr häufig genutzte Möglichkeit der Modifizierung besteht in dem Einbringen von Zusatzstoffen. Dieses geschieht durch einen Compoundiervorgang, wobei auch hier in den meisten Fällen ein gleichsinnig drehender, dichtkämmender Doppelschneckenextruder verwendet wird. Häufig werden die Kunststoffe bereits durch den Rohstoffhersteller mit Zusatzstoffen wie Stabilisatoren gegen UV-Strahlung und Oxidation oder Haftvermittlern ausgestattet. Speziell für eine konkrete Anwendung angepasste Compounds werden durch Compoundeure bzw. Rohstoffveredler hergestellt. Einige der Zusatzstoffe werden allerdings auch bei dem Kunststoffverarbeiter erst dem Kunststoff hinzugegeben.

Grundsätzlich lassen sich in der Zielsetzung der Modifizierung zwei Bereiche unterscheiden:

- Modifizierung für die Verarbeitungsphase
- Modifizierung für die Gebrauchsphase

In Bild 1.13 ist eine kleine Auswahl von Zusatzstoffen mit der jeweiligen Wirkung gezeigt. Für die Verarbeitung sind Kunststoffschmelzen mit einer guten Fließfähigkeit von Vorteil, welche durch Gleitmittel realisiert werden kann. Zur Steuerung der Kristallinität werden Nukleierungsmittel eingesetzt. Haftvermittler bilden Molekularbrücken zwischen Füllstoffen und der Polymermatrix und verbessern damit die Haftung innerhalb des Verbunds.

Die Polymere sind während der Verarbeitung großer Wärme und in der Gebrauchsphase verschiedenen Umwelteinflüssen wie Sauerstoff, Ozon, UV-Licht etc. ausgesetzt. Dies kann zu Kettenspaltungen und damit zur Schädigung des Kunststoffs führen. Verarbeitungsseitig stellt sich dadurch eine geringere Verarbeitungsviskosität (höherer Melt Flow Index, MFI) ein und in Bezug auf die Gebrauchseigenschaften unter anderem ein Verlust in der Festigkeit, Steifigkeit und Schlagzähigkeit. Stabilisatoren sollen die thermomechanischen, thermo-oxidativen und photo-oxidativen Abbauprozesse verhindern. Antioxidantien werden gegen den oxidativen Abbau eingesetzt, der bei höherer Temperatur durch eine höhere Diffusionsgeschwindigkeit des Sauerstoffs umso stärker ausfällt. Lichtschutzmittel verhindern Vergilbungen, Auskreidungen und die Veränderung von Farbe und Glanz. Wärmestabilisatoren wirken dem thermischen Abbau bei der Verarbeitung entgegen, was insbesondere für die Herstellung von PVC-Produkten wichtig ist. Insbesondere Antioxidantien, aber auch weitere Stabilisatoren werden verstärkt im Recyclingbereich zur Nachstabilisierung eingesetzt. Problematisch ist dabei, dass bei Verwendung eines heterogenen Abfallstroms aus unbekannter Anwendung eine Vielzahl von unterschiedlichen Stabilisatoren enthalten ist. Die Nachstabilisierung kann zu unerwarteten Effekten führen, gerade wenn teils geschädigtes Material im Stoffstrom vorhanden ist [BBO+13, S. 726 ff.; Kai16, S. 103 f.; Rei21].

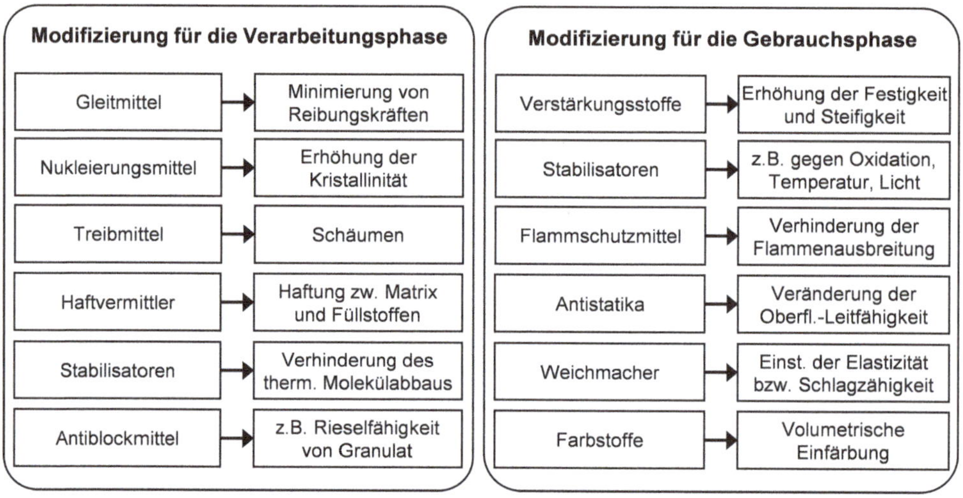

Bild 1.13 Auswahl von Zusatzstoffen für die Verarbeitungs- und Gebrauchsphase von Kunststoffen

Für die Gebrauchsphase steht eine Vielzahl an Zusatzstoffen zur Verfügung, unter denen die Verstärkungsstoffe (z. B. Glas-, Carbon- oder Aramidfasern) gerade bei den technischen Kunststoffen eine hohe Bedeutung haben. Weiterhin werden vielfach kostensenkende Füllstoffe wie Kreide eingesetzt. Flammschutzmittel, Antistatika, Weichmacher, Fungizide und nicht zuletzt die Farbstoffe sind weitere Additive, die je nach Anwendung in passender Konzentration eingesetzt werden. Die spezifische Additivierung von Rezyklaten wird stets durch den Umstand erschwert, dass die Zusammensetzung des Abfall-Eingangsstroms häufig unbekannt und nur mit hohem Aufwand ermittelt werden kann.

Eigenschaften ausgewählter Kunststoffe

Im Folgenden werden die am häufigsten verwendeten Kunststoffe in ihren Eigenschaften vorgestellt. Einen direkten Vergleich ausgewählter Materialkennwerte zeigt dabei Tabelle 1.2. Nach Bild 1.14 sind PP und die PE-Sorten HDPE und LDPE die mengenmäßig wichtigsten Kunststoffe. Auch bei Betrachtung der Abfallfraktion wird deutlich, dass die Menge dieser drei Kunststoffsorten mit über 50 % den größten Anteil einnimmt. Wie in Abschnitt 2.4 erläutert, ist der Stoffstrom von Verpackungen bei der anfallenden Kunststoffabfallmenge der mengenmäßig größte. Dies ist somit auch die Erklärung für den hier gezeigten hohen Anteil an PP und PE im Abfallstrom, da aus diesen Kunststoffen zu einem großen Teil Verpackungen hergestellt werden. PVC wird ebenfalls zu einem hohen Anteil verarbeitet, was zu einem großen Teil der Bauindustrie zuzuschreiben ist.

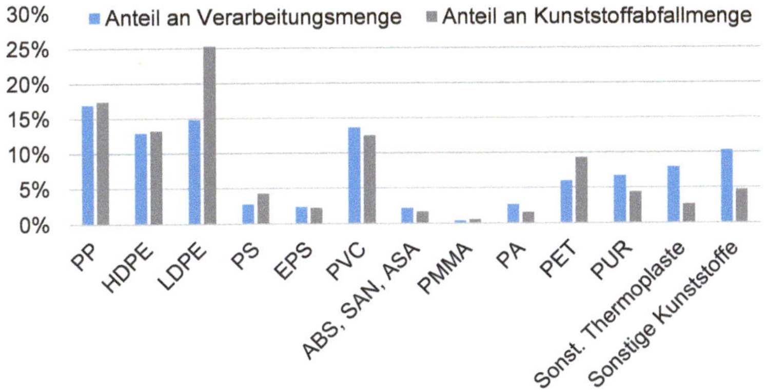

Bild 1.14 Anteile der einzelnen Kunststofftypen an den gesamten Verarbeitungs- und Kunststoffabfallmengen in Deutschland im Jahr 2021, eigene Darstellung mit Daten von [Con21]

PET fällt im Abfallstrom insbesondere als PET-Flasche an, was den hohen Anteil im Gesamtabfallstrom erklärt. Technische Kunststoffe wie PU, PA und die Kategorien „sonstige Thermoplaste" und „sonstige Kunststoffe" zeigen nach Bild 1.14 geringere Anteile am Abfallstrom im Gegensatz zu ihren Anteilen an der Gesamtverarbeitungsmenge. Bei den daraus hergestellten Produkten handelt es sich häufig um langlebige Wirtschaftsgüter, die gegebenenfalls erst in den letzten Jahren entwickelt und in den Markt gekommen sind und demzufolge noch nicht den End-of-Life-Zustand erreicht haben.

Polyethylen (PE)

Das zu den Standard-Kunststoffen zählende Polyethylen ist ein teilkristalliner, unpolarer Thermoplast, welcher je nach Reaktionsbedingungen bei der Polymerisation unterschiedliche Eigenschaftsprofile zeigt. So weist das LDPE (PE geringer Dichte) kurz- und langkettige Verzweigungen auf, durch die der Abstand zwischen den Hauptketten größer ausfällt und damit eine geringe Dichte und auch eine geringe Kristallinität resultieren. HDPE (PE mit hoher Dichte) und LLDPE (lineares PE mit geringer Dichte) hingegen bestehen hauptsächlich aus linearen Ketten mit wenigen kurzkettigen Verzweigungen. Mit höherer Dichte und geringerem Verzweigungsgrad werden tendenziell höhere Streckspannungen erreicht. Generell haben alle PE-Typen sehr gute elektrische Isoliereigenschaften, sind chemisch sehr gut beständig und lassen sich sehr einfach verarbeiten. Die Steifigkeit und die Festigkeit sind hingegen eher gering im Vergleich zu den meisten anderen Kunststoffen. In Bezug auf die Permeabilität besteht bei PE eine relativ hohe Gasdurchlässigkeit, jedoch eine geringe Durchlässigkeit gegenüber Wasserdampf, was insbesondere im Bereich der Lebensmittelverpackungen Berücksichtigung findet [Krü12, S. 432].

LDPE und LLDPE werden insbesondere im Foliensektor verwendet, HDPE ist im Bereich der Blasformteile, der Rohre und Profile und allgemein im Spritzgießbereich für Produkte mit eher geringen mechanischen Anforderungen anzutreffen. Somit spielt dieser Kunststoff im Wesentlichen in der Verpackungsbranche, durch seine vielseitige Einstellbarkeit aber auch in der Bauindustrie, der Automobilindustrie, im Elektronikbereich und der Landwirtschaft eine große Rolle.

Polypropylen (PP)

Das wie PE zu den Polyolefinen zählende Polypropylen ist ein vielseitiger Standard-Kunststoff, der außer im Verpackungsbereich seit vielen Jahren immer mehr auch für technische Bauteile eingesetzt wird. PP ist teilkristallin, unpolar und weist als Homopolymer (PP-H) regelmäßig angeordnete Polymerketten auf. Dadurch ist der Kristallisationsgrad hoch, was zu einer im Vergleich zu PE höheren Steifigkeit und Wärmeformbeständigkeit führt. Dabei ist die Dichte geringer als bei PE und unterhalb von 0 °C weist PP-H eine geringere Schlagzähigkeit auf. Als Copolymer in Verbindung mit Ethylen werden eine höhere Schlagzähigkeit und eine höhere Transparenz als bei dem PP-H erreicht. Auch sonst ist PP vielfältig durch Blenden oder durch Zugabe von Füll- und Verstärkungsstoffen modifizierbar. Im Bereich der Lebensmittelverpackungen ist PP zum Heißabfüllen geeignet und dampfsterilisierbar [BBO+13, S. 460 ff.; Kai16, S. 269 ff.].

PP wird im Verpackungssektor u. a. für Flüssigkeitsbehälter, Folien, Verpackungsbänder, im Automobilbereich für alle Arten von Spritzgießteilen, im Haushaltsbereich für Gehäuse, Filmscharniere oder Behälter etc. und im Rohrleitungsbau für Warmwasser- und Abwasserrohre eingesetzt.

Polyethylenterephthalat (PET)

Der landläufig wegen der PET-Flasche sehr bekannte Kunststoff ist ein teilkristalliner Thermoplast, der aber je nach Typ und Verarbeitungsbedingungen als amorph-transparenter oder teilkristalliner, opaker Kunststoff vorliegen kann. Es werden das kristalline PET-C, das amorphe PET-A und das glykolmodifizierte PET-G unterschieden. Die Ausgangsstoffe zur Herstellung von PET sind das Ethylenglykol und die Terephthalsäure. Für den Einsatz als PET-Flasche wird amorphes PET verwendet, welches bei schneller Abkühlung transparent eingestellt werden kann. Es besitzt gegenüber dem PET-C eine hohe Schlagzähigkeit, allerdings eine etwas geringere Steifigkeit. Die hohen Barriere-Eigenschaften gegenüber CO_2 und O_2 qualifizieren das

PET zum Einsatz als Flasche für kohlensäurehaltige Getränke. Im Vergleich zu Glas ist PET nicht zerbrechlich und besitzt eine deutlich geringere Dichte. Die höhere Steifigkeit und Härte des PET-C führen zum Einsatz dieses Typs für technische Teile. Zudem ist PET-C abriebfest und zeigt eine geringe Kriechneigung [BBO+13, S. 587 ff.; Kai16, S. 342 ff.].

Neben der Anwendung als Flasche und Schale für Lebensmittel wird PET als technischer Kunststoff für Elektronikbauteile, für Verpackungsbänder, Fasern, für viele Artikel aus dem Haushaltsbereich (z. B. Mikrowellengeschirr), für Folien oder Zahnräder und Gleitführungen eingesetzt.

Polystyrol (PS)

Das zu den Standardkunststoffen gehörende Polystyrol ist ein amorpher, zu den preiswerteren Kunststoffen zählender Thermoplast. Er ist als Homopolymerisat ein glasklarer, sprödharter Kunststoff mit äußerst geringer Schlagzähigkeit und mit hoher Anfälligkeit für Spannungsrisse. Es gibt zahlreiche Copolymerisate wie ABS, SAN, ASA, die in Bezug auf Schlagzähigkeit, Witterungsbeständigkeit und Wärmeformbeständigkeit dem Polystyrol überlegen sind. Polystyrol lässt sich sehr gut im Spritzgießverfahren oder in der Extrusion verarbeiten [BBO+13, S. 479 ff.; Kai16, S. 314 ff.].

Standard-PS wird häufig im Verpackungssektor für z. B. Joghurtverpackungen, Klarsichtverpackungen für Spielzeug, Werkzeug etc., Becher und Flaschen, ansonsten für Elektronikbauteile, Haushaltsartikel, Leuchten-Abdeckungen, Verglasungen, Lineale, Geodreiecke oder Duschwände eingesetzt. Die PS-Schaumstoffe bilden eine eigene Anwendungsgruppe mit Partikelschäumen für feste Verpackungsteile, Fahrradhelme oder Trittschalldämmung oder mit extrudierten Hartschaumplatten (XPS) für Dämm-Anwendungen im Baubereich.

Polyvinylchlorid (PVC)

Die Vinylpolymerisate unterscheiden sich im Wesentlichen durch die Varianten ohne Weichmacher (Hart-PVC bzw. PVC-U, unplasticized) und diejenigen mit Weichmacher (Weich-PVC bzw. PVC-P, plasticized). Hergestellt werden beide Varianten über Polymerisationsverfahren, bei denen sich Chlor an Ethylen anlagert. PVC wird nicht wie viele andere Kunststoffe in Granulatform verarbeitet, vielmehr findet bei dem PVC-verarbeitenden Betrieb eine Aufbereitung der Rohstoffe in Pulverform statt. Zusatzstoffe für die Verarbeitung und den Gebrauch werden dem PVC-Rohstoff hinzugemischt und die Mischung wird dann als rieselfähige Trockenmischung dem Verarbeitungsprozess zugeführt. Dies ist zum einen wirtschaftlicher als eine vorherige Granulatfertigung und zum anderen wird das verweilzeitempfindliche PVC-Material geschont. Wichtige Zusatzstoffe sind Wärmestabilisatoren, Fließhilfen und UV-Absorber. Häufig wird auch Calciumcarbonat als Füllstoff eingesetzt, um die Schlagzähigkeit zu erhöhen. PVC gehört zu den technischen Kunststoffen und ist ein polarer, weitgehend amorpher Thermoplast mit hoher Festigkeit und Härte sowie hohem E-Modul. Die Schlagzähigkeit, insbesondere bei tiefen Temperaturen, und die Barriere-Eigenschaften gegenüber Gasen wie N_2, CO_2 und O_2 sind höher als bei den Polyolefinen. Durch die Zugabe von Weichmachern lassen sich die Nebenvalenzkräfte herabsetzen, wodurch das Material duktiler wird. Das Weich-PVC ist gummi- bis lederartig, besitzt eine sehr hohe Schlagzähigkeit und Dehnbarkeit [BBO+13, S. 492 ff.; Kai16, S. 287 ff.].

PVC wird in der Bauindustrie für Rohre, Fensterprofile, Vinylbodenbeläge und allgemein für Bälle, Dichtungsringe, Elektrostecker, Schuhsohlen, Förderbänder, Beschichtungen, Folien und Platten etc. eingesetzt.

Tabelle 1.2 Übersicht über Materialdaten, aus [BBO+13; Kai16]

Kunststoff	Dichte [g/cm^3]	Schmelztemperatur (TK) [°C]	Zug-E-Modul [MPa]	Streckspannung [MPa]	Formbeständigkeitstemperatur HDT A 1,8 MPa [°C]
LDPE	0,915–0,92	105–118	200–400	8–10	-
HDPE	0,94–0,96	126–135	600–1400	18–30	38–50
LLDPE	0,935	126	300–700	20–30	ca. 40
PP-H	0,9–0,915	162–168	1300–1800	25–40	55–65
PET	1,38–1,4	250–260	2800–3100	60–80	65–75
PS	1,04–1,05		3100–3300	30–55	65–85
ABS	1,03–1,07		2200–3000	45–65	95–105
PVC-U	1,38–1,4		2700–3000	50–60	65–75
PC	1,2		2350–2400	60–68	120–130
PMMA	1,17–1,19		3100–3300	60–75	75–105
PA6	1,12–1,14	220–225	2600–3200 (tr.) 750–1500 (kond.)	70–90 (tr.) 30–60 (kond.)	55–80
PA66	1,13–1,15	255–260	2700–3300 (tr.) 1300–2000 (kond.)	75–100 (tr.) 50–70 (kond.)	70–100

1.3.2 Herstellung und Verarbeitung von Kunststoffen

Im Folgenden soll zunächst die Herstellung der Kunststoffe ausgehend vom Grundrohstoff Erdöl hin zum Polymer skizziert werden. Neben den synthetisch hergestellten Kunststoffen gibt es auch die Möglichkeit, Kunststoffe aus pflanzlichen Rohstoffen zu gewinnen, die dann als „Biopolymere“ vermarktet werden. Sie haben allerdings bis heute eine untergeordnete Bedeutung und werden daher hier nicht thematisiert. Daraufhin werden die wesentlichen Verarbeitungsverfahren für die Kunststoffe vorgestellt.

Vom Erdöl zum Polymer

Die Herstellung der Kunststoffe wurde in Abschnitt 1.3.1 kurz angerissen und soll nun nochmal erläutert werden. Für synthetisch hergestellte Kunststoffe ist der Grundrohstoff das Rohöl, welches in einer Raffinerie durch Destillation fraktioniert wird. Dabei macht der Anteil der Fraktion, der für die Kunststoffherstellung genutzt wird, lediglich 4–6 % des gesamten Erdöl- und Erdgasverbrauchs aus [Krü16, S. 4].

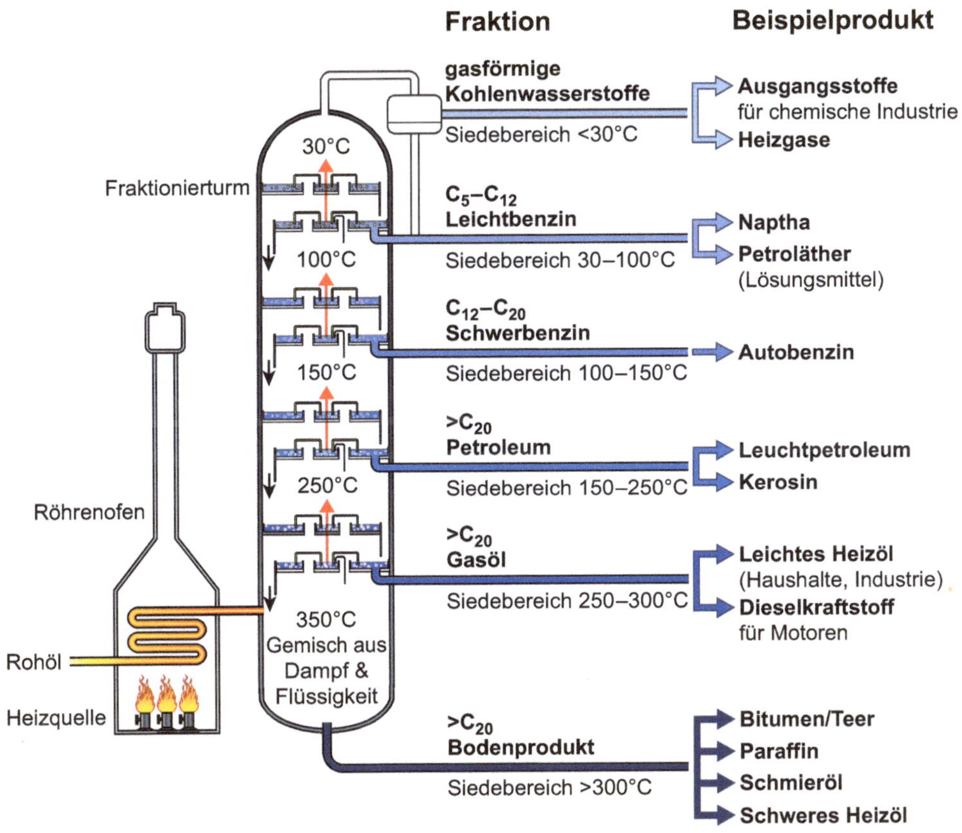

Bild 1.15 Destillation von Erdöl, nach [NN03-ol]

Bild 1.15 zeigt schematisch den Aufbau einer Destillationsanlage. Im ersten Schritt wird das Rohöl auf eine Temperatur von ca. 350 °C erhitzt, wodurch ein Dampf-Flüssigkeits-Gemisch entsteht, das in den Fraktionierturm geleitet wird. Wie in der Abbildung zu sehen ist, besteht dieser aus mehreren Ebenen, wobei die Temperatur von unten nach oben abnimmt. Über sogenannte Glocken gelangt der Dampf auf die jeweils höhere Ebene. Je nach Siedetemperatur der im Gemisch vorliegenden Kohlenwasserstoffverbindungen kondensiert die jeweilige Fraktion auf der zugehörigen Ebene und kann dort als flüssige Phase abgeleitet werden. Für die Weiterverarbeitung zu den Monomeren werden das als Naphtha bezeichnete Roh- bzw. Leichtbenzin mit den C_5- bis C_{12}-Kohlenwasserstoffen und das Flüssiggas verwendet. In einem weiteren Prozessschritt, dem Steamcracking, werden bei hohen Temperaturen die langen Ketten zu kürzeren Molekülen gespalten. Hieraus entstehen dann zum Beispiel Ethen, Propen, Buten und weitere Verbindungen, die die Grundstoffe für die Polymersynthese darstellen.

Der Schritt vom Monomer zum Polymer erfolgt über die sogenannte Polymerisation, deren Verfahrensvarianten wie folgt aufgeschlüsselt werden können [Kai16, S. 41]:

- Stufenwachstumsreaktion
- Kondensationspolymerisation
- Additionspolymerisation
- Kettenwachstumsreaktion
- radikalische Kettenpolymerisation
- ionische/koordinative Varianten

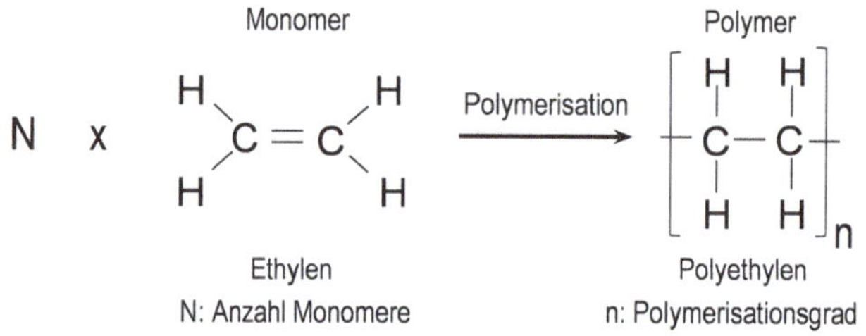

Bild 1.16
Polymerisation von Ethylen

Die Monomere werden in allen Fällen miteinander chemisch verknüpft, was im Fall von Ethylen über reaktive Endgruppen geschieht, die zu Beginn der Reaktion über sogenannte Initiatoren erzeugt werden. Dabei verliert die C-C-Doppelbindung des Monomers ihren Doppelbindungscharakter und ein weiteres Monomer wird mit der Molekülkette verbunden. Auf diese Weise wachsen die Ketten, bis es durch verschiedene Mechanismen zum Abbruch der Reaktion kommt. Diese Verfahrensvariante der radikalischen Kettenpolymerisation wird zum Beispiel für PE, PP oder PS eingesetzt. Typische Kunststoffe, die durch Kondensationspolymerisation hergestellt werden, sind PA6 oder PET. Vertreter der Polyaddukte (hergestellt durch Additionspolymerisation als Stufenreaktion) sind PU oder Epoxidharz.

Wie aus Bild 1.16 ersichtlich ist, kann das fertige Polymer als Valenzstrichformel mit der Angabe des Polymerisationsgrads dargestellt werden. Dieser gibt die Anzahl der in der Polymerkette befindlichen Monomereinheiten an und ist somit ein Maß für die Molmasse des Polymers. Der Polymerisationsgrad lässt sich über die Reaktionsbedingungen, die Anzahl der Monomere, Initiatoren oder über die Wahl eines Katalysators steuern. Die Molmassenverteilung eines fertigen Polymers ist wiederum entscheidend für die resultierenden Eigenschaften, wie in Abschnitt 1.3.1 gezeigt.

Verarbeitung von Kunststoffen

Die entweder durch Polymerisation als Neuware oder durch Aufbereitung von Altkunststoffen als Rezyklate gewonnenen Kunststoffe stehen für vielfältige Verarbeitungsprozesse zur Verfügung. Im Recyclingbereich werden zur Aufbereitung und allgemein zur Modifizierung der Kunststoffe sogenannte Compoundieranlagen eingesetzt. Daraufhin kann die Herstellung der Kunststoffprodukte zum Beispiel über die Standardverfahren Extrusion oder Spritzgießen erfolgen.

Die Compoundieranlage

In einer Compoundieranlage werden Kunststoffe mit Zusatzstoffen versehen, daher ist die Mischwirkung einer solchen Anlage das entscheidende Prozesskriterium. Als Standardmaschine für diese Aufgabe steht der gleichsinnig drehende, dichtkämmende Doppelschneckenextruder zur Verfügung. Dieser ist aufgrund der sehr unterschiedlichen Mischaufgaben modular aufgebaut (siehe Bild 1.17). Die Verfahrenseinheit besteht aus Zylinderelementen, die über Zuganker miteinander verbunden werden. Die beiden dichtkämmenden Schnecken bestehen jeweils aus einem Schneckendorn, auf den die Funktionsschneckenelemente aufgesteckt werden. Durch das Zusammenspiel von Förder-, Knet-, Misch- und weiteren Sonderelementen kann für die Einarbeitung der verschiedensten Zusatzstoffe die passende Schnecke zusammengesteckt werden. Das Polymer wird über den Haupttrichter zugeführt, während die Zusatzstoffe meist über Seitenaggregate im Verlauf der Schnecke hinzudosiert werden. In den meisten Fällen erfolgt bei der Aufbereitung auch eine Entgasung des Materials zum Austrag flüchtiger Bestandteile. Am Ende der Compoundierstrecke wird das Material über eine Granulierung in die übliche Granulatform überführt.

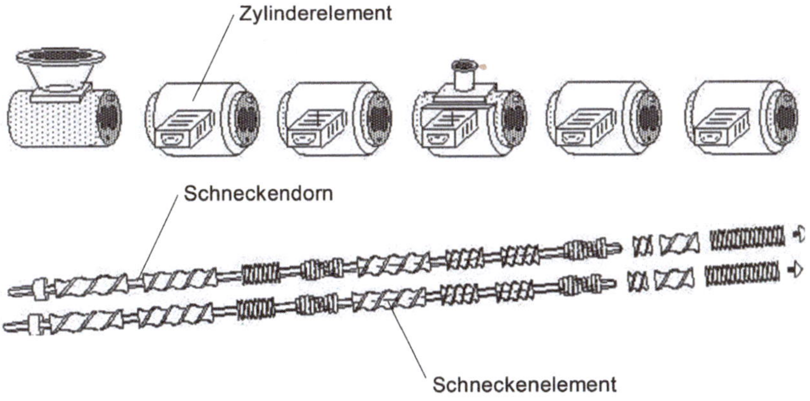

Bild 1.17 Modularer Aufbau eines gleichläufigen Doppelschneckenextruders [Sch21, S. 67]

Das Extrusionsverfahren

Für die Herstellung von Halbzeugen mit konstantem Querschnitt im Endlosverfahren werden Extrusionsanlagen eingesetzt. Am Beispiel einer Rohrextrusionsanlage soll der prinzipielle, beispielhafte Aufbau einer solchen Anlage gezeigt werden (siehe Bild 1.18). Der jeweilige Kunststoff wird als rieselfähiges Granulat oder als Pulver über einen Trichter dem Extruder (1) zugeführt, in Richtung Schneckenspitze gefördert und durch Scherdissipation und Wärmeleitung aufgeschmolzen. Die entstandene Schmelze wird durch ein Rohrwerkzeug (2) gepresst, welches der Schmelze die Form eines Kreisrings gibt. Der aus der Düse austretende Strang gelangt in die Kalibrierung (3), in der der Kunststoff unter Formzwang eingefroren wird. Es folgt eine Kühlstrecke, die das Produkt weiter abkühlt. Ein Raupen- oder Bandabzug (5) sorgt dafür, dass das Rohr mit einer definierten Geschwindigkeit aus dem Kalibrator gezogen wird. Da die Extrusion von Rohren ein kontinuierliches Verfahren ist und somit ein Endlosprodukt entsteht, muss eine geeignete Konfektionierung über eine mitlaufende Trenneinrichtung z. B. in Form einer Säge (7) verfügen. Die Herstellung von Profilen erfolgt mit einem prinzipiell gleichen Anlagenaufbau, wobei das Werkzeug häufig deutlich komplexer ausgeführt ist.

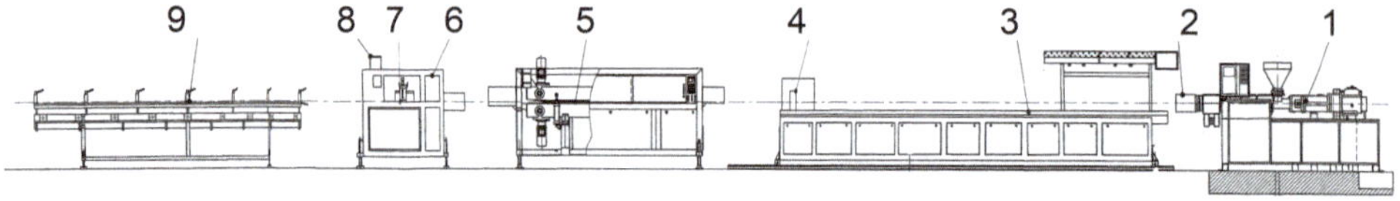

1: Extruder
2: Profilwerkzeug
3: Kalibriertisch
4:Kaltsigniergerät
5: Raupenabzug
6: Folienauftragsgerät
7: Sägevorrichtung
8: Späneabsaugung
9: Profilabwurf

Bild 1.18 Rohr-/Profilextrusionsanlage [Sch21, S. 19]

Der erste wichtige Schritt im Extrusionsprozess ist das Bereitstellen eines stofflich homogenen und zeitlich konstanten Schmelzestroms. Hierzu werden in den meisten Fällen Einschneckenextruder eingesetzt, deren Aufbau beispielhaft in Bild 1.19 gezeigt ist. Das zentrale Bauteil des Einschneckenextruders ist die Schnecke, die material- und betriebspunktspezifisch ausgelegt werden muss. Auf dem umgebenden Zylinder sind Heizbänder angebracht, die zusammen mit der im Granulat durch Reibung erzeugten Wärme das Material aufschmelzen. In der Einzugszone wird das Material, das durch die Eintrittsöffnung in den Schneckenraum gelangt, erfasst und in Richtung Kompressionszone gefördert. In der Kompressionszone der Schnecke wird der Kunststoff durch eine stetige Abnahme der Kanaltiefe verdichtet und durch Scherdissipation und Wärmeleitung durch die Zylinderwand aufgeschmolzen. In der Schmelzeförder- oder Meteringzone findet eine stoffliche und thermische Homogenisierung der Schmelze statt. Dies wird in vielen Fällen durch Scher- und Mischteile am Ende der Schnecke unterstützt. Des Weiteren wird in dieser Zone der Druck aufgebaut, der für das Durchströmen des Werkzeugs im Anschluss an den Extruder benötigt wird.

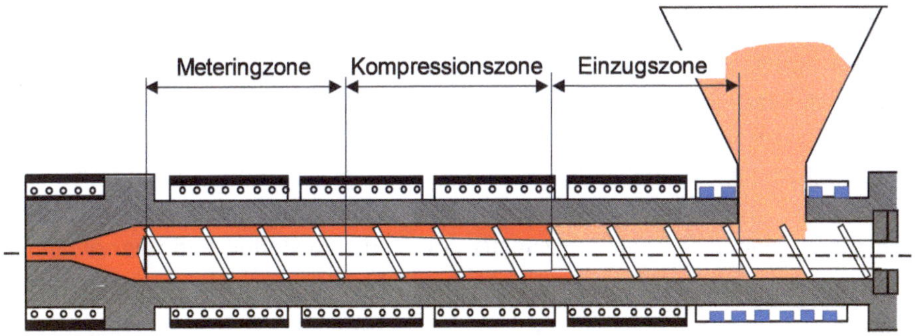

Bild 1.19 Funktionszonen einer Dreizonenschnecke [Sch22, S. 22]

Der im Extruder aufgeschmolzene Kunststoff wird im Rohrwerkzeug (siehe Bild 1.20) von einem meist kreisförmigen Strang zu einem ringspaltförmigen Querschnitt umgeformt. Dies geschieht beispielsweise durch ein sogenanntes Dornhalterwerkzeug, bei dem der ankommende kreisförmige Schmelzestrang einen Dorn (3) umströmt und auf diese Weise als Ringspalt ausgeformt wird. Im Bereich des Dornhalters (2), der zumeist den größten Durchmesser aufweist, wird die Schmelze in mehrere Teilströme aufgeteilt und umströmt die Stege (6), die den Dorn im Schmelzekanal fixieren und gegen den Strömungswiderstand halten. Hinter dem Dornhalter verjüngt sich der Fließkanal und endet in der Bügelzone (1) mit parallelen Kanalwänden.

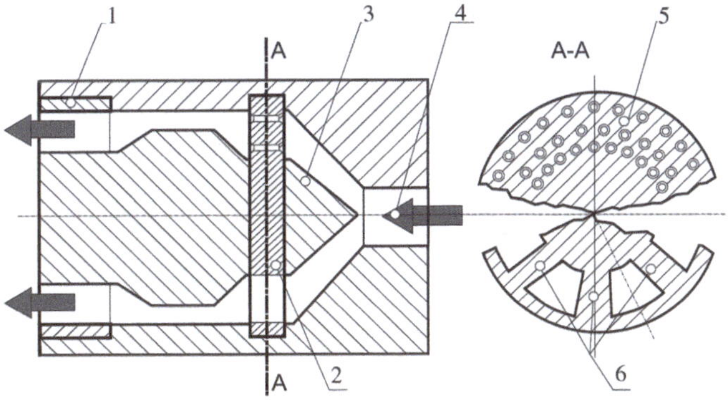

Bild 1.20 Längsschnitt eines Dornhalterwerkzeugs mit Steg oder Lochplatte als Dornhalter [GLF17, S. 79]

Statt eines Rohrwerkzeugs werden zur Herstellung von Flachfolien sogenannte Breitschlitzwerkzeuge verwendet und die Nachfolgeeinrichtung besteht im Wesentlichen aus Kühlwalzen, Randbeschnitt und dem Wickler. Folien lassen sich auch über eine Blasfolienanlage herstellen. Dabei wird zunächst ein Schlauch in vertikaler Richtung extrudiert und nach oben abgezogen. Über einen leichten Überdruck wird die Folie quer verstreckt. Am oberen Ende des Folienturms befindet sich die Abzugseinrichtung, die den Schlauch flach zusammenlegt und wieder nach unten zum Wickler führt.

Das Spritzgießverfahren

Während das Extrusionsverfahren ein kontinuierliches Verfahren zur Herstellung von Halbzeugen darstellt, werden durch das Spritzgießen am Ende eines jeden Zyklus ein (oder mehrere) Bauteile ausgeworfen. Eine Spritzgießmaschine, wie sie in Bild 1.21 gezeigt ist, besteht aus einem Maschinenbett, auf dem die Schließeinheit mit den werkzeugaufnehmenden Aufspannplatten und die Plastifiziereinheit aufgebaut sind. Über die Steuerung lässt sich der Spritzgießzyklus einstellen und überwachen.

Die Plastifiziereinheit lässt sich auf dem Maschinenbett vor- und zurückfahren und besteht im Wesentlichen aus einem Zylinder und einer Plastifizierschnecke, die, im Gegensatz zu einer Extrusionsschnecke, zusätzlich über eine Rückstromsperre verfügt. Am Ende des Zylinders befindet sich die geschlossen oder offen ausgeführte Düse. Die Schließeinheit besteht aus den zwei Aufspannplatten, auf die das Spritzgießwerkzeug (Negativform des Bauteils) aufgespannt wird und die sich in einem mechanisch gekoppelten System zur Aufbringung der Schließkraft befinden. Die Kraft, mit der das Werkzeug während des Einspritzens zugehalten wird, kann entweder über einen Hydraulikkolben oder über ein Kniehebelsystem aufgebracht werden.

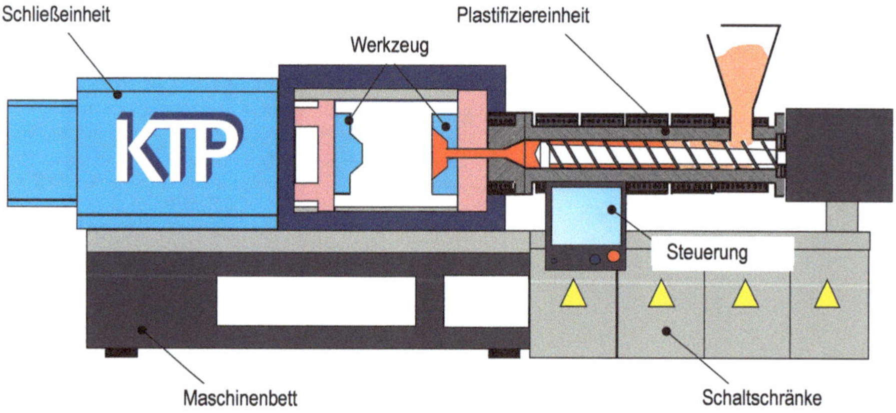

Bild 1.21 Schematischer Aufbau einer Spritzgießmaschine [Sch22, S. 32]

Zu Beginn eines Spritzgießzyklus (siehe Bild 1.22) werden die beiden Werkzeughälften über die Schließeinheit zugefahren und die Schließkraft wird aufgebracht. Die Plastifiziereinheit fährt bis zur Angussbuchse des Werkzeugs vor und spritzt das zuvor aufdosierte Material in das Spritzgießwerkzeug ein. Hierzu übt die Spritzgießschnecke eine translatorische Bewegung aus, wodurch sich die Rückstromsperre verschließt und das Zurückströmen der Schmelze in die Schneckengänge verhindert wird. Nach der durch das Einspritzen vollzogenen volumetrischen Füllung der Werkzeugkavität wirkt der wiederum durch die Schnecke aufgeprägte Nachdruck. Hierdurch wird bis zum Erstarren der Schmelze in der Angussbuchse Material in die Kavität nachgedrückt, um der durch die Abkühlung hervorgerufenen Volumenschwindung entgegenzuwirken. Nach Ende der Nachdruckzeit kühlt das Bauteil weiter ab, während die Plastifiziereinheit ein Stück zurückfährt und wiederum Material für den nächsten Zyklus aufdosiert wird. Hierzu rotiert die Schnecke, zieht dabei Granulat ein und lässt durch Dissipation und Wärmeleitung den Kunststoff aufschmelzen. Die Schmelze wird in den Schneckenvorraum gefördert, wodurch unter Aufrechterhaltung eines eingestellten Staudrucks die Schnecke nach hinten gedrückt wird. Am Ende des Dosiervorgangs steht im Schneckenvorraum die für den nächsten Einspritzvorgang benötigte Menge an Kunststoffschmelze zur Verfügung. Auf der Schließseite erfolgt nach Ende der Restkühlzeit die Werkzeugöffnung und das Auswerfen der Bauteile.

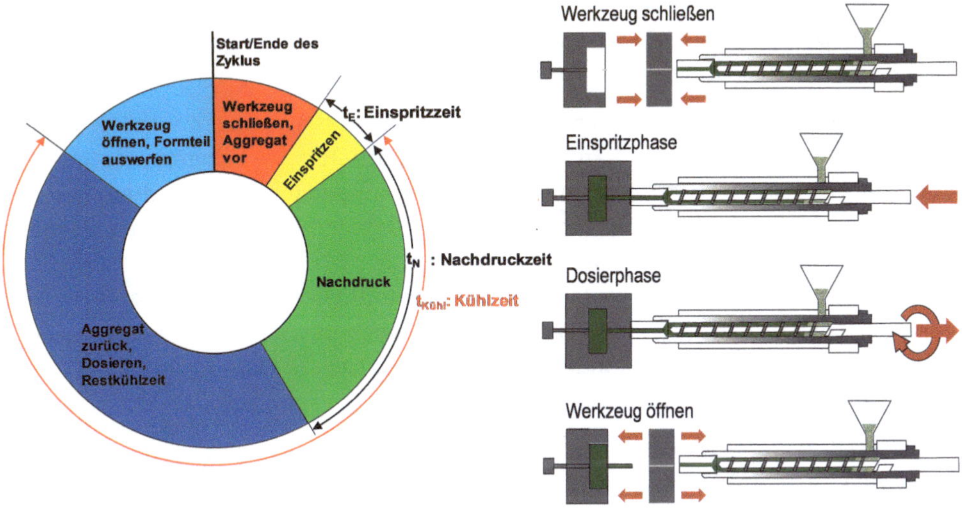

Bild 1.22 Ablauf des Spritzgießzyklus [Sch22, S. 34 ff.]

Zur Herstellung komplexer Bauteile stehen zahlreiche Verfahrensvarianten zur Verfügung, wie z. B. das Verbundspritzgießen zum stoffschlüssigen Verbund zweier oder mehrerer Kunststoffmaterialien, das Sandwichspritzgießen zur Herstellung eines Bauteils mit Haut- und Kernschicht oder die Hinterspritztechnik zum Hinterspritzen von Dekorfolien oder Textilien. Weitere Varianten integrieren eine Oberflächenaktivierung mit Plasma („InMold-Plasma“) [Nor18] oder die Injektion von Gas zur Herstellung von Hohlstrukturen in den Spritzgießprozess [Plu14; Sei16; Lan19].

1.3.3 Vom Abfall zum Wertstoff

An den Rohstoff zur Herstellung von Kunststoffbauteilen werden je nach Anwendung unterschiedlich hohe Anforderungen gestellt. Diese werden seit Jahrzehnten vollumfänglich über die Verwendung von Kunststoffneuware und durch Modifikation derselben bedient. Die Neuware steht als reines Material in hoher Liefermenge und hoher Liefertreue in ausreichender Qualität zur Verfügung. Der Bedarf zur Nutzung von Rezyklat ist daher in vielen Anwendungen überhaupt nicht gegeben. Viele Verarbeiter fragen sich, warum sie Material einsetzen sollen, welches teilweise wichtige Anforderungen nicht erfüllt und häufig im Preiskampf gegenüber der Neuware unterlegen ist.

Nichtsdestotrotz wird Rezyklat seit Jahren in zahlreichen Anwendungen mit steigender Tendenz verwendet. Dies liegt zum einen daran, dass immer mehr Produkte identifiziert werden, für die der Einsatz von Rezyklat aus technologischer und ökonomischer Sicht infrage kommt. Zum anderen erhöht sich der gesellschaftliche und politische Druck auf die Hersteller, Verarbeiter und den Handel zunehmend, einen nachhaltigeren Weg einzuschlagen. Hierzu sei auf die Ausführungen in Kapitel 2 verwiesen.

Im Folgenden soll auf grundlegende Voraussetzungen eingegangen werden, die zur Gewinnung von Rezyklat aus Kunststoffabfall wichtig sind. Sie betreffen die Sammel- und Sortierlogistik, die Aufbereitungstechnik, die Werkstoffeigenschaften, gesetzliche Bestimmungen und das Vorhandensein von Anwendungen für die hergestellten Rezyklate. Werden diese Voraussetzungen nicht oder nur unzureichend erfüllt, können die Kunststoffabfälle entweder über das rohstoffliche Recycling aufbereitet werden oder sie werden der energetischen Verwertung zugeführt, die in diesen Fällen zumeist die ökologisch und ökonomisch sinnvollere Variante ist.

Sammel- und Sortierlogistik

Um einen bestimmten Kunststofftyp als Sekundärrohstoff gewinnen zu können, muss dieser zunächst in einem der zahlreichen Abfallströme vorhanden sein. Das bedeutet, dass dieser Kunststoff schon einmal zu Produkten verarbeitet und seinen End-of-Life-Zustand als Produkt erreicht hat. Für kurzlebige Verbrauchsgüter ist dies schnell gegeben, für langlebige Produkte kann dies bei Einführung neuer Kunststofftypen längere Zeit dauern. Dies gilt zum Beispiel für Dämmmaterialien im Baubereich, die, wenn sie im Abfallstrom vorkommen, bereits über 40 Jahre alt sein können.

Die nächste Voraussetzung ist, dass der gewünschte Kunststoff zuverlässig in eines der organisierten Sammelsysteme Eingang findet. Im Bereich der Endkonsumenten ist dies zum Beispiel die Sammlung der Leichtverpackungen über die Wertstofftonne oder die Sammlung der PET-Flaschen über das Pfandsystem. Über B2B-Geschäftsbeziehungen können spezifische Kunststoffabfälle auch direkt bezogen und aufbereitet werden.

Die Sortiertechnik ist der nächste Schritt zur Ausschleusung des gewünschten Kunststoffs aus dem Abfallstrom. Nur wenn geeignete Sortierverfahren in den jeweiligen Anlagen vorhanden sind, ergibt sich die Möglichkeit, bestimmte Kunststoffe zu gewinnen.

Die Menge des Kunststoffs im Abfallstrom spielt dabei in Bezug auf einen wirtschaftlichen Betrieb der Anlage eine wesentliche Rolle. Technisch möglich ist dabei vieles, wirtschaftlich umsetzbar deutlich weniger (siehe Abschnitt 3.1.7). Die klassischen Rezyklat-Kunststoffe wie PE oder PP sind zahlreich im Abfallstrom der Leichtverpackungen (LVP) vorhanden und werden zuverlässig ausgeschleust. Spezialtypen von Polyamiden beispielsweise gelangen dagegen in einer LVP-Sortieranlage in die Mischkunststofffraktion und werden zumeist energetisch verwertet.

Aufbereitungstechnik

Ist es gelungen, den gewünschten Kunststoff bewusst oder unbewusst (als Stör- oder Fremdstoff) in der Sortieranlage zumindest einer Sortierfraktion zuordnen zu können, besteht die nächste Herausforderung in der Auftrennung der Abfallstücke und der Trennung des Kunststofftyps aus dem restlichen Abfallstrom. Dafür muss geeignete Zerkleinerungs-, Reinigungs- und Trenntechnik z. B. bei einem Rezyklathersteller vorhanden sein. Die unterschiedlichen Anlagenteile werden in Kapitel 3 beschrieben. Auch hier stellt sich wiederum die Frage nach der Wirtschaftlichkeit zur Abtrennung und Ausschleusung des gewünschten Kunststofftyps. Für die Massenkunststoffe HDPE, LDPE oder PP sind Großanlagen mit einem hohen Durchsatz Stand der Technik.

Werkstoffeigenschaften und Degradation

Kann der gewünschte Kunststoff aus dem Abfallstrom herausgetrennt werden, besteht weiterhin die Frage nach den Eigenschaften im Vergleich zu denen der gegebenenfalls bis dahin eingesetzten Neuware für ein bestimmtes Produkt. Dies betrifft sowohl die Verarbeitungseigenschaften als auch die Eigenschaften im Gebrauch. Dabei ist zu berücksichtigen, dass jedes Produkt ein bestimmtes Anforderungsprofil an das Material aufweist. Für jeden Kunststofftyp gibt es daher auf dem Markt für Neuware eine Vielzahl von Einzelvarianten, die sich in zahlreichen Eigenschaften unterscheiden. Es gibt Homo- und Copolymere, ungefärbte und gefärbte, schlagzähmodifizierte, verstärkte oder gefüllte und ungefüllte Typen, die jeweils noch Unterschiede im rheologischen Verhalten aufweisen.

Im Abfallstrom ist stets eine große Mischung vieler unterschiedlicher Varianten des gleichen Kunststofftyps vorhanden, deren Trennbarkeit stark eingeschränkt ist. So lassen sich unter Umständen gefüllte und ungefüllte Varianten trennen, die Einstellung der rheologischen Eigenschaften geschieht allerdings im Zuge der spezifischen Aufbereitung der Rezyklate, wenn dies wirtschaftlich umsetzbar ist.

Neben der Variantenvielfalt der Einzeltypen eines Kunststoffs im Abfallstrom spielt der Aspekt der Degradation der Kunststoffe eine große Rolle bei der Beurteilung der Einsetzbarkeit eines Rezyklats anstelle von Neuware. Kunststoffe unterliegen während der Verarbeitung und des Gebrauchs zahlreichen, potenziell schädigenden Einflüssen. Eine irreversible Schädigung der Kunststoffe wirkt sich auf molekularer Ebene in einer Änderung des Molekülaufbaus (Kettenverkürzung, Vernetzungen, Verzweigungen), in der Bildung funktioneller Gruppen und in einer Abspaltung von Kettenabschnitten aus [EP07, S. 30].

Typische Einflussfaktoren auf eine derartige Schädigung sind:

- bezogen auf die Verarbeitung und Wiederverarbeitung der Kunststoffe:
  - die Verarbeitungstemperatur (thermischer Abbau)
  - die durch rotierende Maschinenteile eingebrachten Scher- und Dehnbelastungen (thermisch-mechanischer Abbau)
  - das Vorhandensein von Luftsauerstoff (thermisch-oxidativer Abbau)
  - das Vorhandensein von Feuchtigkeit in der Kunststoffschmelze (Hydrolyse)
- bezogen auf die Gebrauchsphase:
  - UV-Strahlung
  - Temperatur
  - Luftfeuchtigkeit, Wasser (Hydrolyse)
  - Sauerstoff
  - Meerwasser (Salz, mechanische Wirkung durch Wellenbewegung)
  - Chemikalien
  - energiereiche Strahlung
  - gasförmige Schadstoffe
  - biologische Einflussfaktoren (Mikroorganismen)

Wie stark sich die genannten Einflussfaktoren auf den tatsächlichen Schädigungsgrad auswirken, hängt wiederum von der chemischen und physikalischen Struktur der Kunststoffe, von den im Kunststoff befindlichen Füllstoffen und von möglichen im Kunststoff noch vorhandenen Polymerisationsrückständen ab [EP07, S. 30–84].

Die Kettenverkürzung durch Degradationsprozesse bewirkt insbesondere einen Anstieg des Schmelzeindex MFI (Melt Flow Index), der ein Maß für die Fließfähigkeit der Kunststoffschmelze ist. Je höher dieser Wert, desto dünnflüssiger wird das Material. Darüber hinaus sinkt die Schlagzähigkeit des Kunststoffs, während die Festigkeit erst bei sehr starkem Materialabbau sinkt. Bild 1.23 zeigt für ein Polypropylen das Spannungs-Dehnungs-Verhalten und den Verlauf des MFI-Wertes nach fünfmaligem Durchlaufen der Verarbeitungsprozesse Teileherstellung im Spritzgießverfahren, Zerkleinerung und Regranulierung. Die Festigkeit bleibt weitgehend konstant, während der MFI-Wert deutlich mit der Zyklenanzahl ansteigt. Das zeigt, dass bereits die mehrfache Verarbeitung einen deutlichen thermomechanischen Abbau hervorruft, ohne die Gebrauchsphase mit ihren weiteren Einflussfaktoren mit in die Betrachtung einzubeziehen.

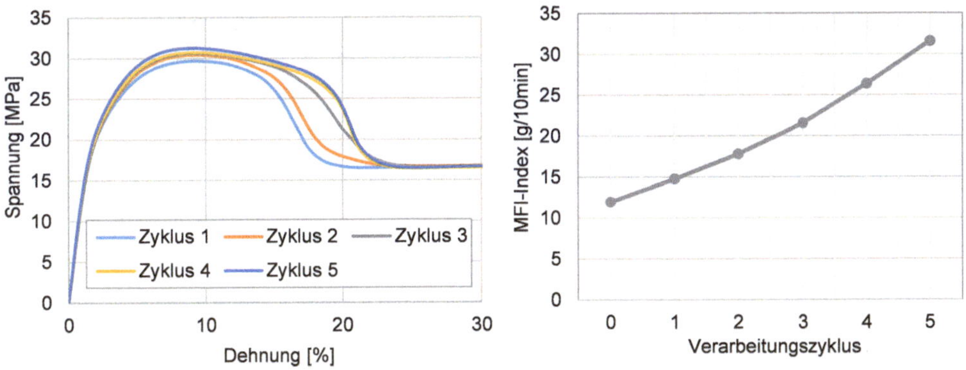

Bild 1.23 Verlauf des Spannungs-Dehnungs-Verhaltens (links) und des MFI-Wertes (230 °C/ 2,16 kg) (rechts) über fünf Verarbeitungszyklen für ein Polypropylen-Homopolymer

Um den stark chargenabhängigen Eigenschaftsunterschieden des gereinigten Mahlguts Rechnung zu tragen, wird häufig Mahlgut der Neuware untergemischt. Hierzu sollte das Mahlgut allerdings sortenrein vorliegen. Speziell aufbereitetes Rezyklat lohnt sich in vielen Fällen aus ökonomischen Gründen nicht, wobei z. B. PET eine Ausnahme bildet. Hier ist eine aufwendige Aufbereitungsanlage Stand der Technik. Sortenreiner und sauberer Kunststoffabfall, wie er beim Inline-Recycling in Produktionsanlagen oder bei Post-Industrial Waste vorkommt, lässt sich häufig ohne große Einbußen im Eigenschaftsprofil verarbeiten.

Gemischte Kunststoffabfälle werden in den meisten Fällen der energetischen Verwertung zugeführt, weil die unterschiedlichen Kunststoffe in den seltensten Fällen ohne Weiteres miteinander verträglich sind. Zwar lassen sich Additive einsetzen, die die Verträglichkeit erhöhen können, jedoch sind die Analyse des Abfallstroms und die Auswahl der geeigneten Additive aufwendig. Produkte aus der Verarbeitung dieser Mahlgüter weisen im Vergleich zur Neuware deutlich schlechtere mechanische Eigenschaften auf.

Anwendungen

Um auf das Beispiel eines aus dem Abfallstrom zu gewinnenden Kunststoffs zurückzukommen, folgt nach der Beurteilung der Werkstoffeigenschaften der finale Schritt der Herstellung eines neuen Produkts.

Für sortenreine Post-Industrial-Rezyklate (PIR) und für Mahlgut aus dem Inline-Recycling ergeben sich kaum Einschränkungen in Bezug auf das Produktdesign. Aufbereitetes Mahlgut bzw. Rezyklat aus dem Bereich des Post-Consumer-Abfalls bedürfen jedoch einer genaueren Betrachtung der zu erzielenden Eigenschaften in Verbindung mit der Anpassung des Produktdesigns („Design for Recyclates“) und der Modifizierung der Verarbeitungsanlage. Für die Verarbeitung von gemischten Kunststoffabfällen haben sich in den letzten Jahrzehnten durch robustes Produktdesign mehrere Anwendungen erschließen lassen wie z. B. Parkbänke, Trittbohlen oder Zaunelemente.

Für die für das Recycling wichtigsten Kunststoffe sind in Tabelle 1.3 einige typische Anwendungsbereiche für Rezyklate genannt.

Tabelle 1.3 Übersicht über Anwendungsbereiche für Rezyklate [Poh20, S. 470 f.; NN03]

Polyethylen (PE)	Agrarfolien, Verpackungsfolien, Zaunelemente, Kisten, Flaschen, Möbelzubehör, Behälter, Absperrgitter/-baken, Schreibwaren, Blumentöpfe, Kabelschutz, Drainagen, Fahrbahnschwellen
Polypropylen (PP)	Automobilbauteile, Paletten, Behälter, Gehäuse, Möbelzubehör, Klappboxen, Waschkörbe, Haushaltsgeräte, Entwässerungssysteme, Sickerkästen
Polyethylenterephthalat (PET)	PET-Flaschen, Textilfasern, Folien, Bootssegel, Automobilteile
Polyvinylchlorid (PVC)	Fensterprofile, Rohre, Bodenbeläge, Leitkegel

Gesetzliche Bestimmungen

Um Kunststoffabfall wieder als Sekundärrohstoff einsetzen zu können, gilt es neben der technischen und wirtschaftlichen Realisierbarkeit zu prüfen, ob je nach Zusammensetzung des Rezyklats oder je nach Anwendung Vorschriften zu beachten sind.

Für Rezyklate, die direkten Kontakt zu Lebensmitteln haben, gibt es strenge Vorschriften, die durch die European Food Safety Authority (EFSA) der EU geregelt werden. Alle im Rezyklat enthaltenen Substanzen müssen registriert werden und das Recyclingverfahren muss eine Zulassung bei der EFSA erhalten (siehe Abschnitt 4.4.2).

Grundsätzlich kommen für Rezyklate, wie auch für Kunststoff-Neuware, die Regelungen der REACH-Verordnung zur Anwendung (siehe Abschnitt 4.4.1). In weiteren Branchen gilt es zusätzlich strenge Prüfvorschriften zu erfüllen, wie z. B. in der Elektronik- oder der Spielwarenindustrie. Neben Schadstoffen, die vor längerer Zeit noch als Additive eingesetzt wurden und heute in Rezyklaten Eingang finden könnten, sind Verunreinigungen oder Fremdstoffe häufig ein K.o.-Kriterium für den Einsatz in vielen Anwendungsbereichen.

Auf der anderen Seite helfen gesetzliche Vorgaben hinsichtlich einer Rezyklatquote z. B. in PET-Flaschen dabei, dass die Aufbereitung des Rezyklates wirtschaftlich umgesetzt werden kann. Für den benötigten Anteil besteht eine Nachfrage, bei der die Neuware nicht in Konkurrenz steht. Dies fördert die Herstellung und Verwendung von Rezyklat aus dem Kunststoffabfall.

Zusammenfassung

Die Herstellung von Rezyklat, welches der Neuware aus technischer und ökonomischer Sicht Konkurrenz machen kann, setzt in den meisten Fällen einen sortenreinen Stoffstrom mit keiner oder nur geringer Verschmutzung voraus. Anderenfalls wären das Sortieren und das Waschen zu kostenintensiv und das hergestellte Rezyklat könnte nur zu einem im Vergleich zur Neuware höheren Preis angeboten werden.

Für Anwendungen mit geringen Anforderungen haben Rezyklate aus Stoffströmen mit hohem Verschmutzungsgrad und einer geringen Sortenreinheit eine Nische gefunden, die seit vielen Jahren bedient wird. Häufig ist der Materialeinsatz aufgrund der geringeren mechanischen Eigenschaften höher, d. h., die hergestellten Produkte werden robuster gebaut.

Das werkstoffliche Recycling ist also nicht für alle Abfallarten möglich. Dabei spielen die jeweiligen Müllmengen eine große Rolle. Der hohe Anteil des Verpackungsabfalls aus dem Lebensmittelbereich, welcher den kurzlebigen Verbrauchsgütern zuzuzählen ist, lässt sich beispielsweise aus gesetzlichen Vorschriften heraus mit wenigen Ausnahmen nicht wieder als Lebensmittelverpackung verwenden. Auf diese Problematik wird in Abschnitt 2.4 näher eingegangen.

Da das rohstoffliche Recycling häufig geringere Anforderungen an die Reinheit des Abfallstroms stellt, stellt es hinsichtlich einer stofflichen Verwertung für Grundstoffe der chemischen Industrie eine Alternative dar. Aufgrund des hohen Heizwertes sind Kunststoffabfälle, die werkstofflich nicht recycelt werden können, zudem interessant für die energetische Verwertung. Für weitere Ausführungen hinsichtlich der drei Verwertungswege werkstoffliches Recycling, rohstoffliches Recycling und energetische Verwertung sei auf Kapitel 4 bis 6 verwiesen.

Literatur

[AAP+19] Allen, S.; Allen, D.; Phoenix, V.; Le Roux, G.; Jimenez, P.; Simmonneau, A.; Binet, S.; Galop, D.: „Atmospheric transport and deposition of microplastics in a remote mountain catchment". nature geoscience, 2019

[BBB+21] Bertling, J.; Bannick, C. G.; Brinkmann, L.; Barkmann, L.; Braun U.; Knoblauch, D.; Kraas, C.; Mederake, L.; Nosić, F.; Philipp, B.; Sartorius, I.; Schritt, H.; Stein, U.; Wencki, K.; Wendt-Potthoff, K; Woidasky. J.: „Kunststoff in der Umwelt – ein Kompendium" Hrsg.: Ecologic Institut gemeinnützige GmbH, 1. Auflage, 2021

[BBH+18] Bertling, J.; Bertling, R.; Hamann, L.: „Kunststoffe in der Umwelt: Mikro- und Makroplastik. Ursachen, Mengen, Umweltschicksale, Wirkungen, Lösungsansätze, Empfehlungen". Kurzfassung der Konsortialstudie, Fraunhofer-Institut für Umwelt-, Sicherheits- und Energietechnik UMSICHT (Hrsg.), Oberhausen, Juni 2018

[BBO+13] Baur, E.; Brinkmann, S.; Osswald, T.; Rudolph, N.; Schmachtenberg, E.: „Saechtling Kunststoff Taschenbuch". Carl Hanser Verlag, München, 2013

[BDS+22] Bertling, J.; Dau, K.; Selig, U.; Werner, S.: „Release of Microplastics into the Marine Environment – State of Knowledge and Options for Action". German Roundtable on Marine Litter, DOI: *https://doi.org/10.24406/umsicht-n-648144*

[BF17] Boucher, J.; Friot, D.: „Primary Microplastics in the Oceans – a Global Evaluation of Sources". IUCN, Gland, Switzerland, 2017

[Bra13] Braun, D.: „Kleine Geschichte der Kunststoffe". Carl Hanser Verlag, München, 2013

[Con21] Conversio Market & Strategy GmbH: „Stoffstrombild Kunststoffe in Deutschland 2021", November 2022

[CEG+14] Cózar, A.; Echevarria, F.; González-Cordillo, J. I.; Irigoien, X.; Ubeda, B.; Hernandez-Leon, S.: „Plastic debris in the open ocean". In: Proceedings of the National Academy of Sciences of the United States of America, Jhrg. 111, Vol. 28, pp. 10239–10244, DOI: 10.1073/pnas.1314705111

[DGM+17] Dris, R.; Gasperi, J.; Mirande, C.; Mandin, C.; Guerrouache, M.; Langlois, V.; Tassin, B.: „A first overview of textile fibers, including microplastics, in indoor and outdoor environments". In: Environmental Pollution, Vol. 221, pp. 453–458, 2017

[DGS+16] Dris, R.; Gasperi, J.; Saad, M.; Mriande-Bret, C.; Tassin, B.: „Synthetic fibers in atmospheric fallout: A source of microplastics in the environment?". In: Marine Pollution Bulletin, Vol. 104, issues 1–2, pp. 290–293, 2016

[DHM22] Dahlmann, R.; Haberstroh, E.; Menges, G.: „Menges Werkstoffkunde Kunststoffe". Carl Hanser Verlag, München, 2022

[ELC+14] Eriksen, M.; Lebreton, L. C. M.; Carson, H. S.; Thiel, M.; Moore, C. J.; Borerro, J. C.; Galgani, F.; Ryan, P. G.; Reisser, J.: „Plastic Pollution in the World's Oceans: More than 5 Trillion Plastic Pieces Weighing over 250,000 Tons Afloat at Sea". In: PLoS ONE, Vol. 12 (9), DOI: 10.1371/journal.pone.0111913, 2014

[EP07] Ehrenstein, G. W.; Pongratz, S.: „Beständigkeit von Kunststoffen", Band 1, Carl Hanser Verlag, München, 2007

[GCH+21] González-Fernández, D.; Cózar, A.; Hanke, G.; Viejo, J.; Morales-Caselles, C.; Bakiu, R.; Barceló, D.; Bessa, F.; Bruge, A.; Cabrera, M.; Castro-Jiménez, J.; Constant, M.; Crosti, R.; Galletti, Y.; Kideys, A. E.; Machitadze, N.; Pereira de Brito, J.; Pogojeva, M.; Ratola, N.; Rigueira, J.; Rojo-Nieto, E.; Savenko, O.; Schöneich-Argent, R. I.; Siedlewicz, G.; Suaria, G.; Tourgeli, M.: „Floating macrolitter leaked from Europe into the ocean". In: Nature Sustainability, Vol. 4 (6), pp. 474–483, DOI: 10.1038/s41893-021-00722-6, 2021

[Gey20] Geyer, R.: „Production, use, and fate of synthetic polymers". In: Plastic Waste and Recycling, Edited by Trevor M. Letcher, Elsevier, London, 2020

[GJL17] Geyer, R.; Jambeck, J.; Law, K. L.: „Production, use, and fate of all plastics ever made". In: Science Advances, Vol. 3, DOI: 10.1126/sciadv.1700782, 2017

[GKR20] Gabbott, S.; Key, S.; Russell, C.; Yonan, Y.; Zalasiewicz, J.: „The geography und geology of plastics: their environmental distribution and fate". In: Plastic Waste and Recycling, Edited by Trevor M. Letcher, Elsevier, London, 2020

[GLF17] Greif, H.; Limper, A.; Fattmann, G.: „Technologie der Extrusion". Carl Hanser Verlag, München, 2017

[HB12] Hoornweg, D.; Bhada-Tata, P.: „What a waste: A global Review of Solid Waste Management". Urban Development Series, World Bank, 2012

[HSW+17] Horton, A. A.; Svendsen, C.; Williams, R. J.; Spurgeon, D. J.; Lahive, E.: „Large microplastic particle in sediments of tributaries of the River Thames, UK – abundance, sources and methods for effective quantification". In: Marine Pollution Bulletin, Vol. 114, issue 1, pp. 218–226, 2017

[JGW+15] Jambeck, J. R; Geyer, R.; Wilcox, C.; Siegler, T. R.; Perryman, M.; Andrady, A.; Narayan, R.; Law, K. L.: „Plastic waste inputs from land into the ocean". In: Science, Vol. 347, issue 6223, 2015

[Kai16] Kaiser, W.: „Kunststoffchemie für Ingenieure – Von der Synthese bis zur Anwendung". Carl Hanser Verlag, München, 2016

[Ker16] Kershaw, P. J. et al.: „Marine plastic debris and microplastics – Global lessons and research to inspire action and guide policy change". United

Nations Environment Programme (UNEP), 2016

[Krü12] Krüger, O.: „Kunststoffe". In: „Werkstoffkunde". Bargel, H.-J.; Schulze, G. (Hrsg.), Springer-Verlag, Berlin, Heidelberg, 2012

[LA19] Lebreton, L.; Andrady, A.: „Future scenarios of global plastic waste generation and disposal". In: Palgrave Communications, Vol. 5, Article 6, 2019

[Lan19] Landgräber, B.: „Experimentelle und modellbasierte Analysen der Prozessphasen des Spritzgießsonderverfahrens GITBlow". Dissertation, Universität Paderborn, Kunststofftechnik Paderborn, 2019

[LMG+14] Law, K. L.; Moret-Ferguson, S.; Goodwin, D. S.; Zettler, E. R.; De-Force, E.; Kukulka, T.; Proskurowski, G.: „Distribution of surface plastic debris in the eastern Pacific Ocean from an 11-year dataset". In: Environ. Sci. Technol. 48, pp. 4732–4738, 2014

[LLS+18] Liu, M.; Lu, S.; Song, Y.; Lei, L.; Hu, J.; Lv, W.; Zhou, W.; Cao, C.; Shi, H.; Yang, X.; He, D.: „Microplastic and mesoplastic pollution in farmland soils in suburbs of Shanghai, China". In: Environmental Pollution Vol. 242, pp. 855–862, 2018

[LSF+18] Lebreton, L.; Slat, B.; Ferrari, F.; Sainte-Rose, B.; Aitken, J.; Marthouse, R.; Hajbane, S.; Cunsolo, S.; Schwarz, A.; Levivier, A.; Noble, K.; Debeljak, P.; Maral, H.; Schoeneich-Argent, R.; Brambini, R.; Reisser, J.: „Evidence that the Great Pacific Garbage Patch is rapidly accumulating plastic". In: Nature/ Scientific Reports, Vol. 8, issue: 4666, DOI:10.1038/s41598-018-22939-w, 2018

[LSL+17] Ling, S.; Sinclair, M.; Levi, C.; Reeves, S.; Edgar, G.: „Ubiquity of microplastics in coastal seafloor sediments". In: Marine Pollution Bulletin Vol. 121, pp.104–110, 2017

[LZD+17] Lebreton, L. C. M.; van der Zwet, J.; Damsteeg, J.-W.; Slat, B.; Andrady, A.; Reisser, J.: „River plastic emissions to the world's oceans". In: Nature Communications, Vol. 8, issue:15611, DOI: 10.1038/ncomms15611, 2017

[Mck16-ol] McKinsey & Company, Inc.: Globale Kunststoff- und Plastikmüllproduktion 2016, *https://www.mckinsey.de/~/media/mckinsey/locations/europe%20and%20middle%20east/deutschland/news/presse/2018/2018-12-19-plastikmuell/kunststoff-%20und%20plastikmuellproduktion%20global_heute%20und%202030.pdf*, zuletzt abgerufen am 15.10.2021

[MF11] Milliman, J. D.; Farnsworth, K. L.: „River Discharge to the Coastal Ocean: A Global Synthesis". Cambridge University Press: Cambridge, 2011.

[MKZ+17] Machado, A. A. d. S.; Kloas, W.; Zarfl, C.; Hempel, S.; Rillig, M. C.: „Microplastics as an emerging threat to terrestrial ecosystems". In: Global Change Biology, Vol. 24, pp. 1405–1416, 2017

[MVG+21] Morales-Caselles, C.; Viejo, J.; Marti, E.; González-Fernández, D.; Pragnell-Raasch, H.; González-Gordillo, J. I.; Montero, E.; Hanke, G.; Salvo, V. S.; Basurko, O. C.; Mallos, N.; Lebreton, L.; Echevarría, F.; van Emmerik, T.; Duarte, C. M.; Gálvez, J. A.; van Sebille, E.; Galgani, F.; García, C. M.; Ross, P. S.; Bartual, A.; Ioakeimidis, C.; Markalain, G.; Isobe, A.; Cózar, A.: „An inshore–offshore sorting system revealed from global classification of ocean litter". In: Nature Sustainability. Vol. 4 (6), pp. 484–493, DOI: 10.1038/s41893-021-00720-8, 2021

[NN01-ol] Ocean Conservancy, McKinsey Center for Business and Environment: Stemming the tide: land-based strategies for a plastic-free ocean, 2015, *hhttps://www.mckinsey.com/~/media/mckinsey/business%20functions/sustainability/our%20insights/saving%20the%20ocean%20from%20plastic%20waste/stemming%20the%20tide%20full%20report.ashx*, abgerufen am: 09.08.2022

[NN02-ol] „Plastics – the facts 2022 – An analysis of European plastics production, demand and waste data". PlasticsEurope, 2022, *https://plasticseurope.org/de/wp-content/uploads/sites/3/2022/10/PE-PLASTICS-THE-FACTS_20221017.pdf*, abgerufen am: 23.08.2023

[NN03-ol] Westdeutscher Rundfunk Köln: „Destillation von Erdöl". *https://www.planet-wissen.de/technik/energie/erdoel/index.html*, abgerufen am 01.07.2022

[Nor18] Nordmeyer, T.: „Verfahrenstechnische Entwicklung des Direktinjektion-Plasmaverfahrens im Spritzgießprozess". Dissertation, Universität Paderborn, Kunststofftechnik Paderborn, 2018

[NT16] Napper, I. E.; Thompson, R. C.: „Release of synthetic microplastic plastic fibres from domestic washing machines: Effects of fabric type and washing conditions". In Marine Pollution Bulletin, Vol. 112, Issue 1–2, pp. 39–45, 2016

[Plu14] Plugge, T: „Herstellung komplexer polymerer Hohlkörperstrukturen – Ganzheitliche Prozessanalyse und -optimierung des Spritzgießsonderverfahrens GITBlow". Universität Paderborn, Kunststofftechnik Paderborn, 2014

[Poh20] Pohjakallio, M.: „Secondary plastic products – examples and market trends". In: Plastic Waste and Recycling, Edited by Trevor M. Letcher, Elsevier, London, 2020

[PPB+19] Peeken, I.; Primpke, S.; Beyer, B.; Gütermann, J.; Katlein, C.; Krumpen, T.; Bergmann, M.; Hehemann, L.; Gerdts, G.: „Arctic sea ice is an important temporal sink and means of transport for microplastic". Nature Communications Vol. 9, issue:1505, DOI: 10.1038/s41467-018-03825-5, 2019

[Rei21] Reich, O.: „The changing additivation needs in a circular economy". Presentation on 3rd Forum plastics recyclate, 09.03.2021

[RH18] Rist, S.; Hartmann, N. B.: „Aquatic Ecotoxicity of Microplastics and Nanoplastics: Lessons Learned from Engineered Nanomaterials". In: Freshwater Microplastics, Editors: Wagner, M.; Lambert, S., Springer Nature, Vol. 58, DOI: 10.1007/978-3-319-61615-5_2, 2018

[RSN+15] Reisser, J.; Slat, B.; Noble, K.; Du Plessis, K.; Epp, M.; Proietti, M.; Sonneville, J. de; Becker, T.; Pattiaratchi, C.: „The vertical distribution of buoyant plastics at sea: an observational study in the North Atlantic Gyre". In: Biogeosciences, Vol. 4 (12), pp. 1249–1256, DOI: 10.5194/bg-12-1249-2015, 2015

[Sch21] Schöppner, V.: „Standardverfahren Extrusion". Vorlesungsskript, Universität Paderborn, Kunststofftechnik Paderborn, 2021

[Sch22] Schöppner, V.: „Grundlagen der Kunststoffverarbeitung". Vorlesungsskript, Universität Paderborn, Kunststofftechnik Paderborn, Sommersemester, 2022

[Sei16] Seidel, S.: „Prozessphasenoptimierte Simulation und Modellierung des Spritzgießsonderverfahrens GITBlow". Dissertation, Universität Paderborn, Kunststofftechnik Paderborn, 2016

[She16-ol] Sherrington, C.: „Plastics in the Marine Environment". Eunomia, Bristol, United Kingdom, 2016, *https://safety4sea.com/wp-content/uploads/2016/06/Eunomia-Plastics-in-the-Marine-Environment-2016_06.pdf*, abgerufen am: 09.08.2022

[SRH+20] Schernewski, G.; Radtke, H.; Hauk, R.; Baresel, C.; Olshammar, M.; Osinski, R.; Oberbeckmann, S.: „Transport and Behavior of Microplastics Emissions from Urban Sources in the Baltic Sea". In: Frontiers in Environmental Science, Vol. 8, 2020

[SRH+21] Schernewski, G.; Radtke, H.; Hauk, R.; Baresel, C.; Olshammar, M.; Oberbeckmann, S.: „Urban Microplastics Emissions: Effectiveness of Retention Measures and Consequences for the Baltic Sea". In: Frontiers in Marine Science, Vol. 8, 2021

[SKW17] Schmidt, C.; Krauth, T.; Wagner, S.: „Export of Plastic Debris by Rivers into the Sea". In: Environmental science & technology, Vol. 51 (21), pp. 12246–12253, DOI: 10.1021/acs.est.7b02368, 2017

[SWL+15] van Sebille, E.; Wilcox, C.; Lebreton, L.; Maximenko, N.; Hardesty, B. D.; van Franeker, J. A.; Eriksen, M.; Siegel, D.; Galgani, F.; Law, K.: „A global inventory of small floating plastic debris". In: Environmental Research Letters, Vol. 12 (10), DOI: 10.1088/1748–9326/10/12/124006, 2015

[SWL+18] Scherer, C.; Weber, A.; Lambert, S.; Wagner, M.: „Interactions of microplastics with freshwater biota". In: Freshwater Microplastics, Editors: Wagner, M.; Lambert, S., Springer Nature, Vol. 58, DOI: *https://doi.org/10.1007/978-3-319-61615-5_8*, 2018

[THR+19] Turner, S.; Horton, A. A.; Rose, N.; Hall, C.: „A temporal sediment record of microplastics in an urban lake, London, UK". In: Journal of Paleolimnology, Vol. 61, pp. 449–462, 2019

[VTR17] Vaughan, R.; Turner, S.; Rose, N.: „Microplastics in the sediments of a UK urban lake". In Environmental Pollution, Vol. 229, pp.10–18, 2017

[WL20] Welden, N. A.; Lusher, A.: „Microplastics: from origin to impacts". In: Plastic Waste and Recycling, Edited by Trevor M. Letcher, Elsevier, London, 2020

2 Von der linearen zur zirkulären Bewirtschaftung

Wie in Kapitel 1 gezeigt, hat die rasante Entwicklung der Kunststoffe in den letzten Jahrzehnten dazu geführt, dass dieser Werkstoff für jeden Menschen omnipräsent ist. Das bedeutet auf der positiven Seite beispielsweise, konstruktiven Leichtbau durch hochinnovative Produkte zu betreiben, Transportgewicht durch Gewichtsersparnis und damit auch CO_2 einzusparen und vieles mehr. Auf der negativen Seite ist der Kunststoff leider auch in der Umwelt präsent, was hauptsächlich auf den Umgang des Menschen mit dem Kunststoffabfall zurückzuführen ist.

Dies hat dazu geführt, dass der gesellschaftspolitische Diskurs zu diesem Thema zu einer Vielzahl an Meinungen, politischen Positionen und abgeleiteten Maßnahmen geführt hat. Der Kern und Ausgangspunkt der Ausführungen in diesem Kapitel ist ein politisch gewolltes, zirkuläres Wirtschaften mit den Kunststoffen. So werden zunächst der politische Hintergrund und die daraus abgeleiteten gesetzlichen Bestimmungen vorgestellt. Dann werden die wesentlichen Akteure entlang der Wertschöpfung von Kunststoffprodukten mit ihren Interessen, Umsetzungsmöglichkeiten, Abhängigkeiten und ihrem Stellenwert beleuchtet. Zuletzt werden ausgewählte Stoffströme mit Produktions- und Abfallmengen und ihren jeweiligen Besonderheiten gezeigt. Hier wird deutlich, dass eine zirkuläre Bewirtschaftung in einigen Branchen besser zu realisieren ist als in anderen und es aktuell noch viele Hindernisse zu überwinden gilt.

2.1 Lineare Bewirtschaftung vs. Kreislaufwirtschaft

Die Linearwirtschaft beschreibt den Umgang mit Werkstoffen, der dadurch gekennzeichnet ist, dass der Werkstoff nach der Nutzungsphase als nicht mehr verwendbare Ressource entsorgt wird. In Bezug auf die Kunststoffwirtschaft stellt sich dies, wie in Bild 2.1 zu sehen, dar.

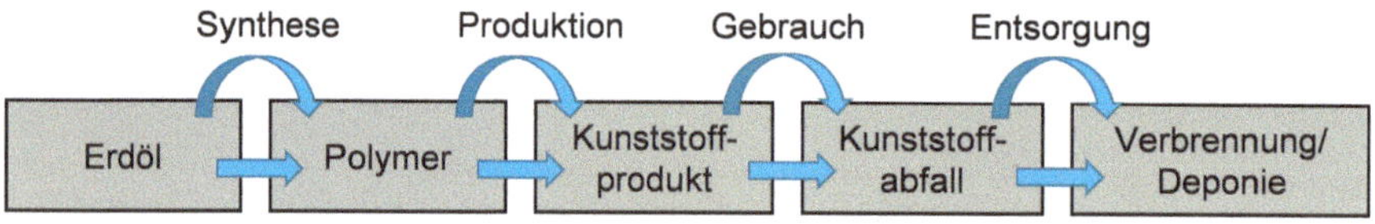

Bild 2.1 Linearwirtschaft der Kunststoffindustrie

Aus dem Rohstoff Erdöl wird durch Destillation, Steamcracking und eine Synthesereaktion das Polymer hergestellt. Durch Verarbeitungsprozesse entstehen durch Urform-, Umform- oder Fügevorgänge Kunststoffbauteile, die durch Verkauf der Nutzungs- oder Gebrauchsphase zugeführt werden. Nach der Gebrauchsphase werden die Bauteile zu Kunststoffabfall, welcher durch Verbrennung oder Deponierung entsorgt bzw. beseitigt wird. Das Prinzip der linearen Bewirtschaftung wird auch „Take – Make – Waste“ oder „Cradle – to – Grave“ (von der Wiege zum Grab) genannt.

Die Herausforderung der Linearwirtschaft besteht in der Sicherstellung der weltweiten Verfügbarkeit des Rohstoffs Erdöl und in dem Erfordernis eines global aufgestellten Abfallverwertungssystems, welches auch die lokale, haushaltsnahe Abfallsammlung einschließt.

Die weltwirtschaftliche Entwicklung der letzten Jahrzehnte hat auch für die Kunststoffwirtschaft Folgen. Die Weltbevölkerung und auch der Wohlstand insgesamt sind gewachsen. Die rasante Entwicklung der Kunststoffe in allen Lebensbereichen hat zu einem starken Anstieg der Herstellmenge von Kunststoffen geführt. Im gleichen Zug ist die Abfallmenge im Ganzen und auch die Kunststoffabfallmenge gestiegen. Die Abfallbeseitigung ist in einigen Ländern kritisch aufgrund fehlender Sammel- und Verwertungsstrukturen. Die länderübergreifende Verschiffung des Abfalls hat die Situation in Bezug auf unsachgemäße Deponierung oder die offene Verbrennung an Land verschärft. Volkswirtschaftlich gesehen bestehen im Übrigen zahlreiche Abhängigkeiten bezüglich der Verfügbarkeit des Rohstoffs Erdöl.

Insgesamt lässt sich sagen, dass die Linearwirtschaft seit langer Zeit in der Kritik steht, weil wertvolle Ressourcen sukzessiv beseitigt und immer wieder neue Rohstoffe genutzt werden, die grundsätzlich nicht unendlich verfügbar sind. Umweltverträgliches Wirtschaften sowie Material- und Energieeffizienz sind Schlagworte, die in den 90er-Jahren des letzten Jahrhunderts auf politischer Ebene zu den Ansätzen eines zirkulären Wirtschaftens geführt haben. Dies wurde sowohl auf nationaler, aber auch auf EU-Ebene stetig weiterentwickelt und hat zu der heutigen Sicht geführt, die die Kreislaufwirtschaft im Fokus hat.

In einer Kreislaufwirtschaft bleiben die eingesetzten Werkstoffe (Rohstoff oder Polymer) über den End-of-Life-Zustand der daraus hergestellten Produkte hinaus in einem Stoffkreislauf. Verluste aus diesem Stoffkreislauf (Abfall, Prozessverluste, Emissionen) und die Entnahme von Primärrohstoffen aus der Umwelt (Kunststoffneuware) sollten möglichst vermieden werden.

Bild 2.2 zeigt das Leitbild der Kreislaufwirtschaft, wie es das Bundesumweltministerium vertritt. Neben zahlreichen weiteren Themenfeldern, wie dem Schutz vor Umweltgiften und Strahlung und der Vielfalt von Tieren und Pflanzen, beschäftigt sich das Bundesministerium für Umwelt, Klimaschutz, Naturschutz und nukleare Sicherheit auch mit dem ressourcenschonenden Gebrauch von Rohstoffen. Da es bei den meisten Recycling-Prozessen zu Verlusten kommt, ist die Nutzung primärer Ressourcen bis auf Weiteres unvermeidbar. Wichtig ist jedoch, ökologisch und ökonomisch vertretbare Recyclingprozesse zu etablieren, die zu einer möglichst verlässlichen Produktion von Sekundärrohstoffen führen.

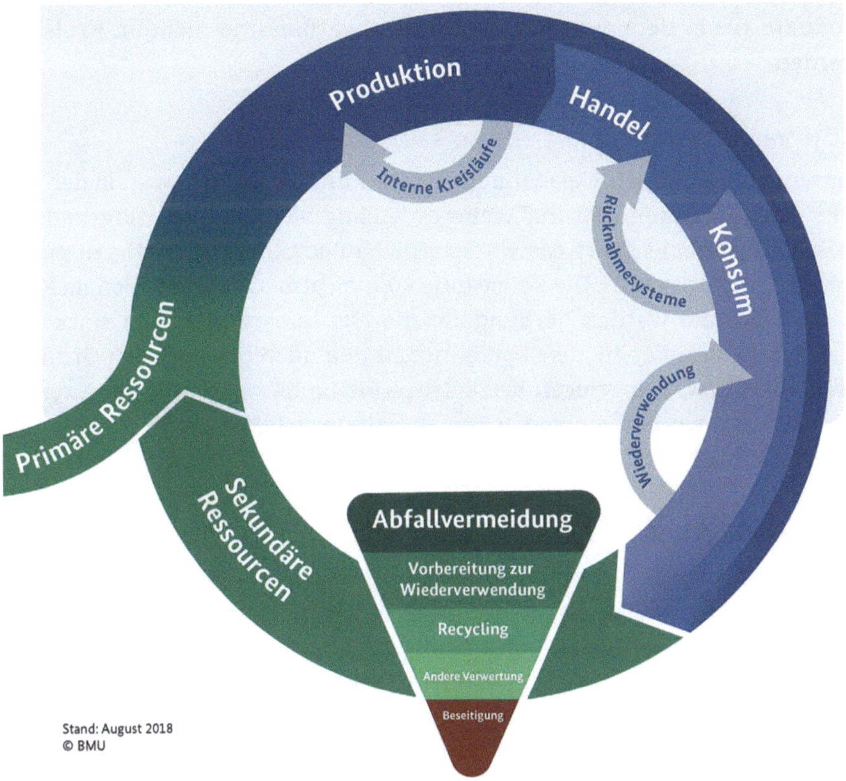

Bild 2.2 Leitbild der Kreislaufwirtschaft, [NN01-ol]

Darüber hinaus kann ein Beitrag zur Schonung der Ressourcen dadurch erbracht werden, dass Materialkreisläufe verlangsamt werden. Dies geschieht durch eine höhere Produktlebensdauer. Die Wiederverwendung („Reuse") und die Vorbereitung zur Wiederverwendung („Repair", „Remanufacturing") sind weitere Bausteine, die im Fall der Kunststoffe den Werkstoff in einem kleinen Kreislauf halten können, bevor er in den großen Kreislauf der stofflichen Aufbereitung („Recycle") kommt. Interne Kreisläufe während der Produktion (Inline-Recycling) oder Rücknahmesysteme (Mehrweg) sind Mittel zur Vermeidung von Abfall.

Wie in Bild 2.2 zu sehen, steht am Ende der Konsumphase die sogenannte Abfallhierarchie der EU-Abfallrahmenrichtlinie, die in das deutsche Kreislaufwirtschaftsgesetz Eingang gefunden hat. Demnach gilt es für die angefallenen Abfälle gemäß der Prioritätenfolge die entsprechende Abfallbehandlung vorzunehmen. Dabei ist abzuwägen, welche der Optionen unter Berücksichtigung des gesamtwirtschaftlichen Aufwands zu wählen ist. Grundsätzlich spielen hier die ökologischen und sozialen Kosten, die Kosten zur Rohstoffgewinnung, die generationenübergreifenden und die betriebswirtschaftlichen Kosten eine Rolle. Vor diesem Hintergrund kann in konkreten Fällen ein Verlust von Material aus dem Kreislauf zu den Zielen der Kreislaufwirtschaft beitragen, wenn beispielsweise schadstoffhaltige Produkte sicher deponiert oder verbrannt werden und nicht im Kreislauf geführt werden.

Energetische Verwertung

Die Verbrennung mit Energierückgewinnung ist für Kunststoffe ein Baustein der Verwertung, der auch in Zukunft bis auf Weiteres wichtig bleiben wird. Aufgrund des makromolekularen Abbaus führt das werkstoffliche Recycling langfristig zu einem Qualitätsverlust des Kunststoffs. Die Kunststoffe können also nicht unendlich im Kreis geführt werden. Zudem werden Verbundbauteile aus Kunststoffen und stark verschmutzte Kunststofffraktionen aus ökonomischen und auch ökologischen Gründen der energetischen Verwertung zugeführt. Solange fossile Energieträger zur Energiegewinnung eingesetzt werden müssen, tragen die Altkunststoffe damit zur Schonung dieser fossilen Ressourcen bei.

Werkstoffliches Recycling

Werden Kunststoffabfälle dem werkstofflichen Recycling zugeführt, bleibt die chemische Struktur der Makromoleküle grundsätzlich erhalten. Es treten lediglich ungewollte Abbauprozesse während der Aufbereitung des Materials auf. Die wesentlichen Prozessschritte sind die Sortierung, die Zerkleinerung, die Reinigung, die Trennung nach Kunststoffsorten und die Regranulierung bzw. Agglomeration. Das werkstoffliche Recycling wird häufig auch als mechanisches Recycling bezeichnet. Allerdings gibt es auch lösungsmittelbasierte Verfahren, die die Makromoleküle zwar vereinzeln, aber intakt lassen. Aus diesem Grund werden in dieser Arbeit die mechanischen und lösungsmittelbasierten Verfahren unter dem Begriff des werkstofflichen Recyclings zusammengefasst.

Rohstoffliches Recycling

Durch chemische Prozesse werden bei dem rohstofflichen Recycling die Makromoleküle durch Kettenspaltung auf Monomerebene zurückgeführt. Es entstehen Monomere, Öle oder Gase, die als Grundstoff für die Polymersynthese oder für andere chemische Prozesse eingesetzt werden können. Das rohstoffliche Recycling wird häufig auch chemisches Recycling genannt und wird für vermischte oder verschmutzte Kunststoffabfälle eingesetzt.

Die Kreislaufwirtschaft (Circular Economy) ist ein politisch gewolltes Wirtschaftssystem, welches in immer mehr Branchen Eingang finden wird. Die Produktion von Kunststoffbauteilen wird zukünftig auf den folgenden Rohstoffquellen beruhen:

- Primärrohstoffe: Kunststoff-Neuware
- Sekundärrohstoffe: Rezyklat
- aufbereitete Halbzeuge

Verbraucher werden folgende Produktkategorien nutzen:

- neue Produkte aus Neuware
- neue Produkte aus Rezyklat
- gebrauchte, wieder aufbereitete Produkte
- gebrauchte, noch intakte Produkte (Secondhand)

In Abschnitt 2.2 werden die gesetzlichen Rahmenbedingungen vorgestellt, die die Politik für die Transformation zur Kreislaufwirtschaft umsetzen möchte.

2.2 Politischer Hintergrund und gesetzliche Bestimmungen

Ein entscheidender Treiber für die Entwicklung zu einer Kreislaufwirtschaft ist der Staat in seiner gesetzgeberischen Funktion. Dabei werden das Verbraucherverhalten, das Inverkehrbringen von Produkten, die Rohstoffverwendung und das Abfallmanagement beeinflusst bzw. reguliert. Auf die Rolle des Staates als Akteur entlang der Wertschöpfung im Rahmen der Kreislaufwirtschaft wird in Abschnitt 2.3 genauer eingegangen und der Einfluss auf die weiteren Akteure beleuchtet. In Abschnitt 2.2 wird zunächst der politische Hintergrund in der Europäischen Union in Bezug auf Abfall-

und Kreislaufwirtschaft vorgestellt. Dann folgt die Beschreibung einiger in Deutschland aus dem EU-Recht in nationales Recht überführten, gesetzlichen Bestimmungen. Bild 2.3 zeigt im Überblick ausgewählte Richtlinien und Gesetze.

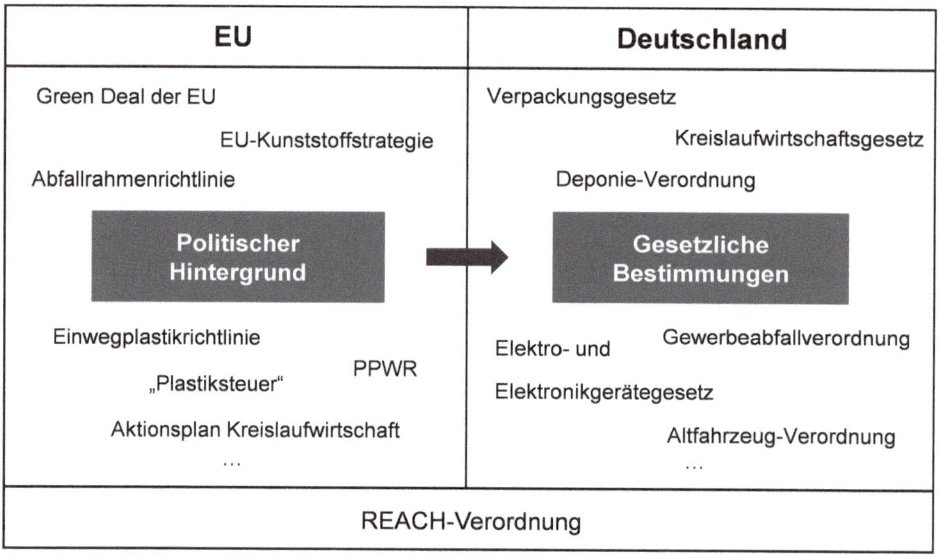

Bild 2.3 Ausgewählte Richtlinien der EU als politischer Hintergrund zu den in Deutschland erlassenen Gesetzen zum Themenfeld Abfall- und Kreislaufwirtschaft

2.2.1 Politischer Hintergrund

Angefangen von der Abfallrahmenrichtlinie bis zum Green Deal der EU mit den daraus entstehenden Aktionsplänen, beschäftigt sich die Europäische Union seit vielen Jahren mit der Abfall- und Kreislaufwirtschaft und im Allgemeinen mit der Umwelt- und Klimaproblematik. Die Ziele der Richtlinien lassen sich wie folgt zusammenfassen:

- Schutz der Umwelt und des Klimas
- Schutz der menschlichen Gesundheit
- Verbesserung der Effizienz der Ressourcennutzung
- Steigerung der Kreislaufwirtschaft
- Verringerung des Abfallaufkommens

Mit der Abfallrahmenrichtlinie wurden im Jahr 2008 die ersten wichtigen Regelungen getroffen, auf deren Basis die ab 2018 getroffenen Richtlinien entstanden sind. Mit der EU-Kunststoffstrategie 2018 beginnend, hat die EU in den letzten Jahren eine Vielzahl an Regelungen getroffen, die zeigen, dass das Thema deutlich an Bedeutung gewonnen hat. Es ist damit zu rechnen, dass in den Mitgliedsstaaten in den nächsten Jahren weitere Regulierungen, Verbote, Einsatzquoten von Rezyklaten etc. durch Umsetzung der EU-Vorgaben in nationales Recht in Form von Gesetzen erlassen werden. Die Verpackungsverordnung der EU im Jahr 2025 ist ein weiteres Beispiel für die Verschärfung der gesetzgeberischen Beeinflussung der Industrie und Verbraucher in Bezug auf die Abfall- und Kreislaufwirtschaft.

2.2.1.1 Abfallrahmenrichtlinie

Die unter dem Namen „Richtlinie über Abfälle und zur Aufhebung bestimmter Richtlinien" (Richtlinie 2008/98/EG) am 19. November 2008 erlassene Abfallrahmenrichtlinie stellt die Basis für die Wandlung von einer linearen zu einer zirkulären Bewirtschaftung der Ressourcen dar. Am 30. Mai 2018 ist eine umfangreiche Änderung der Abfallrahmenrichtlinie (Richtlinie (EU) 2018/851) erschienen, die innerhalb von zwei Jahren in allen Mitgliedsstaaten in nationales Recht umgesetzt werden musste.

Ein wesentliches Element der Abfallrahmenrichtlinie ist die eingeführte Abfallhierarchie, die in Bild 2.4 in ihrer Prioritätenfolge in Form einer Pyramide dargestellt ist. Allen Vorschriften, die in dieser, aber auch in den weiteren Richtlinien festgelegt werden, liegt diese Prioritätenfolge zugrunde. Die Vermeidung von Abfall hat somit höchste Priorität, was aufseiten der Produkt-Inverkehrbringer durch eine Verlängerung der Produktlebensdauer und aufseiten der Verbraucher durch die Wiederverwendung von Produkten geschehen kann. Die Produkte werden auf diese Weise gar nicht erst zum Abfall. Es folgt die Vorbereitung zur Wiederverwendung, womit eine Prüfung, Reinigung oder Reparatur vor dem zweiten Lebenszyklus der Produkte gemeint ist, wobei hier der Abfallstatus vor der Wiederverwendung erreicht wird.

Bild 2.4 Abfallhierarchie der Abfallrahmenrichtlinie

Zum Recycling gehören das werkstoffliche und rohstoffliche Recycling, allerdings nicht die Aufbereitung des Abfalls zu Ersatzbrennstoffen. Im Rahmen der Novelle der Richtlinie im Jahr 2018 wurde der Begriff „stoffliche Verwertung“ zusätzlich eingeführt, der die Vorbereitung zur Wiederverwendung, das Recycling und zusätzlich die Verfüllung einschließt. Verfüllung bedeutet die Verwendung von nicht gefährlichen Abfällen z. B. bei der Landschaftsgestaltung, wobei diese Abfälle Materialien ersetzen müssen, die keine Abfälle sind. Mit sonstiger Verwertung sind alle weiteren Verwertungsverfahren gemeint, die einem sinnvollen Zweck dienen, womit gemeint ist, dass sie andere Materialien ersetzen, die sonst zur Erfüllung einer konkreten Funktion gedacht sind. Unter Beseitigung werden alle weiteren Verfahren verstanden, die der Abfallbehandlung, aber nicht der Verwertung dienen.

Die Mitgliedsstaaten müssen Maßnahmen fördern, die in der Rangfolge jeweils höhere Priorität erlangen. Mit der Novelle ist ein Absatz hinzugekommen, der die Mitgliedsstaaten dazu auffordert, Anreize zur Anwendung der Abfallhierarchie zu schaffen und dafür wirtschaftliche Instrumente oder Maßnahmen zu nutzen. Beispiele hierfür sind: verursacherbezogene Gebührensysteme, Pfandsysteme, steuerliche Maßnahmen für Produkte, die wiederverwendet oder recycelt werden können, Erweiterung der Herstellerverantwortung oder Kampagnen zur Sensibilisierung der Öffentlichkeit.

Eine weitere wichtige Grundlage für die künftige Gesetzgebung ist die ebenfalls in dieser Richtlinie festgesetzte erweiterte Herstellerverantwortung. Die Mitgliedsstaaten können für bestimmte Abfallströme bzw. Produkte den jeweiligen Herstellern diese Verantwortung aufbürden. Hierzu zählen die Verpflichtung zur Rücknahme und die sachgemäße Entsorgung von Erzeugnissen, die Übernahme der Kosten für die Abfallbewirtschaftung dieser Produkte und die Verpflichtung, öffentlich zugänglich über die Wiederverwendbarkeit oder über das Recycling der in Verkehr gebrachten Produkte zu informieren.

In Deutschland wurden Inhalte der Änderung der Richtlinie aus 2018 durch das Kreislaufwirtschaftsgesetz in nationales Recht umgesetzt.

2.2.1.2 EU-Kunststoffstrategie

Mit der EU-Kunststoffstrategie („Eine europäische Strategie für Kunststoffe in der Kreislaufwirtschaft“) vom 16.01.2018 wurde der Fokus in der Abfall- und Kreislaufwirtschaft auf die Kunststoffe gelegt. Die Strategie adressiert die weltweit und in der EU herrschenden Herausforderungen, wie u. a.:

- Kunststoffmüll und Mikroplastik in der Umwelt (Land und Meer)
- unzureichende Sammlung für das Recycling in der EU (<30 %)
- unzureichende Nachfrage nach Kunststoffrezyklat in der EU
- hoher CO_2-Ausstoß durch thermische Verwertung und Neuware-Herstellung

Als Gegenpart hierzu zeigt sie ein Zukunftsbild einer kreislauforientierten Kunststoffbewirtschaftung auf. So sollen bis 2030 alle auf dem EU-Markt in Verkehr gebrachten Kunststoffverpackungen wiederverwendbar oder recycelt, mehr als die Hälfte der entstehenden Kunststoffabfälle recycelt und die Trenn- und Recyclingkapazitäten für Kunststoffabfälle gegenüber 2015 vervierfacht werden.

Sowohl der Verbraucher als auch der Produkt-Inverkehrbringer sollen durch einen strukturellen Wandel der Entsorgungswirtschaft (neue Unternehmen für die Rückführungslogistik, weitere Anbieter standardisierter Rezyklate) und durch ein neues Bewusstsein in Bezug auf kreislaufbasiertes Verbraucherverhalten und die Nutzung sekundärer Rohstoffquellen ein selbstverständliches Verhalten in der kreislauforientierten Bewirtschaftung zeigen.

Zur Erreichung eines solchen Zukunftsbilds werden Maßnahmen und Grundsätze vorgelegt, die die folgenden Handlungsfelder betreffen:

- Verbesserung der getrennten Abfallsammlung
- Verbesserung der Recyclingfähigkeit von Verpackungen unter Einbeziehung der Herstellerverantwortung und wirtschaftlicher Anreize
- Verbesserung der wirtschaftlichen Rahmenbedingungen und der Qualität der Kunststoffrezyklate
- Vertiefung des Wissens über die Kreislaufführung von Kunststoffen
- Reduzierung des Eintrags von Kunststoffmüll in die Umwelt
- Schaffung eines Rechtsrahmens für biologisch abbaubare Kunststoffe

Die EU-Kunststoffstrategie verbindet eine Analyse der aktuellen Situation mit der Vision, zukünftig die Kreislaufwirtschaft der Kunststoffe ökologisch und ökonomisch vertretbar umzusetzen. Somit bildet sie auch die Basis für alle weiteren Aktivitäten der EU auf diesem Gebiet.

2.2.1.3 Einwegplastikrichtlinie

Als Folge der Vorstellung der EU-Kunststoffstrategie und zur Umsetzung der an oberster Stelle der Abfallhierarchie vorkommenden Abfallvermeidung wurde am 05.06.2019 die „Richtlinie über die Verringerung der Auswirkungen bestimmter Kunststoffprodukte auf die Umwelt“ durch das Europäische Parlament und den Rat verabschiedet.

Auf der Basis von Studienergebnissen, wonach Einwegkunststoffartikel 50 % des an Stränden gefundenen Kunststoffmülls ausmachen, werden diese als besonders große Herausforderung identifiziert. Zusätzlich werden Fanggeräte aus Kunststoffen für die Fischerei und oxo-abbaubare Kunststoffe mit in die Maßnahmenpolitik dieser Richtlinie eingeschlossen. Ziel der Richtlinie ist die Verringerung des Abfallaufkommens durch Förderung der Wiederverwendung von Produkten und der Vermeidung von Einwegartikeln.

Diese Ziele sollen durch folgende Maßnahmen erreicht werden:

- Verbrauchsminderung

  Für Getränkebecher einschließlich ihrer Verschlüsse und Deckel und für Verpackungen für Lebensmittel, die ohne weitere Zubereitung verzehrt werden können, soll der Verbrauch EU-weit reduziert werden. Dies soll quantitativ im Jahr 2026 im Vergleich zum Jahr 2022 durch die Mitgliedsstaaten ermittelt werden. Durch die EU werden folgende Maßnahmen hierzu vorgeschlagen:

  - Anbieten von wiederverwendbaren Alternativen
  - Verbot der kostenlosen Weitergabe an den Endverbraucher
  - Erlass von Vermarktungsbeschränkungen

- Verbot des Inverkehrbringens von Produkten

  Die Mitgliedsstaaten sollen das Inverkehrbringen folgender Einwegkunststoffartikel seit dem 03. Juli 2021 verbieten sowie generell Artikel aus oxo-abbaubaren Kunststoffen:

  - Wattestäbchen, Besteck, Teller, Trinkhalme, Rührstäbchen, Luftballonstäbe
  - Lebensmittelverpackungen aus expandiertem Polystyrol für Lebensmittel, die direkt ohne weitere Zubereitung verzehrt werden können
  - Getränkebehälter aus expandiertem Polystyrol

- Anforderungen an das Produktdesign

  Ein großer Teil der an Stränden gefundenen Abfallstücke stellen die Deckel von Getränkeflaschen dar. Aus diesem Grund sollen die Deckel der Getränkeflaschen an der Flasche befestigt sein. Zusätzlich sollen ab 2025 PET-Flaschen aus mindestens 25 % Rezyklat und ab 2030 aus 30 % Rezyklat bestehen. Dies soll jeweils den durchschnittlichen Rezyklatanteil aller in dem jeweiligen Land in Verkehr gebrachten PET-Flaschen darstellen.

- Kennzeichnungsvorschriften

  Für Hygieneeinlagen, Tampons, Feuchttücher, Tabakprodukte und Getränkebecher muss die Verpackung oder das Produkt gut lesbar und widerstandsfest Informationen darüber enthalten, welche Entsorgungsmöglichkeiten im Sinn der Abfallhierarchie bestehen. Weiterhin muss deklariert werden, dass der Artikel Kunststoff enthält und bei unsachgemäßer Entsorgung zu Umweltproblemen führt.

- Erweiterte Herstellerverantwortung

  Unter Bezugnahme auf die Abfallrahmenrichtlinie gilt für bestimmte Einwegartikel wie Lebensmittelverpackungen, deren verpackte Lebensmittel ohne weitere Zubereitung verzehrt werden, Tüten und Folienverpackungen, Getränkebehälter etc. die erweiterte Herstellerverantwortung. Insbesondere tragen die Hersteller dieser Artikel die Kosten für Sensibilisierungsmaßnahmen (siehe unten), für Reinigungsaktionen und teilweise für die Sammlung der Abfälle und deren weitere Behandlung.

- Getrennte Sammlung

  Bis 2025 sollen 77 % der Abfälle aus PET-Flaschen getrennt gesammelt werden. Die Bezugsgröße ist dabei die Menge der in dem Jahr in Verkehr gebrachten PET-Flaschen. Bis 2029 soll dieser Anteil weiter auf 90 % steigen.

- Sensibilisierungsmaßnahmen

  Unter diesen Maßnahmen sind Verbraucherinformationen zu verstehen, die den Konsumenten dazu animieren sollen, verantwortungsvoll mit den Einwegartikeln umzugehen und die Auswirkungen eines achtlosen Wegwerfens von Abfall zu verdeutlichen.

2.2.1.4 Plastiksteuer

Auf einer Sondertagung des Europäischen Rates vom 17.–21. Juli 2020 zur „Wiederherstellung der EU nach der Covid-19-Pandemie“ wurden Maßnahmen beschlossen, um die Eigenmittel der EU zu erhöhen. Dabei wurde die Abgabe auf nicht recycelte Kunststoffabfälle beschlossen, die seit dem 01. Januar 2021 von den Mitgliedsstaaten bezahlt werden muss. Die Höhe der Abgabe beträgt 80 Cent pro Kilogramm nicht recycelter Kunststoffabfälle. Diese Abgabe wird in Deutschland bislang nicht direkt von der Industrie, dem Handel oder etwa dem Verbraucher erhoben. Jedoch werden Hersteller von Einwegkunststoffprodukten seit dem Frühjahr 2025 verpflichtet, in einen Einwegkunststofffonds einzuzahlen, der vom Umweltbundesamt verwaltet wird (siehe hierzu Abschnitt 2.2.11).

2.2.1.5 Die Verpackungsverordnung (Packaging and Packaging Waste Regulation – PPWR)

Die Verordnung 2025/40 über Verpackungen und Verpackungsabfälle (PPWR – Packaging and Packaging Waste Regulation) löst die aus dem Jahr 1994 stammende Verpackungsrichtlinie ab. Sie trat am 11. Februar 2025 in Kraft, wobei die meisten Anforderungen und Pflichten erst seit August 2026 gelten.

Die PPWR umfasst weitere Vorschriften zur Reduzierung des Verpackungsabfalls, zur Erhöhung der Wiederverwertbarkeit und Recyclingfähigkeit von Verpackungen und zur getrennten Sammlung von Getränkebehältern aus Kunststoff und Metall. Zudem müssen Hersteller auch für Verpackungen eine Konformität erklären.

Neben Kriterien zur recyclingorientierten Gestaltung in verschiedenen Leistungsstufen (A, B und C) ist in der PPWR die Basis für Bewertungsmethoden zum großmaßstäblichen Recycling gelegt. Eine wesentliche Neuerung stellen aus Sicht des Autors die Verschärfungen zum Rezyklatanteil von Kunststoffverpackungen dar, welcher ab 2030 bis zu 35 % und ab 2040 bis zu 65 % betragen muss.

2.2.1.6 Der Green Deal

Der im Dezember 2019 vorgestellte europäische Grüne Deal ist eine Strategie für die Wirtschaft und die Bevölkerung der EU mit dem Ziel, dass im Jahr 2050 keine Netto-Treibhausgasemissionen freigesetzt werden. Hierzu sollen Maßnahmen das Wachstum und den Veränderungsprozess anstoßen, durch die die EU „zu einer fairen und wohlhabenden Gesellschaft mit einer modernen, ressourceneffizienten und wettbewerbsfähigen Wirtschaft werden soll“ und „das Wirtschaftswachstum von der Ressourcennutzung abgekoppelt ist.“ [EU19, S. 2].

In Bild 2.5 sind die Eckpunkte und Handlungsfelder zu sehen, die den Green Deal umfassen. Es werden nicht nur Klimaschutzziele verfolgt, sondern auch die Themenfelder der Mobilität, Lebensmittelversorgung, Bauindustrie, Energiewirtschaft, Ökosysteme und Kreislaufwirtschaft adressiert.

Bild 2.5 Der europäische Grüne Deal [EU19, S. 4]

Der durchgreifende Umgestaltungsprozess der Wirtschaft soll durch die Mitgliedsstaaten über politische Maßnahmen, wie Regelungsinstrumente, Normungen, Investitionen, nationale Reformen etc., umgesetzt werden. Insbesondere soll der Stellenwert der Erhaltung der Ökosysteme, des nachhaltigen Umgangs mit den Ressourcen und der Verbesserung der menschlichen Gesundheit deutlich erhöht werden. Dies kann dazu beitragen, dass die sozialen Kosten, die durch die Umweltbelastung hervorgerufen werden, bei der Preisgestaltung von Produkten durch marktbasierte, staatliche Instrumente berücksichtigt werden. Hierdurch haben Unternehmen einen größeren

Handlungsspielraum bei der technologischen und produktbezogenen Ausrichtung im Vergleich zu Regelungsinstrumenten (Abschnitt 2.3.1).

Alle in Bild 2.5 gezeigten Handlungsfelder werden mit konkreten Strategien und Aktionsplänen hinterlegt, die entsprechende Maßnahmen, mit einem Zeitplan versehen, umsetzen. Unter dem Handlungsfeld „Mobilisierung der Industrie für eine saubere und kreislauforientierte Wirtschaft" wurde im März 2020 der Aktionsplan für die Kreislaufwirtschaft veröffentlicht, der insbesondere die Textil-, Bau-, Elektronik- und die Kunststoffbranche adressiert.

In Bezug auf die Kunststoffe soll die EU-Kunststoffstrategie von 2018 konsequent weiterverfolgt werden. Bis 2030 sollen alle in der EU in Verkehr gebrachten Verpackungen wiederverwendbar oder recycelbar sein. Die Maßnahmen aus der Einwegplastikrichtlinie werden durch eine Konkretisierung und Harmonisierung der Vorschriften durch den Aktionsplan unterstützt. Die PPWR reguliert umfassend den Umgang mit Kunststoffverpackungen und ihre Recyclingfähigkeit sowie ihren Mindestrezyklatanteil. Seit 2022 sind verbindliche Rezyklatanteile nicht nur für Verpackungen, sondern auch für den Bau- und Automobilsektor einzuführen. Die im Juli 2024 in Kraft getretene sogenannte Ökodesign-Verordnung für nachhaltige Produkte 2024/1781 trägt wesentlich dazu bei, dass Nachhaltigkeitsprinzipien für den Produktentstehungsprozess zugrunde gelegt werden. Demnach sollen Produkte langlebig, wiederverwendbar, reparierbar und recyclingfähig sein und energieeffizient hergestellt werden. Sie legt auch fest, welche Informationen dem Verbraucher über den digitalen Produktpass zur Verfügung gestellt werden müssen.

Außerdem wird ein Rechtsrahmen für biologisch abbaubare und biobasierte Kunststoffe geschaffen, damit die Verwendung dieser Art von Kunststoffen für die Umwelt tatsächlich einen Mehrwert bietet, der über die Tatsache hinausgeht, dass sie fossile Ressourcen schonen.

Ein weiterer Schwerpunkt betrifft das Vorhandensein von Mikroplastik in der Umwelt und die zur Reduzierung dessen Eintrags verbundenen Regulierungsmaßnahmen. Wissenschaftliche Erkenntnisse zum Vorkommen und zu den Risiken von Mikroplastik in der Umwelt, im Trinkwasser und in Lebensmitteln sollen geschaffen und Maßnahmen zur Abscheidung von Mikroplastik abgeleitet werden. Im Fokus stehen dabei Textilien und Reifenabrieb als Quelle von Mikroplastik.

Zusammenfassung

Die in den letzten Jahren in der Europäischen Union erlassenen Richtlinien zeigen eine zunehmende Verschärfung der Regulierungen in Bezug auf Recyclingquoten und Rezyklatanteile in Produkten. Die Produzenten von Verpackungen werden sich noch mehr mit einem verbesserten, recyclingfähigen Verpackungsdesign beschäftigen müssen, damit der benötigte Stoffstrom für die geforderten Rezyklatanteile langfristig zur Verfügung steht. Die EU-Verpackungsverordnung wird diese Entwicklung noch mal deutlich beschleunigen. Die geplanten Regulierungen hinsichtlich des Einsatzes von Rezyklat in der Bau- und Automobilindustrie sollten die Automobilhersteller und insbesondere die Zuliefererindustrie aufmerken lassen. Entwicklungen zur Etablierung von neuen Stoffströmen für qualitativ hochwertige Rezyklate aus technischen Kunststoffen sind dringend erforderlich, um zukünftige Bedarfe zu decken.

2.2.2 Gesetzliche Bestimmungen

Die EU-Verordnungen gelten grundsätzlich unmittelbar in allen Mitgliedsstaaten. Richtlinien hingegen müssen durch die Mitgliedsstaaten in nationales Recht umgesetzt werden, damit sie für Unternehmen und Verbraucher Gültigkeit erlangen. In diesem Zusammenhang soll im Folgenden auf die fünf für die Abfall- und Kreislaufwirtschaft wichtigsten deutschen Gesetze eingegangen werden:

- das Kreislaufwirtschaftsgesetz (KrWG)
- das Verpackungsgesetz (VerpackG bzw. VerpackDG)
- die Gewerbeabfallverordnung (GewAbfV)
- die Einwegkunststoffverbotsverordnung (EWKVerbotsV)
- das Einwegkunststofffondsgesetz (EWKFondsG)

2.2.2.1 Das Kreislaufwirtschaftsgesetz (KrWG)

Dieses Gesetz dient der Förderung der Kreislaufwirtschaft in Deutschland und stellt zudem mit der am 29.10.2020 in Kraft getretenen Novellierung des Gesetzes die Umsetzung der Abfallrahmenrichtlinie sowie einzelnen Regelungen der Einwegplastikrichtlinie in die deutsche Gesetzgebung dar. Dabei soll der Schutz von Mensch und Umwelt bei der Abfallbewirtschaftung sichergestellt werden.

Die Kernelemente lassen sich in folgender, nicht vollständiger Auflistung zusammenfassen:

- Einführung der Abfallhierarchie (seit 2018 auch mit konkreten Maßnahmen für Anreize von höherpriorisierten Verwertungswegen versehen)
- Bestimmungen zur Etablierung und Förderung der Kreislaufwirtschaft
- Pflichten und Anforderungen zur Abfallbeseitigung
- öffentlich-rechtliche Entsorgung
- Regelungen zur Beauftragung Dritter bei der Erfüllung der jeweiligen Pflichten
- Produktverantwortung zur Erfüllung der Ziele der Kreislaufwirtschaft
- Planungsverantwortung (Abfallwirtschaftspläne, Zulassung von Anlagen etc.)
- Abfallberatungspflicht
- Überwachung und Nachweispflichten

Der Großteil der Regelungen stellt die Rechtsgrundlage für weitere Gesetze und Verordnungen dar. Darüber hinaus werden aber auch konkrete Zielvorgaben zur Förderung des Recyclings festgelegt. So soll der Anteil der Siedlungsabfälle, der zur Wiederverwendung vorbereitet oder recycelt wird, beginnend von Januar 2020 mit 50 Gewichtsprozent, bis Januar 2035 mit 65 Gewichtsprozent in insgesamt drei Stufen (Zunahme von fünf Prozentpunkten nach jeweils fünf Jahren) ansteigen [KrWG, § 14]. Weiterhin ist geregelt, dass die öffentliche Hand („Behörden des Bundes und dem Bund unterstehende juristische Personen des öffentlichen Rechts“, KrWG, § 45 (1)) bei Beschaffungen die Produkte zu bevorzugen hat, die beispielsweise unter Einsatz von Rezyklaten hergestellt worden sind und sich durch Recyclingfähigkeit auszeichnen, soweit „keine unzumutbaren Mehrkosten entstehen“ (KrWG, § 45 (2)).

Weitere für Produkt-Inverkehrbringer bedeutende Paragrafen in diesem Gesetz sind die Paragrafen 23–25, die sich mit der Produktverantwortung befassen und die in der Novellierung um eine neue Obhutspflicht ergänzt wurden. Diese verlangt, dass für den Vertrieb von Produkten die Gebrauchstauglichkeit erhalten bleiben muss und diese nicht zu Abfall werden dürfen.

Grundsätzlich gilt die Produktverantwortung für alle Unternehmen, die Erzeugnisse entwickeln, herstellen, be- oder verarbeiten oder vertreiben. Sie umfasst u. a. folgende Punkte:

- Inverkehrbringen von Erzeugnissen, die mehrfach verwendbar, technisch langlebig und nach Gebrauch zur schadlosen und hochwertigen Verwertung geeignet sind
- vorrangiger Einsatz von verwertbaren Abfällen oder Sekundärrohstoffen
- Kennzeichnung von schadstoffhaltigen Erzeugnissen
- Hinweis auf Rückgabe-, Wiederverwendungs- und Verwertungsmöglichkeiten oder -pflichten und Pfandregelungen durch Produktkennzeichnung
- Rücknahme der Erzeugnisse und der Abfälle daraus sowie die ordnungsgemäße Verwertung derselben
- Übernahme der finanziellen und/oder organisatorischen Verantwortung für die Abfallbewirtschaftung
- Übernahme der Kosten für Reinigungsaktionen der öffentlichen Hand im Zusammenhang mit den betreffenden Erzeugnissen

Die Produktverantwortung und die neue Obhutspflicht stehen gemäß § 23 Absatz (4) unter dem Verordnungsvorbehalt, gelten also erst nach einer durch die Bundesregierung mit Zustimmung des Bundesrates für bestimmte Erzeugnisse erlassenen Verordnung.

2.2.2.2 Die Gewerbeabfallverordnung (GewAbfV)

Die „Verordnung über die Bewirtschaftung von gewerblichen Siedlungsabfällen und von bestimmten Bau- und Abbruchabfällen“ vom 18.04.2017 regelt die getrennte Sammlung und die Behandlung von gewerblichen Abfällen nach den Vorgaben des Kreislaufwirtschaftsgesetzes. Demnach müssen Gewerbebetriebe als Abfallerzeuger, soweit technisch und wirtschaftlich zumutbar, eine getrennte Sammlung für folgende Fraktionen durchführen:

- Papier, Pappe und Karton
- Glas
- Kunststoffe
- Metalle
- Holz
- Textilien
- Bioabfälle

Diese Fraktionen sollen vorrangig der Vorbereitung zur Wiederverwendung oder dem Recycling zugeführt werden. Im Gegensatz zu Privathaushalten haben Gewerbebetriebe darüber hinaus eine Dokumentation über die getrennte Sammlung, über die Entsorger, die die Abfälle übernehmen, und über die Unzumutbarkeit der Getrenntsammlung (falls notwendig) zu erstellen.

Weiterhin regelt die Verordnung die Getrenntsammlung auch für Bau- und Abbruchabfälle und generell die Sortier- und Recyclingquote der Vorbehandlungsanlagen, die mit Gewerbeabfällen beschickt werden.

2.2.2.3 Das Verpackungsgesetz (VerpackG/VerpackDG)

Das deutsche Verpackungsgesetz (VerpackG) („Gesetz über das Inverkehrbringen, die Rücknahme und die hochwertige Verwertung von Verpackungen“) hat die zuvor bestandene Verpackungsverordnung (VerpackV) am 01. Januar 2019 abgelöst. In dem Zuge hat es die Regelungen für das duale System über die Behandlung systembeteiligungspflichtiger Verpackungen übernommen und erweitert. Darüber hinaus legt es die Anforderungen an die Produktverantwortung gemäß § 23 des Kreislaufwirtschaftsgesetzes speziell für Verpackungen fest. Um die Vorgaben der Einwegplastikrichtlinie und der novellierten Abfallrahmenrichtlinie umzusetzen, trat zum 01. Juli 2021 das aktualisierte Verpackungsgesetz in Kraft.

Auf die Regelungen zur Systembeteiligungspflicht soll an dieser Stelle nicht weiter eingegangen werden. Vielmehr sollen die im Gesetz festgelegten Anforderungen an Verpackungen im Allgemeinen und die für Getränkeverpackungen im Speziellen vorgestellt werden.

Die allgemeinen Anforderungen lassen sich wie folgt zusammenfassen:

- Verpackungsvolumen und Verpackungsmasse sind auf das Mindestmaß, das die Funktion der Verpackung gewährleistet, zu beschränken
- Recycling, Wiederverwendung oder Verwertung der Verpackung muss umsetzbar sein
- Auswirkungen auf die Umwelt beim Umsetzen dieser End-of-Life-Handhabung müssen auf ein Mindestmaß beschränkt sein
- gefährliche oder schädliche Stoffe sind auf ein Mindestmaß zu beschränken
- Maximierung der Wiederverwendbarkeit und des Anteils sekundärer Rohstoffe der Verpackungsmasse
- Schaffung von Anreizen für den Endverbraucher (z. B. 0,25 € Pfand auf Einwegflaschen)
- Kennzeichnung der Verpackungsmaterialien nach den in dem Gesetz definierten Nummern und Abkürzungen

Für Einwegkunststoff-Getränkeflaschen aus PET gelten mit der Novellierung des Verpackungsgesetzes nach § 30a folgende Rezyklatanteile:

- ab dem 01. Januar 2025: 25 % Rezyklatanteil
- ab dem 01. Januar 2030: 30 % Rezyklatanteil

Die Vorgaben gelten für einen Hersteller auch als erfüllt, wenn er dies für alle innerhalb eines Jahres in Verkehr gebrachten Getränkeflaschen insgesamt nachweisen kann.

Im Gesetz werden auch Vorgaben zur Verwertung der Verpackungen gemacht, wobei diese sich insbesondere auf die systembeteiligungspflichtigen Verpackungen beziehen. Prinzipiell ist das Ziel, die Verpackungen vorrangig der Vorbereitung zur Wiederverwendung oder dem Recycling zuzuführen. In Bezug auf Kunststoffe sind die Systeme verpflichtet, diesen Werkstoff in den beteiligten Verpackungen zu 90 % zu verwerten. Von diesem Anteil sollen seit dem 01. Januar 2022 70 % dem werkstofflichen Recycling zugeführt werden. Dies entspricht einem Anteil von 63 % an der zu verwertenden Kunststoffmenge.

Abgelöst werden soll das VerpackG durch das Verpackungsrecht-Durchführungsgesetz VerpackDG, um die Gesetzgebung den EU-Vorgaben aus dem PPWR anzupassen. Es beinhaltet eine verschärfte Recyclingquote für Kunststoffverpackungen ab dem Jahr 2028.

2.2.2.4 Die Einwegkunststoffverbotsverordnung (EWKVerbotsV)

Zur Umsetzung der Einwegkunststoffrichtlinie der EU wurde am 24. Juni 2020 die „Verordnung über das Verbot des Inverkehrbringens von bestimmten Einwegkunststoffprodukten und von Produkten aus oxo-abbaubarem Kunststoff" beschlossen, welche am 03. Juli 2021 in Kraft trat. In der Verordnung wird explizit darauf hingewiesen, dass es sich bei dem Verbot von Produkten nicht nur um Verpackungen nach dem deutschen Verpackungsgesetz handeln muss.

Nach der Verordnung dürfen folgende Produkte seit dem 03. Juli 2021 nicht mehr als Einwegkunststoffartikel in Verkehr gebracht werden:

- Wattestäbchen (mit einigen Ausnahmen)
- Teller, Besteck, Rührstäbchen und Trinkhalme
- Luftballonstäbe
- Lebensmittelbehälter und Getränkebehälter aus expandiertem Polystyrol, deren Inhalt ohne weitere Zubereitung verzehrt werden kann
- Produkte aus oxo-abbaubaren Kunststoffen

Diese Vorgaben sollen den Eintrag solcher Produkte in die Umwelt durch achtloses Wegwerfen vermindern und den Kunststoffverbrauch generell reduzieren. Zudem soll verhindert werden, dass oxo-abbaubare Kunststoffe, die sich durch UV-Licht, Wärme oder Sauerstoff in Fragmente auflösen, als Mikroplastik in der Umwelt verbleiben.

2.2.2.5 Das Einwegkunststofffondsgesetz (EWKFondsG)

Zur Umsetzung der erweiterten Herstellerverantwortung aus der Einwegkunststoffrichtlinie der EU wurde am 11. Mai 2023 das Gesetz über den Einwegkunststofffonds im Bundestag beschlossen. Es hat zum Ziel, den negativen Einfluss von Einwegkunststoffprodukten auf die Umwelt und die menschliche Gesundheit zu vermeiden bzw. abzumildern. Zentraler Bestandteil des Gesetzes ist die Einrichtung eines Fonds, für dessen Verwaltung das Umweltbundesamt zuständig ist. Aus den Einnahmen des Fonds sollen im Wesentlichen die Kosten für Sammlungen von Abfall aus Einwegkunststoffprodukten an Orten mit starker Vermüllung, für Reinigungsaktionen und für Sensibilisierungsmaßnahmen getragen werden.

Die Hersteller von Einwegkunststoffprodukten sind verpflichtet eine Einwegkunststoffabgabe zur Erstattung der oben genannten Kosten gemäß Abgabenbescheid durch das Umweltbundesamt zu entrichten. Diese bemisst sich nach der Menge der in Verkehr gebrachten Produkte der Hersteller und den Abgabensätzen, die durch das Bundesministerium für Umwelt, Naturschutz, nukleare Sicherheit und Verbraucherschutz je nach Produktart festgelegt werden. Zuvor müssen sich die Hersteller elektronisch registrieren und jährlich die im Vorjahr in Verkehr gebrachten Mengen an Produkten melden.

Die jährliche Einwegkunststoffabgabe wurde erstmals im Frühjahr 2025 erhoben. Die Registrierungspflicht gilt seit dem 01. Januar 2024.

2.3 Akteure entlang der Wertschöpfungskette

Wie in Abschnitt 2.2 gezeigt, verfolgt die Europäische Union im Rahmen des europäischen Green Deal das Ziel, die klassische lineare Bewirtschaftung zu einer kreislauforientierten Bewirtschaftung umzugestalten. Der Schutz der Umwelt und die Schonung der natürlichen Ressourcen sind als wesentliche Antreiber für diese Entwicklung zu nennen. Die beschlossenen und geplanten Regulierungen der EU führen in Deutschland zu einer stetig wachsenden Anzahl an gesetzlichen Bestimmungen.

In Abschnitt 2.3 sollen neben dem Staat die weiteren Akteure entlang der Wertschöpfung für eine Beispielproduktgruppe vorgestellt werden. Die jeweilige Rolle, die Interessen, die Umsetzungsmöglichkeiten der Interessen, die Abhängigkeiten und der Stellenwert der Akteure sollen in Grundzügen beleuchtet werden. Um die bereits in Deutschland etablierten Recyclingstellen mit in die Betrachtung zu nehmen, soll es hauptsächlich um Konsumgüter gehen, deren Verpackungen über die dualen Systeme zertifiziert werden müssen. Produkte können zum Beispiel Shampoo, Duschgel, Waschmittel oder auch in Kunststoff verpackte Lebensmittel sein.

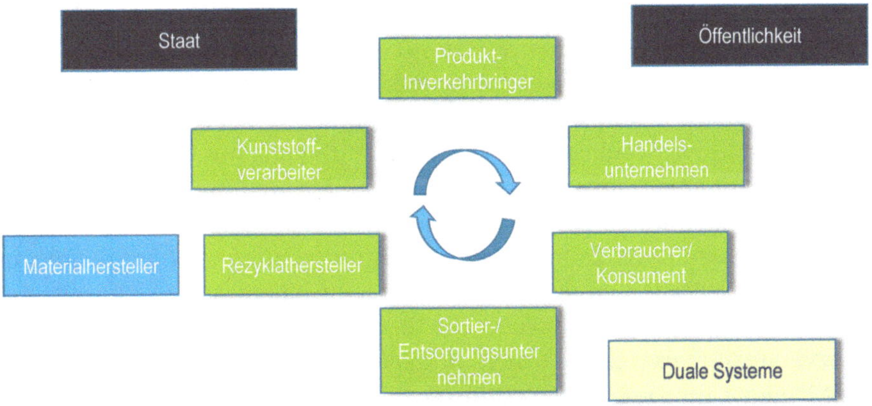

Bild 2.6 Akteure entlang der Wertschöpfung am Beispiel von Consumer-Produkten mit systembeteiligungspflichtigen Verpackungen

Jeder der Akteure nimmt seine Rolle entlang der Wertschöpfung ein und bringt aufgrund dieser Rolle eigene Interessen mit. So ist es das ureigene Interesse eines Produkt-Inverkehrbringers, Gewinne zu erwirtschaften.

Bei der folgenden Betrachtung wird jedoch auf der anderen Seite angenommen, dass keiner der Akteure aktiv das Interesse verfolgt, einen Beitrag dazu zu leisten, die Umwelt zu verschmutzen und verschwenderisch mit den Ressourcen umzugehen. Dies vorweggenommen, werden die in Bild 2.6 dargestellten Akteure der Reihe nach vorgestellt.

2.3.1 Der Staat

Auch wenn der Staat nicht direkt im Wertschöpfungsprozess eingebunden ist, so nimmt er doch nicht nur mit seiner Klima- und Umweltpolitik starken Einfluss auf das Geschehen. Neben ihrer bundesweiten gesetzgeberischen Funktion nimmt die öffentliche Hand allerdings auch weitere Rollen ein. Sie fungiert teilweise gleichzeitig als Nachfrager, als Anbieter von Entsorgungsdienstleistungen und in der Funktion als staatliche Aufsicht.

Als Nachfrager bzw. Konsument nimmt der Staat direkt am Wirtschaftsgeschehen teil. Abgesehen von den Möglichkeiten des Staates, Ansätze einer nachfrageorientierten Wirtschaftspolitik zu verfolgen, um die allgemeine Konjunktur zu beleben und Investitionen zu ermöglichen, kann der Staat umweltpolitische Aspekte bei der Beschaffung von Erzeugnissen einfließen lassen. Mit der Novelle des Kreislaufwirtschaftsgesetzes im Oktober 2020 sind Behörden des Bundes bereits verpflichtet, den Erzeugnissen den Vorzug zu geben, die beispielsweise durch Einsatz von Rezyklaten oder aus nachwachsenden Rohstoffen hergestellt wurden, auch wenn dies Mehrkosten verursacht. Weitere wichtige Aspekte sind, dass die Erzeugnisse recycelbar, reparaturfreundlich, langlebig, wiederverwendbar sind sowie sich zur umweltverträglichen Abfallbewirtschaftung eignen sollen [KrWG, § 45, (2)]. Diese Pflicht gilt vorbehaltlich bestehender Rechtsvorschriften zur Vergabe von Aufträgen und zur Gewährleistung eines ausreichenden Wettbewerbs. Dass diese Rechtsvorschrift eine große Wirkung entfalten kann, zeigt folgendes Szenario: Kommunen schreiben landesweit Müllcontainer mit der Bedingung aus, dass diese einen bestimmten Rezyklatanteil aufweisen müssen. Dies hat unmittelbar Einfluss auf die Produzenten der Mülltonnen, die zunächst einmal ihre Rohstoffbeschaffung völlig neu ausrichten müssen. Es folgen die verfahrenstechnischen Änderungen an den Maschinen, Material- und Bauteiltests und eine engmaschige Chargeneingangs- und -ausgangskontrolle aufgrund der Chargenschwankungen, die der Einsatz der Rezyklate oftmals mit sich bringt. Das Produkt Mülltonne bringt dabei entsprechende Mengen mit, die direkten Einfluss auf den Markt an Sekundärrohstoffen haben.

Als Anbieter von Entsorgungsdienstleistungen ist es die Aufgabe der Kommunen, die Abfallentsorgung der privaten Haushalte sicherzustellen. Diese Aufgabe wird allerdings häufig an private Entsorger als Dienstleistung weitergereicht, was über entsprechende Verträge geregelt wird. Insofern besteht ein Abhängigkeitsverhältnis zwischen der Kommune und den privaten Entsorgungsunternehmen und gleichzeitig auch ein Wettbewerb zwischen beiden Parteien, weil die Kommunen diese Aufgabe teilweise auch selbst wahrnehmen.

Die staatliche Aufsicht über die Einhaltung von Quoten, Mengenströmen oder Grenzwerten obliegt den entsprechenden Behörden. In Bezug auf die Abfallwirtschaft ist dies im Kreislaufwirtschaftsgesetz geregelt (KrWG §§ 47–55).

Im Folgenden sollen nun die im Rahmen der Umwelt- und Klimapolitik anzuwendenden Steuerungsmöglichkeiten des Staates vorgestellt werden. In Bezug auf die dabei verfolgten umweltpolitischen Ziele sei auf Abschnitt 2.2.7 verwiesen.

Einschub: Die Umwelt als Ressource

Vorangestellt wird zunächst eine kurze Betrachtung der Umwelt, die für den Menschen aus ökonomischer Sicht verschiedene Ressourcen zur Verfügung stellt, aber auch seinen Lebensraum und den von Tieren und Pflanzen darstellt. Die Bewahrung dieses Lebensraums hat im Zuge der offenkundigen Umweltprobleme erheblich an Bedeutung gewonnen. Nach Michaelis stellt die Umwelt vier wichtige ökonomische Grundfunktionen zur Verfügung [Mic96, S. 5]:

- Rohstoffquelle als Input für Produktionsprozesse
- Grund und Boden als Standort für Unternehmen
- Land, Meer und Luft zur Aufnahme von Abfallstoffen und Emissionen (Schadstoffe, Lärm und Abwärme)
- der Allgemeinheit zugängliche Umweltgüter: Atemluft, Trinkwasser, Landschaft, Erholungswerte

Die Nutzung dieser Grundfunktionen führt zu wechselseitigen Abhängigkeiten. Werden Rohstoffe der Umwelt entnommen und daraus Produkte hergestellt, so entstehen bei der Produktion Emissionen und Abfälle. Zusätzlich entstehen durch den Konsum Abfälle. Bei moderatem Aufkommen werden diese durch die Umweltmedien Boden, Wasser und Luft aufgenommen und durch Diffusionsprozesse gleichmäßig verteilt und zum Teil neutralisiert (natürliche Regeneration). Können Schadstoffe nicht neutralisiert werden, so häufen sie sich zu Schadstoffbeständen auf, die die allgemein zugänglichen Umweltgüter beeinträchtigen. Die Industrialisierung, das weltweite Bevölkerungswachstum sowie die Steigerung des allgemeinen Wohlstands, insbesondere in der westlichen Welt, hat dazu geführt, dass die scheinbar unendlich verfügbaren, kostenfreien natürlichen Umweltgüter (z. B. saubere Luft) immer knapper werden. Ökonomisch gesehen beschreibt Michaelis das Umweltproblem als ein Knappheitsproblem der Umweltressourcen, deren Nutzung folglich auf die Akteure aufgeteilt werden muss [Mic96, S. 6–7, Tis94, S. 3].

Insgesamt liegt bei gleichbleibendem Stand der Technologien zwischen der Nutzung der Umwelt als Schadstoffempfänger und der Produktionsmenge von Gütern ein Optimierungsproblem vor. Einfach ausgedrückt: Eine unbegrenzte Produktionsmenge führt zu einer stetig wachsenden Schädigung der Umweltgüter. Eine vollständige Vermeidung der Umweltschädigung wiederum führt zu einem Stillstand der Produktion von Gütern. Durch monetäre Bewertung der beiden Faktoren lässt sich eine Schadensfunktion $S(E)$ in Abhängigkeit der Emissionsmenge E und eine Kostenvermeidungsfunktion $K(E)$ aufstellen, wie in Bild 2.7 dargestellt. Die Variable S beschreibt die Opportunitätskosten für den entstehenden Umweltschaden und die Variable *K* die Opportunitätskosten für die Reduzierung der Produktionsmenge, um Emissionen zu vermeiden. Die Summe beider Arten von Opportunitätskosten, bezogen auf die Emissionsmenge, zeigt als Minimum das gesellschaftliche Optimum des Emissionsniveaus E′.

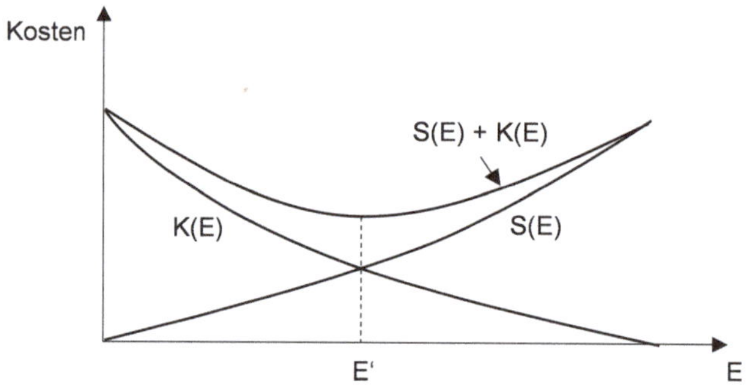

Bild 2.7 Schadensfunktion *S* und Kostenvermeidungsfunktion *K* in Abhängigkeit der Emissionsmenge *E*, nach [Mic96, S. 10]

Auch wenn das Diagramm grundsätzlich die Interdependenzen und die theoretische Ermittlung des Optimums zeigt, so ist es lediglich eine modellhafte Darstellung. Allein die monetäre Bewertung des Umweltschadens stellt eine große Herausforderung dar. Zudem unterliegen die Funktionen dem Einfluss des Technologiewandels in den einzelnen Wirtschaftsbereichen, der eine komplexe Bewertung der Kostenvermeidung nach sich zieht.

Die Zuordnung dieser Opportunitätskosten zu den Akteuren ist die zentrale Frage, die die Umweltökonomie seit Jahrzehnten beschäftigt. Es gilt, die Akteure über unterschiedliche Mechanismen so zu lenken, dass sie das gesellschaftliche Optimum der Emissionen erreichen. Hierzu gibt es mehrere Ansätze, die in Bild 2.8 im Überblick dargestellt und nun im Folgenden in ihren Grundzügen vorgestellt werden.

Marktbasierte Instrumente

In der Marktwirtschaft regelt sich der Markt, also das Zusammenspiel von Angebot und Nachfrage, über den Preis. Dieser für eine Volkswirtschaft wichtige und auch effektive Mechanismus berücksichtigt allerdings nicht die sozialen Kosten, die eine übermäßige Umweltausnutzung hervorruft. Dies stellt ein Marktversagen dar, da die Ressourcen der Umwelt nicht korrekt bewertet werden.

Marktbasierte Instrumente greifen nicht in den Markt-Preis-Mechanismus ein, sondern beeinflussen künstlich den Ressourcenpreis. Dies erfolgt auf zwei unterschiedliche Arten [Ado08, S 5]:

- Mengensteuerung

  Der Staat legt eine maximal zulässige Umweltbelastung fest und gibt dazu Zertifikate aus, die frei gehandelt werden können. Die Auswirkung auf den Preis ergibt sich auf dem Handelsmarkt.

- Preisbeeinflussung

  Durch Umweltabgaben legt der Staat den Preis für den Ausgleich der Umweltbelastung fest und die Emissionsmenge ergibt sich aus der Wirkung, die der erhöhte Preis auf die Produktionsleistung ausübt.

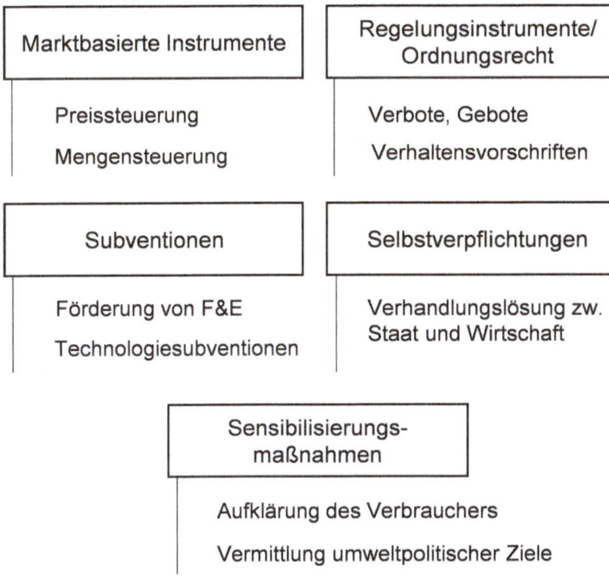

Bild 2.8 Überblick über umweltpolitische Instrumente

Der Vorteil der marktbasierten Instrumente ist, dass sie den Marktmechanismus nutzen und diesen nicht durch Verbote aushebeln. Die wirtschaftlichen Akteure behalten damit flexible Handlungsmöglichkeiten, weil sie selbst aktiv werden können, um die erhöhten Preise durch Innovationen und Investitionen in Forschung und Entwicklung auszugleichen. Unternehmern wird die künstlich herbeigeführte Knappheit der Ressource Umwelt bewusst und beeinflusst ihr unternehmerisches Handeln. Sie suchen den effizientesten Weg zur langfristigen Vermeidung zu hoher Herstellkosten. Hierbei kommt es aus Sicht des Staates darauf an, die Zertifikate knapp zu halten, damit der Unternehmer in zukunftsträchtige und umweltschonendere Technologien investieren möchte. Neben der generellen Begrenzung der Umweltbelastung kann der Staat auf diese Weise erreichen, dass Unternehmer die umweltpolitischen Ziele durch Innovationen verfolgen [RRR+08, S. 75 f.].

Die Plastiksteuer (siehe Abschnitt 2.2.4) ist ein Beispiel für ein Instrument, welches die Emissionsmenge über den Preis beeinflusst. Der Zweck dieser Steuer dient der Generierung von zusätzlichen Einnahmen zur Förderung der Mitgliedsstaaten nach der Coronapandemie. Dennoch hat diese Steuer das Potenzial, Lenkungsfunktion zu erhalten, wenn sie auf Unternehmen umgelegt wird oder wenn der Staat selbst gesetzliche Bestimmungen stärker voranbringt, die zu einer Erhöhung der Recyclingquote führen.

Die Bepreisung von Treibhausgasemissionen ist ein Beispiel für ein marktbasiertes Instrument, welches über die Mengensteuerung funktioniert. Auf der dritten Vertragsstaatenkonferenz der Klimarahmenkonvention wurde 1997 das Kyotoprotokoll verabschiedet, welches erstmals internationale Verpflichtungen zur Begrenzung der Emissionen enthält. Eines der Instrumente ist der internationale Emissionshandel, bei dem jedes Land eine bestimmte Menge an Emissionszertifikaten erhält. Wenn ein Land die nationalen Vorgaben zur Emissionsreduzierung übererfüllt, kann es überschüssige Zertifikate an andere Länder verkaufen. Zur Umsetzung des Emissionshandels gemäß dem Kyotoprotokoll hat die EU im Jahr 2005 den Europäischen Emissionshandel (EU-ETS) für die Energiewirtschaft und für die energieintensive Industrie (Stahlwerke, Raffinerien und Zementwerke), seit 2012 auch für den Flugverkehr innerhalb von Europa eingeführt (ETS 1). In Deutschland wurden die Regelungen zum Emissionshandel im Treibhaus-Emissionshandelsgesetz (TEHG) umgesetzt. Am 20. Juli 2017 trat eine Änderung des TEHG in Kraft, wonach Anlagen mit einer Produktionsleistung von 100 t pro Tag zur Herstellung folgender Polymere in den europäischen Emissionshandel miteinbezogen werden: Polyethylen, Polypropylen, Polystyrol, Polyvinylchlorid, Polycarbonate, Polyamide, Polyurethane und Silikone. Zusätzlich werden auch noch einige Grundchemikalien berücksichtigt, die zur Herstellung von Polymeren benötigt werden.

Im Jahr 2021 wurde in Deutschland ein ergänzendes nationales Emissionshandelssystem (nEHS) eingeführt, dass die Bereiche Wärmeerzeugung und Verkehr berücksichtigt, die nicht durch das europäische System abgedeckt sind. Auch bei dem nationalen System wird nach dem sogenannten „Cap and Trade“-Verfahren vorgegangen, bei dem politisch eine obere Grenze an Treibhausgasemissionen für alle Emittenten insgesamt festgelegt wird („Cap“). Die Inverkehrbringer von Brennstoffen zahlen für jede Tonne CO_2, die durch die spätere Verbrennung in die Luft emittiert wird, einen Preis, der über den Erwerb von Zertifikaten beglichen wird. Daher wird das Verfahren auch häufig „CO_2-Bepreisung“ genannt. Die Zertifikate unterliegen dem freien Handel („Trade“), bewegen sich jedoch ein einem festgelegten Preiskorridor zwischen 55 und 65 € pro Tonne CO_2.

Im Gegensatz zu dem europäischen EU-ETS1-System, bei dem die Emissionen direkt bei den Anlagenbetreibern entstehen und auf dieser Basis auch abgerechnet werden, werden bei dem nEHS ebenfalls die Erzeuger der Brennstoffe zum Kauf von Zertifikaten verpflichtet, allerdings auf Basis der später bei der Industrie oder dem Verbraucher emittierten Treibhausgasmenge. Die Inverkehrbringer der Brennstoffe geben den CO_2-Preis dann an die Industrie und den Verbraucher weiter. Die Unterschiedlichkeit im Abrechnungssystem liegt an der Anzahl der in den verschiedenen Sektoren vorkommenden Emittenten. Jedes KFZ ist im Verkehrssektor sowie jede Gastherme in den Häusern im Wärmesektor Emittent. Damit nicht diese Vielzahl an Emittenten an dem Emissionshandel teilnehmen muss, wurden die Inverkehrbringer der jeweiligen Brennstoffe (Benzin, Diesel, Heizöl, Erdgas, Flüssiggas, Biomasse und Kohle) hierzu verpflichtet. Im Jahr 2028 löst das neue europäische Emissionshandelssystem EU-ETS 2, welches sich dann auch auf die Sektoren Energiewirtschaft, verarbeitendes Gewerbe, Baugewerbe, Verkehr, Gebäudeheizung sowie Land- und Forstwirtschaft bezieht, das nationale Emissionshandelssystem nEHS ab.

Marktbasierte Instrumente können allerdings nicht vollständig die ökologischen Probleme lösen, weil eben nicht alle Umweltschäden als externe Effekte internalisiert werden können [Tis94, S. 55]. Die Müllanhäufung in den Meeren oder an den Küsten ist ein Umweltproblem, dessen Beseitigung hohe Kosten verursacht und sich auf nur einige Produktgruppen beschränkt. Hier sind Regelungsinstrumente besser geeignet, weil sie direkter ansetzen können.

Regelungsinstrumente/Ordnungsrecht

Neben den marktbasierten Instrumenten kann der Staat verbindliche Verhaltensvorschriften festlegen und abweichendes Verhalten sanktionieren. Dies ist das wohl älteste Instrument der Umweltpolitik und wurde lange Zeit als das effektivste Mittel angesehen [RRR+08, S. 87]. Durch klare Vorgaben bzw. Verbote lassen sich die umweltpolitischen Ziele mit großer Sicherheit erreichen. Während die marktbasierten Instrumente externe Kosten in die Preisbildung einbinden und auf diese Weise Unternehmen in die aus umweltpolitischer Sicht richtige Richtung lenken, sind Verbote oder Umweltauflagen in der Lage, speziell auf Missstände einzugehen.

Unternehmen werden jedoch durch derartige Regelungsinstrumente in ihrer Freiheit eingeschränkt, ihr Produktportfolio, die Rohstoffverwendung und die Wahl der Technologien selbst zu bestimmen. Zudem kann es zu einer Verzerrung des Wettbewerbs kommen, wenn Produktverbote erlassen werden, denen Wettbewerber im Ausland nicht unterliegen. Auf den Staat kommen nicht unerhebliche Kosten für die Überwachung der Regelungen zu.

Aus ökonomischer Sicht wird der Faktor Umwelt kostenfrei bei der Herstellung von Erzeugnissen mit verwendet, weil es keine preislichen Grenzen gibt, die die Knappheit der Ressourcen dem Unternehmen anzeigen. Durch Regelungsinstrumente lassen sich nur insofern Anreize für den Einsatz neuer Technologien setzen, soweit sie für die Erfüllung geforderter Emissionssenkung oder eines geringeren Rohstoffverbrauchs benötigt werden. Werden diese allerdings dynamisch an den aktuellen Stand der Technologien angepasst, so lässt sich die Innovationswirkung deutlich positiver beurteilen [RRR+09, S. 83].

Folgende Beispiele für Regelungsinstrumente lassen sich in Bezug auf die Kunststoffindustrie nennen:

- Festlegung eines Rezyklatanteils für PET-Getränkeflaschen
- Verbot einiger Einwegkunststoffartikel

- Verbot der Verwendung von oxo-abbaubaren Kunststoffen
- Festlegung des Recyclinganteils an den Kunststoffabfällen
- Pflicht zur Lizensierung systembeteiligungspflichtiger Verpackungen

Mit den genannten Regelungen können die spezifischen Umweltziele mit hoher Treffsicherheit erreicht werden. Ordnungsrecht dient auch direkt der Gefahrenabwehr, wie auch folgendes Beispiel zeigt.

Beispiel: An den Stränden und in den Meeren werden zahlreiche Einwegkunststoffartikel gefunden, die vielfach über Flüsse eingetragen werden. Marktbasierte Instrumente sind nicht in der Lage, diesen Missstand abhängig vom Grad der Emission speziell zu beheben, ohne auch weitere Industriezweige zu beeinträchtigen. Durch das Verbot einiger dieser Artikel jedoch kann direkt an diesem Problem angesetzt werden.

Die oben genannten Auflagen beeinflussen insbesondere die Produkt-Inverkehrbringer, die Rohstoffversorgung und die Entsorgungswirtschaft.

Selbstverpflichtungen

Neben dem Ordnungsrecht gibt es im Vergleich dazu ein „weicheres" Instrument, welches streng genommen keinen staatlich eingeführten Mechanismus darstellt. Vielmehr handelt es sich um eine einseitige, rechtlich unverbindliche Verpflichtung eines Branchenverbandes, die er sich selbst auferlegt. In Bezug auf Umweltthemen geht es um die Erreichung eines umweltpolitischen Ziels in einer festgelegten Zeit. Die Selbstverpflichtung der Wirtschaft entsteht allerdings nach Verhandlungen mit dem Staat, die beiderseitige unverbindliche Zusagen zum Ergebnis haben. Der Staat bringt konkrete umweltpolitische Ziele ein, zu deren Erfüllung sich die Wirtschafts- oder Branchenverbände nach Verhandlung verpflichten. Im Gegenzug verzichtet der Staat auf die Einführung von verbindlichen umweltpolitischen Maßnahmen, wie zum Beispiel Auflagen oder Steuern [Söl02, Tis94, S. 260–263].

In der Umweltökonomie werden Selbstverpflichtungen kritisch gesehen, weil der Staat keine Möglichkeiten hat, die vereinbarten Ziele mit hoheitlichen Maßnahmen durchzusetzen. Zudem werden die umweltpolitischen Ziele verwässert, indem die zunächst gesetzten Ziele durch Verhandlung abgeschwächt werden und gegebenenfalls nur ein kleiner Teil der Emittenten der Verpflichtung unterliegt. Nach Erreichen der Ziele gibt es auch keine weiteren Anreize, diese zu übertreffen. Es ist zudem davon auszugehen, dass die Selbstverpflichtungen nicht alle externen Effekte erfassen, da sie nicht für die Gesamtwirtschaft, sondern nur für einzelne Branchen gelten. Gesamtvolkswirtschaftlich gesehen sind Selbstverpflichtungen nach Eickhof aus diesem Grund als ineffizient zu beurteilen [Eic03, S. 6]. Ein weiterer Kritikpunkt nimmt Bezug auf wettbewerbsgefährdende Absprachen zwischen Unternehmen, die im Einzelfall zu prüfen sind. Söllner sieht es als bedenklich an, dass der Faktor „Umweltschutz" im Wettbewerb mit anderen Unternehmen außer Kraft gesetzt werden könnte [Eic03, S. 7, Söl02, S. 480].

Für den Staat haben Selbstverpflichtungen den Vorteil, dass sie komplexe Gesetzgebungsverfahren umgehen können und je nach Verhandlungsgegenstand praktikable Lösungen hervorrufen. Die Kosten zur Überwachung der Einhaltung ordnungsrechtlicher Vorgaben entfallen. Vorteilhaft für die teilnehmenden Unternehmen sind gegebenenfalls weniger hoch angesetzte Ziele und die Möglichkeit, in der Öffentlichkeit die eigenen Bemühungen zum Umweltschutz zu zeigen. Außerdem sind Unternehmen frei in der Wahl der Mittel, wie die vereinbarten Umweltziele erreicht werden sollen. Sie können also je nach Wirtschaftszweig unterschiedlich handeln und die Ziele mit der ökonomisch günstigsten Art und Weise verfolgen.

Nach Eickhof sollten Selbstverpflichtungen nur angestrebt werden, wenn erwartet werden kann, dass sie den traditionellen Methoden in ihrer Problemlösung überlegen sind [Eic03, S. 20]. Weiterhin sollten folgende Kriterien erfüllt sein [Eic03, S. 20–21, Can01, S. 390]:

- möglichst genaue Quantifizierung der Zielvorgaben nach Erfüllungsquote und Termin
- Aufgreifen der Interessenunterschiede der beteiligten Unternehmen innerhalb des Branchenverbands und Finden eines Konsenses für die selbst auferlegten Verpflichtungen
- Erfassung einer großen Anzahl von Unternehmen für die Selbstverpflichtung
- Wettbewerbskontrolle durch die Kartellbehörden
- Monitoring durch eine unabhängige Institution
- glaubwürdige Sanktionsandrohung des Staates bei Nichterfüllung der Zielvorgaben

Der Aufbau des dualen Systems im Jahr 1990 ist ein Beispiel für eine Selbstverpflichtung der Wirtschaft. Als im Juni 1991 die Verpackungsverordnung in Kraft trat, bestand für die Hersteller und Vertreiber die Pflicht, Verpackungen zurückzunehmen und diese zu entsorgen. Die Wirtschaft konnte sich über ein privatwirtschaftlich organisiertes Rücknahme- und Entsorgungssystem (das duale System) von dieser Pflicht befreien. Dafür musste sie allerdings die Sammel- und Verwertungsquoten erfüllen, die die Verpackungsverordnung vorgab. Aus der freiwilligen, vom Staat akzeptierten und in die Verpackungsverordnung eingegangenen Teilnahme an einem dualen System ist heutzutage im Verpackungsgesetz eine Pflicht zur Teilnahme an einem der dualen Systeme geworden.

Im Zuge des Aufbaus des Dualen Systems Deutschland sind die beteiligten Verbände auch eine weitere Selbstverpflichtung eingegangen. Dabei ging es um die Einhaltung einer Mehrwegquote für Getränkeverpackungen. Diese Verpflichtung ist letztlich an nicht konkreten Zielvorgaben, an einem unzureichenden Monitoring und an der prinzipiellen Freiwilligkeit für einzelne Unternehmen gescheitert [Can01, S. 390].

Im Jahr 2016 ist der Handelsverband Deutschland (HDE) eine Selbstverpflichtung mit dem Bundesumweltministerium eingegangen, um ein generelles Verbot der Plastiktüte zu umgehen. Er verpflichtete sich und seine Mitglieder (über 360 Handelsunternehmen), die Plastiktüten nicht mehr gratis an die Kunden herauszugeben. Von ehemals 68 Plastiktüten pro Kopf und Jahr sank der Verbrauch bis zum Jahr 2021 auf etwa 18 Tüten pro Kopf [NN02-ol]. Die Plastiktütenrichtlinie der EU von 2015 sah eine Verbrauchsreduktion bis 2025 auf 40 Tüten pro Kopf vor. Trotz des deutlichen Rückgangs des Tütenverbrauchs beschloss die Bundesregierung mit dem novellierten Verpackungsgesetz ein Verbot der leichten Plastiktüte (15–50 µm), welches seit dem 01. Januar 2022 gilt. Diese Teilmenge der Plastiktüten insgesamt macht weniger als 1 % des Kunststoffmülls in Deutschland aus [MHL20].

Das Bundesumweltministerium hat im Jahr 2015 den sogenannten „Kosmetik-Dialog“ ins Leben gerufen, an dem ein Großteil der Kosmetikhersteller beteiligt war. Diese haben sich dazu verpflichtet, ab 2020 freiwillig auf den Einsatz von Mikroplastik in Kosmetikprodukten zu verzichten, die nicht auf der Haut verbleiben (Reinigungsprodukte für Haut und Haare). Obwohl die Kosmetikbranche angibt, von 2012 bis 2017 97,6 % weniger Mikroplastikpartikel in Kosmetikprodukten eingesetzt zu haben [NN03-ol], ist mit der EU-Verordnung 2023/2055 als Änderung der REACH-Verordnung das Mikroplastikverbot auch für die genannten Produkte mit einer gewissen Übergangsfrist gültig.

Subventionen

Um umweltpolitische Ziele umzusetzen, werden außerdem als Mittel Subventionen eingesetzt, die auch Einfluss auf die Preise haben. Allerdings verteuern sie dabei nicht die umweltbelastenden, sondern verbilligen die umweltfreundlichen Aktivitäten [Kai13, S. 60]. Dadurch werden die sozialen Kosten nicht dem Verursacher zugeschrieben, sondern auf die Allgemeinheit verteilt. Werden Subventionen direkt an vermiedenen Emissionen gemessen, so werden auf diese Weise externe Kosten internalisiert, wie dies bei den marktbasierten Instrumenten gezeigt wurde [Ado13, S. 328]. Subventionen belasten langfristig den Staatshaushalt und lassen sich häufig aufgrund der gewährten Planungssicherheit für Unternehmen nicht so einfach wieder abbauen.

Häufig werden allerdings Fördermaßnahmen genutzt, um zum Beispiel zukunftsträchtige Technologien weiterzuentwickeln, die von Unternehmen oder Investoren als zu risikoreich angesehen werden oder aber eines langen Vorlaufs bedürfen, um sie wirtschaftlich zu betreiben. Ein Beispiel hierfür ist das Erneuerbare-Energien-Gesetz (EEG), welches Erzeugern erneuerbarer Energien über entsprechende Vergütungssätze ermöglicht, wettbewerbsfähig zu sein. Nach Sprenger und Rave handelt es sich dabei allerdings formell nicht um eine Subvention, weil die Mehrkosten auf die Haushalte umgelegt werden. Dennoch hat diese Maßnahme Subventionscharakter aufgrund der Bevorzugung der Technologie über die Preissteuerung [RS03, S. 114].

Ansonsten gibt es zahlreiche Fördermöglichkeiten im Bereich Forschung und Entwicklung über EU-, Bundes- oder Landesmittel in Form von Innovationsnetzwerken, Einzelförderungen oder Beratungsförderungen. Diese Förderprogramme im Bereich

Umweltschutz, Kreislaufwirtschaft und Ressourcenschonung haben in der Vergangenheit stark zugenommen. Auf diese Weise können Industriezweige aus diesen Bereichen wachsen und als Marktteilnehmer eine größere Rolle spielen.

Sensibilisierungsmaßnahmen/Förderung von Umweltbewusstsein

Durch Aufklärung und zentrale Informationen zur Umweltauswirkung von Verbraucherverhalten und Rohstoff- und Produktverwendung kann der Staat auf Konsumenten und die Wirtschaft Einfluss nehmen. Er formuliert seine umweltpolitischen Ziele und zeigt Maßnahmen auf, die Wirtschaft und Konsumenten ergreifen können, um Umweltauswirkungen einzudämmen. Dadurch können die Akteure für einen nachhaltigeren Umgang mit den vorhandenen Ressourcen sensibilisiert werden. Hierzu werden Strategiepapiere, Programme und Kampagnen aufgelegt.

Das Bundesumweltministerium hat in den vergangenen Jahren mehrfach derartige Maßnahmen veröffentlicht, die sich mit der Abfallvermeidung, mit erhöhtem Recyclinganteil und stärkerem Ausbau von Mehrwegverpackungen auseinandersetzen. Der „5-Punkte-Plan für weniger Plastik und mehr Recycling" und das Abfallvermeidungsprogramm sind zwei dieser Initiativen, die programmatisch aufzeigen, wie der Staat die Akteure (Wirtschaft, Handel und Verbraucher) zu einem stärkeren Umweltbewusstsein führen möchte.

Die Wirkung von derartigen Maßnahmen setzt voraus, dass ein Großteil der Akteure die Informationen und die daraus resultierenden Maßnahmen nachvollziehen kann. Die staatliche Willensbildung und damit auch die umweltpolitische Ausrichtung ist das Ergebnis zahlreicher Faktoren. Die öffentlich herrschende Meinung, beeinflusst durch internationale, teils radikal geführte Umweltbewegungen auf der einen Seite und Lobbyverbände aus dem Unternehmensumfeld auf der anderen Seite, kann zu einem verzerrten Bild im Bereich des Umweltschutzes führen, welches die wissenschaftlichen Erkenntnisse unzureichend berücksichtigt.

2.3.2 Das duale System

Wie bereits in Abschnitt 2.3.1 erläutert, entstand das duale System als eine Selbstverpflichtung der Wirtschaft im Zuge der Einführung der Verpackungsverordnung im Jahr 1991. Im Folgenden soll nun nicht näher auf die historischen Zusammenhänge der dualen Systeme eingegangen werden, sondern vielmehr das heute angewandte Prinzip und die Rolle als Akteur entlang der Wertschöpfung vorgestellt werden. In Abgrenzung zur kommunalen, öffentlich-rechtlichen Abfallentsorgung, die im weitesten Sinn für Rest- und Biomüll zuständig ist, ist es die Aufgabe der sogenannten „Systeme", für die Sammlung, Sortierung und Aufbereitung der systembeteiligungspflichtigen Verpackungen zu sorgen. Der Begriff „dual" ist durch die zusätzlich zur kommunalen hinzugekommene privatwirtschaftliche Abfallentsorgung der Systeme entstanden. Die erweiterte Herstellerverantwortung des Kreislaufwirtschaftsgesetzes (KrWG) ist für Verpackungen im Verpackungsgesetz (VerpackG bzw. VerpackDG) geregelt. Demnach müssen Erst-Inverkehrbringer von Produkten vor dem Inverkehrbringen derselben gewährleisten, dass die Verpackungen flächendeckend zurückgenommen und im Sinne der Gesetzgebung verwertet werden. Dies geschieht durch die Beteiligung an einem der dualen Systeme. Konkret schließt der Inverkehrbringer (Produzent, Handelsunternehmen, Importeur, Onlinehändler) mit einem der Systeme einen Vertrag, in welchem dieser das duale System mit der Sammlung, Sortierung und Verwertung seiner Verpackungen beauftragt. Im Gegenzug entpflichtet das duale System den Inverkehrbringer von seiner Pflicht gemäß der erweiterten Herstellerverantwortung.

Zusätzlich zur Systembeteiligung sind Inverkehrbringer verpflichtet, sich bei der Zentralen Stelle Verpackungsregister zu registrieren und Daten zur Menge der in Verkehr gebrachten Verpackungen öffentlich zu hinterlegen.

Die Hersteller bzw. Erst-Inverkehrbringer müssen jede Verpackung bei einem System lizensieren lassen. Häufig werden eine Grundgebühr und eine mengenabhängige Lizenzgebühr für die Verpackung erhoben, die je nach Material der Verpackung kategorisiert wird. Mit diesen Einnahmen beauftragt das duale System die Sammlung, Sortierung und Aufbereitung gemäß den gesetzlichen Verwertungsquoten je nach Material. Der Beauftragung gehen teilweise Ausschreibungen voraus, auf die Entsorgungsunternehmen Angebote abgeben können. Den Lizenzerlösen steht somit die gebührenfinanzierte Beauftragung der Verwertungspflicht entgegen. In den meisten Fällen übernehmen die dualen Systeme selbst auch einen Teil der Verwertung, indem sie beispielsweise Rezyklat aus den aus der Wertstofftonne gesammelten Leichtverpackungen herstellen. Aus dem Vertrieb der Rezyklate generiert das System zusätzliche Einnahmen.

Die dualen Systeme stehen im Wettbewerb zueinander, sodass die Höhe der Lizenzentgelte je nach Anbieter und Materialart variiert. Um die flächendeckende Rücknahme und die Verwertungsquoten zu erfüllen, müssen sie mit den für die Erfüllung der gesetzlichen Verpflichtungen benötigten Partnern Verträge schließen, die die Ausgabenseite belasten. Daraus ergibt sich dann die Mindesthöhe der Lizenzentgelte für die Inverkehrbringer.

2.3.3 Die Öffentlichkeit

Die öffentlich herrschende Meinung ist ein von vielen Staatstheoretikern, Philosophen, Historikern und Soziologen beschriebenes Phänomen, dessen Definition schwer zu greifen ist. Aus ihr leiten sich historisch gesehen Moralvorstellungen und ein Konformitätsdruck einer Gesellschaft ab. Im Zuge der Aufklärung wurde der Begriff zunehmend zu einer gesellschaftspolitischen Kategorie. Nach Reese-Schäfer, der die Theorien von Jürgen Habermas zum Strukturwandel des Öffentlichkeitsbegriffs ausführlich darstellt, ist Öffentlichkeit ein „Begriff zur Beschreibung des kommunikativen Raums zwischen bürgerlicher Privatsphäre und dem Staat“ [Ree06, S, 93]. Die öffentliche Meinung kann als kollektives Produkt der Kommunikation im öffentlichen Raum verstanden werden. Sie ist von der Einzelmeinung eines Individuums abzugrenzen. Nach Neidhardt ist sie vielmehr „die Gesamtheit der Meinungen, die vor einem [...] Publikum öffentlich kommuniziert werden.“ [Nei07, S. 27]. Dabei ist die öffentlich vorgetragene Meinung von verschiedenen Effekten beeinflusst, wie zum Beispiel der Selbstdarstellung der Akteure, strategisch kalkulierten Reaktionen bei den Empfängern und der Gegenrede zu anderen öffentlich geäußerten Meinungen [Nei07, S. 27].

Die Medien spielen bei der Artikulation und der Bildung der öffentlichen Meinung eine wesentliche Rolle. Sie transportieren Thesen, Argumente und Meinungen im öffentlichen Diskurs, wobei die Schwerpunktsetzung der Themen und die Auswahl der Akteure, die eine Meinung in der Öffentlichkeit äußern, von dem jeweiligen gesellschaftlich-politischen Hintergrund der Redaktionen abhängig sind. Dies kann dazu führen, dass eine sich herausbildende herrschende Meinung der Öffentlichkeit durch eine einseitige Betrachtung eines Sachverhalts gekennzeichnet ist, weil gegebenenfalls wesentliche Akteure an der Meinungsbildung im öffentlichen Raum nicht teilnehmen. Dass die öffentliche Meinung nach Habermas „durch kritische Diskussion zur wahren Meinung geläutert ist“ [Hab62, S. 118], ist eine idealisierte Vorstellung, die voraussetzt, dass alle Bürger einen freien Zugang zur Öffentlichkeit haben und diesen auch bewusst und aktiv nutzen. In den klassischen Medien nehmen Journalisten, Politiker, wissenschaftliche Experten und Prominente einen großen Anteil der Akteure ein, die die „Öffentlichkeit“ prägen. Hinzu kommen Akteure in den sozialen Netzwerken, die mittlerweile eine große Bühne im digitalen öffentlichen Raum finden. Hier stellt sich ein weiteres Problem einer scheinbar herausgebildeten öffentlichen Meinung dar. Neben der öffentlich herrschenden Meinung, die sich im Diskurs der realen Öffentlichkeit herausbildet, kann es parallel eine anderslautende, öffentlich herrschende Meinung geben, die sich in der digitalen Öffentlichkeit bildet. Nur wenn die gleichen Akteure Thesen, Argumente und Meinungen der jeweils anderen „Welt“ aufnehmen, kann es zu einem fusionierenden Diskurs kommen. Auch die Empfänger, die sich mit der öffentlichen Meinung auseinandersetzen, müssen folgerichtig den Zugang zur analogen und digitalen Öffentlichkeit nutzen.

Aufgrund der geschilderten Herausforderungen bei der Bildung einer öffentlich herrschenden Meinung ist es in Bezug auf das Image der Kunststoffe zu einer fatalen Entwicklung gekommen. Offensichtlich haben Wissenschaftler oder Experten als Akteure nur unzureichend an der öffentlichen Diskussion teilgenommen. Nur so lässt sich erklären, dass wissenschaftlich nicht belegte Thesen im öffentlichen Raum zu der Wahrnehmung geführt haben, dass Kunststoffe grundsätzlich umweltschädlich und durch andere Materialien zu ersetzen seien. Plakativ dargestellte Bilder des Müllproblems in den Weltmeeren, verknüpft mit Schlagworten gegen Kunststoffe ohne sachliche Analyse der Ursachen, haben den Schwerpunkt der im öffentlichen Raum vorgestellten Meinungen gebildet. Chris DeArmitt macht in seinem Buch „The Plastics Paradoxon" Umweltgruppen, die ihre Thesen ohne wissenschaftlichen Beleg, dafür aber sehr leidenschaftlich vertreten, für diese Entwicklung mit verantwortlich [Dea20, S. 183].

Abhängigkeit und Stellenwert

Die Öffentlichkeit als Akteur ist eine sich passivisch durch öffentlichen Diskurs ergebende Größe. Sie ist abhängig von der Zusammenstellung der Akteure, die Sprachrohr und Meinungsbildner im öffentlichen Raum sind. Den Medien kommt dabei eine wesentliche Rolle zu, weil sie die Bühne für einen Großteil der geäußerten Thesen bilden. Soziale Netzwerke haben für einen mit der analogen Öffentlichkeit nur teilweise überlappenden Empfängerkreis einen eigenen Kanal zur Teilnahme am öffentlichen Diskurs.

Der Stellenwert der öffentlich herrschenden Meinung ist als hoch einzustufen. Politiker greifen die öffentlich herrschende Meinung für ihre eigene Programmatik auf, um mit ihrer Partei als Teil der Regierung gewählt zu werden. Unweigerlich wird damit auch die Gesetzgebung beeinflusst. Der mündige Bürger setzt sich mit der öffentlichen Meinung zu einem Themenfeld auseinander, leitet daraus seine eigene Meinung ab und entscheidet sich durch den Akt des Wählens für eine Partei. Auf der anderen Seite ist er auch selbst Konsument und wird durch die Öffentlichkeit in seiner Kaufentscheidung beeinflusst. Konfrontiert mit dem im öffentlichen Raum vorherrschenden schlechten Image für Kunststoffe, wird er sich gegebenenfalls unterbewusst für Verpackungen mit (scheinbar) positiver Umweltbilanz entscheiden.

Produkt-Inverkehrbringer und Materialhersteller haben gegenüber der öffentlich herrschenden Meinung einen schweren Stand, weil ihnen häufig das ausschließliche Verfolgen eigener wirtschaftlicher Interessen unterstellt wird. Der Vorwurf des Greenwashings steht schnell im Raum, wenn Produzenten Nachhaltigkeitskonzepte auflegen oder Aktionen zur Förderung der Kreislaufwirtschaft durchführen. Insbesondere die Hersteller von Kunststoffneuware sehen sich einer starken öffentlichen Kritik ausgesetzt, die zu einem negativen Image in der Öffentlichkeit geführt hat.

2.3.4 Der Konsument

Der Endverbraucher oder Konsument erwirbt Lebensmittel, Getränke und sonstige Produkte des täglichen Bedarfs beispielsweise beim stationären Einzelhandel. Er hat die freie Wahl, bei welchem Handelsunternehmen er welche Produkte von welchem Produkt-Inverkehrbringer einkauft.

Interessen und deren Umsetzung

Üblicherweise möchte der Verbraucher qualitativ hochwertige Produkte aus einer großen Produktauswahl auswählen können, und dies zu einem günstigen Preis. Je nach Sozialisierung ist das Kaufverhalten auch durch ein grundlegendes Bewusstsein für nachhaltiges und umweltbewusstes Handeln gekennzeichnet. Wenn ein entsprechendes Angebot an Produkten vorhanden ist, übt der Konsument seine Nachfragemacht aus: Was er nicht kaufen möchte, kauft er eben nicht.

Abhängigkeiten und Stellenwert

Grundsätzlich stellt der Konsument die marktwirtschaftlich entscheidende Rolle als Nachfrager dar und hat somit Lenkungsfunktion. Diese Funktion übt er in sanktionierender Weise gegenüber dem Handel und dem Produzenten aus. Diese erfahren üblicherweise erst nach der Herstellung der Produkte, ob diese angenommen werden oder nicht.

Eine Abhängigkeit des Konsumenten gegenüber dem Handel ist in der nicht unbegrenzt vorhandenen Produktauswahl zu sehen. Darüber hinaus wird der Konsument in seinem Kaufverhalten von mehreren Seiten beeinflusst. Er wird durch den Staat über den nachhaltigen Umgang mit Produkten informiert und zu einem erhöhten Umweltbewusstsein sensibilisiert. Der durch die Öffentlichkeit entstandene Konformitätsdruck hinsichtlich eines scheinbar korrekten Umgangs mit Kunststoffen und deren Produkten ist zusätzlich ein nicht zu vernachlässigender Baustein, der den Konsumenten prägen kann. Ein weiterer Einflussfaktor betrifft die Marketingstrategien der Produzenten und des Handels. Dies bezieht sich zum einen auf die reine Produktwerbung und zum anderen auf die Imagepflege der Unternehmen, besonders nachhaltig und ökologisch verantwortlich zu agieren. Ersteres knüpft an die ureigenen Interessen des Konsumenten als Nachfrager an, Letzteres ist eine Reaktion auf die öffentlich herrschende Meinung, beispielsweise in Bezug auf negativ gesehene Kunststoffverpackungen.

2.3.5 Der Produkt-Inverkehrbringer

Produkt-Inverkehrbringer sind Unternehmen, die erstmals ein Produkt in den Warenverkehr bringen. Produzenten von Konsumgütern (z. B. verpackte Lebensmittel, Getränke, Kosmetik- oder Reinigungsprodukte) füllen ihre Ware in Verpackungen, die sie entweder auch selbst produzieren oder aber von einem Kunststoffverarbeiter beziehen. Sie verkaufen ihre Ware an Handelsunternehmen, die diese dann dem Konsumenten anbieten. Der Einfachheit halber beschränkt sich die folgende Betrachtung auf diesen Vertriebsweg. Auf besondere Unternehmensformen, die mehrere Rollen entlang der Wertschöpfung gleichzeitig einnehmen, soll noch einmal gesondert eingegangen werden.

Interessen und deren Umsetzung

Produzenten verfolgen das Ziel, mit dem Verkauf ihrer Waren Gewinn zu erwirtschaften. Sie wollen ihre Produkte bestmöglich vermarkten und bemühen sich hierfür um ein positives Image in der Öffentlichkeit. Hierzu entwickeln sie für Verbraucher attraktive Produkte und führen Marketingkampagnen durch, um die Vorzüge der Produkte hervorzuheben und die Aufmerksamkeit der Verbraucher auf sich zu lenken. Dabei setzen diese Unternehmen auf aktuelle Trends und gesellschaftliche Strömungen, die in der öffentlichen Wahrnehmung und durch Medien transportiert werden. So kommt es zu den von vielen Produzenten vorgestellten Nachhaltigkeitskonzepten, die dazu dienen, ein positives Image bei den Verbrauchern zu erhalten oder zu bewahren. Einige veröffentlichen die Umsetzung der bereits gesetzlich vorgeschriebenen Regelungen, andere publizieren die durch den Druck des Staates geschlossenen branchenweiten Selbstverpflichtungen und wieder andere stellen ein darüber hinausgehendes Nachhaltigkeitskonzept vor.

Abhängigkeiten und Stellenwert

Produzenten sind vonseiten des Staates zur Erfüllung der gesetzlich vorgeschriebenen Regelungen verpflichtet. Dies betrifft Auflagen, Verbote und festgelegte Quoten, aber auch marktbasierte Instrumente des Staates. Per Gesetz sind sie auch verpflichtet, ihre Verpackungen bei einem der dualen Systeme zu lizensieren und sich als Unternehmen bei der Zentralen Stelle Verpackungsregister registrieren zu lassen.

In den meisten Fällen vertreiben Produzenten ihre Konsumgüter über den Handel, mit dem sie über die Aufnahme der Produkte in das Sortiment des Handelsunternehmens verhandeln. Hier entsteht für die Markenhersteller immer mehr Konkurrenz über die Eigenmarken des Handels oder über innovative Start-ups und sogenannte Influencer-Produkte. Insbesondere Food-Start-ups setzen auf sogenannte nachhaltige Produkte mit umweltfreundlicheren Verpackungen [Lei19-ol]. Die Verhandlungsmacht der Handelsunternehmen ist durch die Konkurrenzsituation gegenüber den Markenherstellern als stark zu bewerten, wie einige Beispiele aus der jüngeren Vergangenheit zeigen, in der es zeitweise zu Auslistungen von Markenprodukten bei den Einzelhändlern Edeka, Rewe oder Lidl kam [NN05-ol]. Andererseits führt die Erwartungshaltung von Konsumenten, bestimmte Markenprodukte im Sortiment vorfinden zu wollen, in einigen Warengruppen zu einer besseren Verhandlungsposition aufseiten der Markenhersteller.

Neben dem Druck durch die Handelsunternehmen sehen sich Produzenten mit diffusen oder konkreten Nachhaltigkeitsforderungen vonseiten der Öffentlichkeit konfrontiert. Diese beeinflussen auch die Konsumenten, die wiederum die wichtigen Endabnehmer der Produkte sind.

Wie gezeigt, sind die Produzenten von wichtigen Akteuren wie den Handelsunternehmen abhängig. Sie müssen in diesem Machtgefüge ihre Position sowohl preistechnisch, aber immer mehr auch über ihr Unternehmensprofil in Sachen Umweltbewusstsein vertreten. Der Konsument achtet, beeinflusst von der öffentlich herrschenden Meinung, beispielsweise auf sogenannte nachhaltige Verpackungslösungen mit hohem Rezyklatanteil. Wie ernst große Produzenten wie Nestlé oder Procter & Gamble diese Wünsche und Forderungen nehmen, zeigt sich in den groß aufgelegten Nachhaltigkeitsprogrammen dieser Konzerne. So hat Nestlé nach eigenen Angaben seit 2015 142000 t Verpackungsmaterial eingespart, möchte bis 2025 alle Verpackungen recyclingfähig oder wiederverwendbar gestalten sowie im Eigenverbrauch auf Einwegkunststoffartikel verzichten, die nicht recyclingfähig sind, und investiert weltweit zwei Milliarden Schweizer Franken in eine „innovative Kreislaufwirtschaft". Zudem hat das Unternehmen das „The Nestlé Institute of Packaging Sciences" gegründet, welches nachhaltige Verpackungen entwickelt [NN06-ol].

2.3.6 Der Handel

Auch in Bezug auf den Handel soll es im Folgenden um den klassischen Vertriebsweg von Konsumgütern (Lebensmittel, Getränke, Waschmittel etc.) über den stationären Einzelhandel gehen. Dieser kauft Waren von Produzenten und bietet sie zusammen mit Eigenmarken dem Konsumenten als Endverbraucher an.

Interessen und deren Umsetzung

Handelsunternehmen verfolgen das Ziel, mit dem Handel von Waren Gewinn zu erwirtschaften. Dabei bieten sie je nach Ausrichtung ein breites Produktsortiment an, um dem Konsumenten eine große Auswahl von Produkten zu bieten und dessen Erwartungshaltung zu erfüllen. Der Einzelhandel reagiert auf den umweltbewussten Trend, der in der Öffentlichkeit wahrgenommen und durch zahlreiche Initiativen verstärkt wird, mit eigenen Nachhaltigkeitsbemühungen. Dies dient wiederum dazu, ein positives Image in der Öffentlichkeit und gegenüber dem Einzelkonsumenten zu erhalten.

Abhängigkeiten und Stellenwert

Gegenüber dem Staat ist der Handel in Bezug auf umweltpolitische Themen im Kunststoffsektor nicht so stark abhängig wie die Produzenten. Bei den Eigenmarken tragen sie die Verantwortung der Erst-Inverkehrbringer, für die gehandelte Ware erledigt dies der Produzent.

Die Öffentlichkeit drängt auf nachhaltige Produkte mit recyclingfähigen Verpackungen. In dem Bewusstsein, dass ein negatives öffentliches Image dazu führen kann, dass Konsumenten eher bei einem Wettbewerber einkaufen, bringen Handelsunternehmen ihre Umweltthemen aktiv in den Vordergrund. Letztlich geht es ihnen um die Zufriedenheit der Konsumenten. Durch Marketingkampagnen können sie allerdings auch das Einkaufsverhalten des Konsumenten beeinflussen.

Im Machtgefüge mit den Produzenten zeigen sich je nach Warengruppe unterschiedliche Gegebenheiten. Für einige Warengruppen gibt es eine hohe Markenaffinität der Konsumenten, was zu einer besseren Verhandlungsposition für den Markenhersteller führt, für andere Warengruppen ist die Nachfragemacht des Handels größer [NN07]. Prinzipiell kann der Handel sein eigenes Sortiment bestimmen und baut durch Eigenmarkenprodukte den Wettbewerb zu den Zulieferern auf. Die eigenen Produkte sind teilweise günstiger als Markenprodukte und zudem kann der Händler selbst über die Verpackungsphilosophie bestimmen und aktiv damit Werbung betreiben. So haben Aldi Nord und Aldi Süd zusammen die Initiative „ALDI Verpackungsmission“ gegründet, die den nachhaltigen Umgang mit den Rohstoffen für Verpackungen zum Ziel hat. Bis zum Jahr 2025 sollen für Eigenmarkenprodukte 30 % Verpackungsmaterial gegenüber 2015 eingespart werden. Bis 2022 sollen alle Verpackungen der Eigenmarken recycelbar sein und auch teilweise aus Rezyklat bestehen. Zudem unterstützt Aldi die Initiative „Plastic Bank“, die in weniger entwickelten Ländern Sammelstellen für Kunststoffabfälle aufbaut, um die unkontrollierte Mülldeponierung zu verhindern [NN07].

2.3.7 Das Sortier-/Entsorgungsunternehmen

Der in der Wertstofftonne oder dem Gelben Sack gesammelte Müll gelangt über Umschlagplätze zu den Sortieranlagenbetreibern, die auch häufig über eigene Entsorgungsfahrzeuge verfügen und die haushaltsnahe Müllentsorgung übernehmen. Darüber hinaus gibt es im Gewerbebereich zahlreiche weitere Entsorgungswege, die von diesen Unternehmen bedient werden.

Interessen und deren Umsetzung

Zunächst müssen Sortier- und Entsorgungsunternehmen die gegenüber den dualen Systemen oder den Kommunen eingegangenen Verträge erfüllen. Zur Auslastung der Anlagen besteht das Interesse, möglichst große Mengen Müll mit hohem Anteil wiederverwendbarer Materialien (Metall, Glas, Kunststoff oder Papier) zu verarbeiten. Die sortierten Müllfraktionen werden dann frei am Markt an Rezyklathersteller oder verbundene Unternehmen verkauft. Die Sortiergüte der Anlagen bestimmt die Qualität des Output-Materials, wobei die Mindestsortiergüte für die einzelnen Fraktionen vorgeschrieben ist. Die Entsorgungsunternehmen sind also darauf bedacht, mit möglichst neuester Technik eine ausreichend hohe Sortiergüte zu erreichen.

Abhängigkeit und Stellenwert

Die Anlagenbetreiber müssen sich in Bezug auf einzeln zu sortierende Stoffströme auf neue Regelungen zum Design von Verpackungen einstellen, da diese gegebenenfalls zu Mengenverschiebungen hin zu Monokunststoffen führen und die Menge in der Mischkunststofffraktion sinken lassen. Zudem müssen die Betreiber dieser Anlagen auf neue Verwertungs- und Recyclingquoten reagieren.

Die Abhängigkeit von den dualen Systemen ist in Bezug auf die Auftragsvergabe zur Sammlung und Sortierung als hoch zu bewerten. Auf der anderen Seite ist der Markt für Sekundärrohstoffe auch noch durch eine teilweise geringe Nachfrage gekennzeichnet, was an den in den letzten Jahren geringen Neuwarepreisen liegt. Eine weitere Herausforderung besteht in der unzureichenden Vorsortierung durch den Konsumenten. Viele Müllteile gelangen in die Mischfraktion, obwohl beispielsweise die Entfernung der Aludeckel vom Joghurtbecher durch den Konsumenten hier eine große Auswirkung hätte.

Insgesamt haben Sortier- und Entsorgungsunternehmen wenig Möglichkeiten, beispielsweise in der Akzeptanz der Sekundärrohstoffe positive Veränderungen hervorzurufen. Es fehlt das Instrument, den Produzenten davon zu überzeugen, recyclingfähige Verpackungen einzusetzen oder erhöhte Rezyklatanteile zu verwenden.

2.3.8 Der Rezyklathersteller

Ein Hersteller von Rezyklaten ist im einfachsten Fall ein Unternehmen, welches von einem Entsorgungsunternehmen sortierte Fraktionen oder von Kunststoffverarbeitern Ausschussware aufkauft und daraus Rezyklate herstellt.

Interessen und deren Umsetzung

Das Unternehmen möchte durch Verkauf von qualitativ hochwertigem Rezyklat Gewinn erwirtschaften. Neben der Qualität des Rezyklats ist die Liefermenge über einen langen Zeitraum entscheidend für den erfolgreichen Verkauf des Materials. Hierzu macht der Rezyklathersteller im Bereich des Post Industrial Waste langfristige Lieferverträge mit Kunststoffverarbeitern, die ihre Ausschussware oder Restmaterialien an ihn liefern. Die in vielen Branchen geforderte Zertifizierung der Rezyklate ist ein weiterer Baustein, um Rezyklat bestmöglich im Markt anbieten zu können.

Abhängigkeiten und Stellenwert

Für Rezyklathersteller ergeben sich durch die Konkurrenz zur häufig günstigen Neuware eine große Herausforderung in Bezug auf die mangelnde Nachfrage für Rezyklate. Mit Rezyklaten werden häufig geringere Qualität und höhere Preise im Vergleich zur Neuware verbunden und dies sind nicht gerade überzeugende Vertriebsargumente. Der Nachhaltigkeitstrend von Produzenten, Konsumenten und dem Handel hilft den Rezyklatherstellern beim Vertrieb ihrer Waren. Teilweise stehen Produzenten dem Rezyklat eher skeptisch gegenüber. Die Preissteuerung zwingt den Kunststoffverarbeiter, der die Verpackung für den Produzenten herstellt, in vielen Fällen zur Verwendung von Neuware. Dass bei dieser Konstellation keine direkte Lieferbeziehung zwischen Rezyklathersteller und Produzenten besteht, schränkt die Überzeugungskraft der Rezyklathersteller gegenüber dem Produzenten zusätzlich ein. Die Kunststoffverarbeiter brauchen zur Erfüllung ihrer Lieferverträge Kunststoffmaterial in gleichbleibender Qualität über einen lang gesteckten Zeitraum. Dies stellt den Rezyklathersteller häufig vor große Herausforderungen.

Insgesamt müssen Rezyklathersteller mit guter und gleichbleibender Qualität bei langer Lieferfähigkeit überzeugen, damit sie ihre Ware verkaufen können. Die Konkurrenzsituation zu den Materialherstellern von Neuware zeigt, dass ein langfristiger und branchenunabhängiger Erfolg erst durch die Erhöhung von Rezyklatquoten oder anderen gesetzlichen Bestimmungen möglich ist.

2.3.9 Der Materialhersteller

Mit den Materialherstellern sind solche Unternehmen gemeint, die Kunststoff-Neuware aus dem Rohstoff Erdöl herstellen und verkaufen. Der Verkauf an die Kunststoffverarbeiter geschieht meist über Distributoren. Die im Verpackungsbereich mengenmäßig am häufigsten eingesetzten Kunststoffe sind Polyethylen und Polypropylen. Die entsprechenden Hersteller dieser Kunststoffe sind Großkonzerne der chemischen Industrie.

Interessen und deren Umsetzung

Diese Unternehmen haben das Interesse, durch den Verkauf der hergestellten Kunststoffe und additivierten Kunststoffcompounds Gewinn zu erwirtschaften. Dabei können sie ihre Materialien durch seit Jahrzehnten etablierte Prozesse mit hoher Qualität in großen Mengen herstellen und so langfristige Mengenzusagen garantieren. Im Zuge der Umweltdiskussion sehen sie sich häufig direkt mit der harten Kritik konfrontiert, Rohstofflieferant für unsachgemäß entsorgte Verpackungen zu sein. Diesem negativen Image versuchen diese Konzerne auf unterschiedliche Art und Weise zu begegnen, indem sie Rezyklathersteller aufkaufen oder das Recycling selbst übernehmen oder aber sich an international organisierten Gemeinschaftsprojekten zur Förderung der Kreislaufwirtschaft beteiligen.

Abhängigkeiten und Stellenwert

Wie weiter oben beschrieben, wird in der Öffentlichkeit ein Bild der Kunststoffe vermittelt, welches sie mit grundlegend umweltschädlichen Eigenschaften in Verbindung bringt. Nicht der Umgang des Menschen mit dem Kunststoffmüll, sondern der Kunststoff sei das Problem, so der häufig entstehende Eindruck. Der Druck in der Gesellschaft, an den Missständen etwas zu ändern, hat auf der einen Seite zu einer Vielzahl an gesetzlichen Bestimmungen geführt und auf der anderen Seite zu Forderungen seitens der Produzenten und des Handels nach einem vermehrten Einsatz von Rezyklaten. Mit dieser Entwicklung sehen sich die Materialhersteller konfrontiert, was auch bereits bei der Betrachtung der Produktions- und Verarbeitungsmengen von Neuware im Vergleich zu Rezyklat zu erkennen ist. Die Einsatzmenge von Neuware bei der Verarbeitung von Kunststoffen ist in Deutschland im Jahr 2019 um 10,2 % im Vergleich zu 2017 und im Jahr 2021 um weitere 4,4 % im Vergleich zu 2019 zurückgegangen. In den gleichen Zeiträumen stieg die Rezyklatmenge um 2,5 % (2019/2017) bzw. 17,6 % (2021/2019) (bei einem Gesamtrückgang der Verarbeitungsmenge von 1,4 %). Bei der Neuware-Produktion von Kunststoffen gab es 2019 in Deutschland einen Rückgang von 6,6 % im Vergleich zu 2017, jedoch konnte 2021 wieder ein Zuwachs von 4 % im Vergleich zu 2019 erreicht werden [Con19, S. 52, 54, Con21, S. 55, 57]. Dass weltweit immer noch 90 % der gesamten verarbeiteten Kunststoffmenge aus Neuware besteht, zeigt jedoch auch den bislang immer noch immens großen Stellenwert der Materialhersteller. Durch die im großen Maßstab angelegte Produktion von Neuware kann diese häufig preisgünstiger angeboten werden, und dies mit geringeren Schwankungen hinsichtlich der Materialqualität.

2.3.10 Der Kunststoffverarbeiter

Wie zuvor schon mehrfach erwähnt, soll auch hier der Fokus auf Verarbeiter gelegt werden, die Kunststoffverpackungen für Konsumgüter, wie Lebensmittel, Getränke, Reinigungsmittel etc., für Produzenten herstellen. Letzterer bestellt bei dem Kunststoffverarbeiter eine Verpackung in entsprechender Menge und mit den verhandelten Konditionen und Spezifikationen. Der Kunststoffverarbeiter wiederum bezieht von einem Materialhersteller oder Distributor das Kunststoffgranulat oder aber von einem Rezyklathersteller einen Sekundärrohstoff.

Interessen und deren Umsetzung

Der Verarbeiter erwirtschaftet Gewinn durch den Verkauf selbst hergestellter Kunststoffverpackungen an Produkt-Inverkehrbringer. Dabei richtet er sich nach deren Anforderungen hinsichtlich des Materials, der gewünschten Eigenschaften, des Designs und des Preises. Auch der Ausschluss von Rezyklat oder die Forderung nach einem bestimmten Rezyklatanteil wird festgelegt. Der Kunststoffverarbeiter wird diese Forderungen mit möglichst geringen Herstellkosten erfüllen, um für sich Gewinn zu erwirtschaften. Er wird sich über aktuelle Trends auf dem Laufenden halten und dementsprechend Know-how beispielsweise bei der Verarbeitung von Rezyklat aufbauen.

Hier können Mehrkomponenten-Technologien, die Reaktion auf Materialschwankungen durch Regelungstechnik und insbesondere ein starker Ausbau des Qualitätsmanagements für den Rohstoffeingang und für die hergestellten Produkte eine Rolle spielen.

Abhängigkeiten und Stellenwert

Eine starke Abhängigkeit ergibt sich durch die Lieferbeziehung zu dem Produkt-Inverkehrbringer, der die Preise für die Verpackung geringhalten möchte. Hier sehen sich die Kunststoffverarbeiter mit der Situation konfrontiert, die häufig höheren Preise für Rezyklate in die Verhandlung mit dem Produkt-Inverkehrbringer einzubringen. Diese möchten die höheren Preise im Vergleich zur Neuware ungern akzeptieren, aber gegebenenfalls dennoch dem Trend folgen, den Rezyklatanteil zu erhöhen. Andere Produzenten akzeptieren das reine Inline-Recycling, welches bereits seit vielen Jahren standardmäßig umgesetzt wird. Nicht nur die Verwendung von Rezyklat ist Gegenstand der Verhandlungen, sondern auch das recyclingfähige Design. Von verschiedenen Instituten lässt sich über Bewertungsschemata die Recyclingfähigkeit einer Verpackung bewerten. Hier müssen Kunststoffverarbeiter Kenntnisse und Erfahrungen aufbauen, die den Bereich der Sortierung und Wiederverwertung von Kunststoffen betreffen. Teilweise geschieht dies allerdings auch bei den Produzenten, die selbst in diesem Bereich aktiv werden möchten. Die Herausforderung der Kunststoffverarbeiter besteht also auch darin, den recyclingfähigen End-of-Life-Zustand ihrer Verpackung mit zu verkaufen. Dies wird zukünftig immer mehr an Bedeutung gewinnen.

Die Möglichkeiten des Kunststoffverarbeiters, die eigenen Interessen durchzusetzen, sind als eher gering einzustufen. Letztlich müssen die Verarbeiter den Forderungen der Produzenten folgen, wobei größere Verpackungshersteller sicherlich höhere Chancen haben, eigens entwickelte, gegebenenfalls recyclingfähige Verpackungslösungen den Produzenten aktiv anzubieten und diese mit ihrem Preis-Leistungs-Verhältnis zu überzeugen.

2.3.11 Bündelung von mehreren Rollen

Die bisher gezeigten Zusammenhänge betreffen jeweils Einzelunternehmen, die eine einzelne Rolle entlang der Wertschöpfungskette einnehmen. Die Abhängigkeiten dieser Rollen sind immer noch gelebte Praxis, wobei es vielfach schon seit langer Zeit Überschneidungen gibt, die branchenabhängig unterschiedlich ausfallen. So sind Handelsunternehmen teilweise gleichzeitig große Inverkehrbringer von Produkten (Eigenmarken) und Produzenten gleichzeitig Kunststoffverarbeiter, die ihre eigenen Verpackungen herstellen. Ein weiteres Beispiel betrifft die Entsorgungsbranche, bei der sich Unternehmen am Markt befinden, die gleichzeitig duales System, Sortier-

und Entsorgungsunternehmen und Rezyklathersteller sind. Durch die Bündelung mehrerer Rollen können Abhängigkeiten abgebaut und der Stellenwert dieser Unternehmen in der jeweiligen Branche erhöht werden.

Insbesondere in den letzten fünf Jahren konnten im Zuge des stärker in den Fokus gerückten Recyclingmarkts Unternehmensaufkäufe oder -fusionen beobachtet werden. Die zwei größten Neuware-Hersteller von Polyolefinen, LyondellBasell und Borrealis, steigen seit ca. 2017 verstärkt in den Recyclingmarkt ein. Im Jahr 2018 haben LyondellBasell und das Unternehmen Suez S. A., eines der weltweit führenden Abfallentsorgungsunternehmen, die Recyclingaktivitäten in dem gemeinsam geführten Joint Venture QCP (Quality Circular Polymers) begonnen. Suez liefert den Kunststoffabfall als Rohstoff und übernimmt die Aufbereitung und LyondellBasell ist für den Vertrieb der Rezyklate zuständig. Borrealis übernahm im Jahr 2016 die deutschen Recycler mtm plastics GmbH und mtm compact GmbH und im Jahr 2018 das österreichische Recyclingunternehmen Ecoplast. Auch der Chemie-Konzern Evonik verstärkt immer mehr seine Recycling-Aktivitäten. Bis 2030 möchte Evonik 350 Mio. Euro Umsatz mit dem Verkauf von Sekundärrohstoffen erzielen [NN08-ol], was 3 % des Gesamt-Konzernumsatzes im Jahr 2020, bezogen auf die Kunststoffsparte „Smart Materials“ knapp 11 %, ausmacht. Damit bedienen die Materialhersteller von Kunststoff-Neuware auch den Rezyklatmarkt, was langfristig die vermutlich zurückgehenden Produktionsmengen im Neuwaregeschäft ausgleichen kann.

Die Schwarz-Unternehmensgruppe ist mit 500000 Mitarbeitern eines der weltweit größten Handelsunternehmen und vereint dabei nahezu alle Rollen entlang der Wertschöpfung. Die zwei Einzelhandelsunternehmen Kaufland und Lidl werden von zahlreichen eigenen Produktionsbetrieben mit den Eigenmarken beliefert, die unter der Dachmarke Schwarz Produktion firmieren. Für den PET-Wertstoffkreislauf betreibt die Schwarz Produktion innerhalb des Getränkeproduzenten MEG drei Kunststoff- und Recyclingwerke, die die bepfandeten PET-Flaschen wieder zu neuen Flaschen verwerten. Auf diese Weise sichert sich die Schwarz-Gruppe den eigenen Rohstoff immer wieder für seine eigenen Zwecke und ist für diesen Stoffstrom weitestgehend unabhängig von Fremdrohstoffen. Ein weiterer Bestandteil der Schwarz-Gruppe ist das Unternehmen PreZero, welches in Europa und Nordamerika als Entsorgungs- und Recyclingunternehmen tätig ist. Die Tätigkeitsbereiche von PreZero umfassen die Abfallsammlung, -sortierung und -verwertung, die Herstellung von Rezyklaten aus Polypropylen, Polyethylen und Polystyrol und den Geschäftsbereich „Dual“. Dies bedeutet, dass PreZero ein eigenes duales System aufgebaut hat, in welchem Kunden ihre Verpackungen lizensieren lassen können. PreZero ist seit September 2021 mehrheitlich an der KBG-Gruppe beteiligt, die Granulate aus LLDPE, LDPE, PP und PS herstellt und zu Folien, Verpackungen und Tragetaschen verarbeitet [NN09]. Im Verpackungsbereich sorgt die Schwarz-Gruppe für einen in eigener Verantwortung stehenden Rohstoffeingangsstrom in Bezug auf Rezyklate. Auf diese Weise nimmt sie auf benötigte Liefermengen und die benötigte Qualität direkt Einfluss. Die Entwicklung recyclingfähiger Verpackungen kann unter Einbindung des Know-hows des Kunststoffverarbeiters, des Produzenten, des Sortieranlagenbetreibers und des Rezyklatherstellers ebenfalls inhouse abgebildet werden. Für die Schwarz-Gruppe verbleiben die Akteure Öffentlichkeit, Staat und Konsument, von denen sie zwangsläufig abhängig sind. Allerdings können die einzelnen Vertreter innerhalb der Unternehmensgruppe flexibel auf die Bedarfe und Forderungen dieser Akteure reagieren.

2.4 Ausgewählte Stoffströme und ihre Besonderheiten

Nachdem in Abschnitt 2.3 die einzelnen Akteure entlang der Wertschöpfungskette mit ihren Interessen, Abhängigkeiten und dem jeweiligen Stellenwert vorgestellt wurden, soll im Folgenden ein Überblick über die fünf Stoffströme mit der größten Verarbeitungsmenge gegeben werden. Dabei werden branchenspezifische Besonderheiten als Erläuterung zu der jeweils eingesetzten Rezyklatmenge und den Verwertungsmethoden herangezogen.

Für alle Stoffströme lässt sich im End-of-Life-Zustand zwischen den Post-Consumer- und den Post-Industrial-Abfällen unterscheiden. Post-Consumer-Abfälle entstehen nach dem Gebrauch durch den privaten oder gewerblichen Endverbraucher. Post-Industrial-Abfälle fallen bei der Herstellung oder Verarbeitung von Kunststoffen an. Dabei muss dieser Abfall mit einer Abfallschlüsselnummer einem Entsorger oder Recyclingbetrieb übergeben worden sein. Abfälle, die ohne Abfallschlüsselnummer weitergegeben oder intern aufbereitet werden, werden als Nebenprodukte bezeichnet (siehe § 4 KrWG). Bild 2.9 zeigt die zeitliche Entwicklung der Kunststoffabfallmenge, aufgeteilt nach Post-Consumer- und Post-Industrial-Abfällen mit Nebenprodukten.

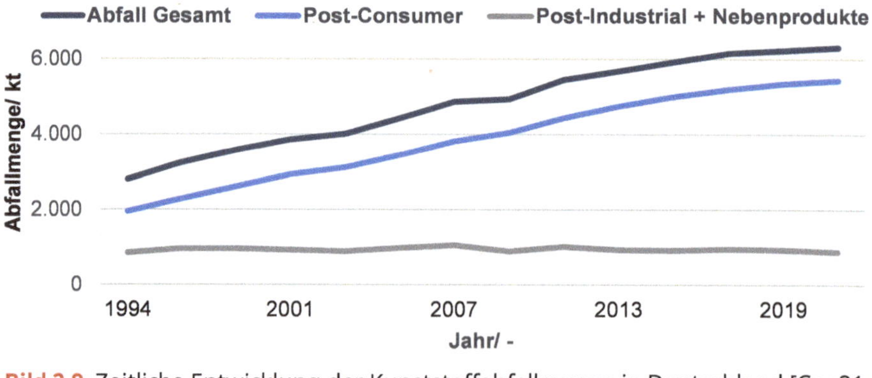

Bild 2.9 Zeitliche Entwicklung der Kunststoffabfallmenge in Deutschland [Con21, S. 104]

Die Steigerung der gesamten Kunststoffabfallmenge ist hauptsächlich auf den Anstieg der Post-Consumer-Abfälle zurückzuführen. Der konstante Verlauf der Abfallmenge im Post-Industrial-Bereich lässt sich auf zwei gegenläufige Effekte zurückführen. Einerseits führt die Erhöhung der Produktionsmenge über die Zeit zu höheren Produktionsabfällen. Auf der anderen Seite hat die Verbesserung der Verarbeitungsprozesse zur Senkung des Ausschusses geführt. Generell können Post-Industrial-Abfälle aufgrund der Sauberkeit und der Sortenreinheit gut verwertet werden.

Die Stoffströme, die im Folgenden besondere Beachtung finden sollen, sind:

- Verpackungen
- Produkte für die Bauindustrie
- bereifte Fahrzeuge
- Elektro- und Elektronikgeräte
- Produkte für die Agrarindustrie

Die in diesen Bereichen anfallenden Post-Consumer-Abfälle unterliegen unterschiedlichen Entsorgungs- und Verwertungswegen, aus denen sich die wesentlichen Herausforderungen ableiten lassen. Den größten Anteil an der gesamten Kunststoffabfallmenge haben Verpackungen, gefolgt von Bauprodukten, Elektronikgeräten, Agrarabfällen und Fahrzeugen. Verpackungen haben eine kurze Lebensdauer und fallen in der Regel im Jahr der Herstellung und des Gebrauchs auch als Abfall an. Bauprodukte hingegen haben eine lange Lebensdauer und werden erst mit großer zeitlicher Verzögerung (> 40 Jahre) zu Abfall. Dies führt dazu, dass in der Verpackungsindustrie neue Entwicklungen im Bereich der Verwertung recyclingfähiger Produkte schneller umgesetzt werden können als dies bei Produkten aus der Bauindustrie der Fall ist. Eine weitere grundsätzliche Herausforderung ergibt sich durch eine unzureichende Abfalltrennung des Verbrauchers und durch nicht trennbare, mehrkomponentige Produkte, wodurch vorwiegend heterogene Abfallströme entstehen. Die werkstoffliche Verwertung ist hierdurch erschwert, da häufig skalierbare Verfahren zur Trennung von mehrkomponentigen Abfällen bzw. Produkten fehlen. Das stoffliche Recycling sortenreiner Abfälle (z. B. PET-Flaschen) ist hingegen seit Jahren etabliert.

Laut der Conversio-Studie „Stoffstrombild Kunststoffe in Deutschland“ wurden im Jahr 2021 14,04 Mio. Tonnen Kunststoff inklusive Rezyklat und Nebenprodukten verarbeitet. Nach Bereinigung dieser Menge durch Import- und Exporteffekte verbleiben 12,4 Mio. Tonnen, die in Deutschland als Kunststoffprodukte nachgefragt bzw. verbraucht wurden. Die Bauindustrie hat, bezogen auf die fünf genannten Stoffströme, mit 3,36 Mio. Tonnen den größten Anteil. Danach folgen Verpackungen mit 3,20 Mio. Tonnen, Elektronikgeräte mit 0,98 Mio. Tonnen, Fahrzeuge mit 0,86 Mio. Tonnen und schließlich die Agrarindustrie mit 0,66 Mio. Tonnen Kunststoff. Die restliche Menge entfällt auf Haushaltswaren, Sport/Spiel/Freizeit, Medizin und Sonstiges [Con21, S. 82].

Zur Bewertung des Fortschritts in der Nutzung von Rezyklat bei der Verarbeitung von Kunststoffen auf der einen Seite und der Verwertung der Kunststoffabfälle auf der anderen Seite werden im Folgenden zunächst für die Gesamtmengen und dann für die bereits vorgestellten wesentlichen Stoffströme jeweils zwei Diagramme gegenübergestellt. Für die Gesamtmengen zeigt Bild 2.10 die Zahlen von 2021 aus der oben genannten Studie.

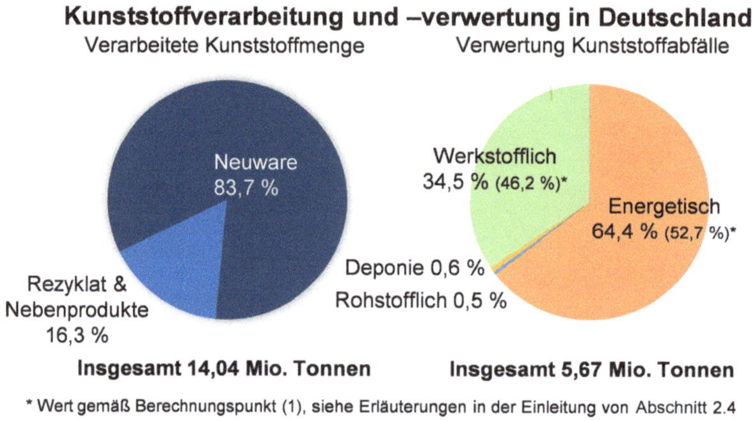

Bild 2.10 Kunststoffverarbeitung und -verwertung in Deutschland im Jahr 2021, Zahlen aus [Con21]

Demnach belief sich im Jahr 2021 der Anteil von Rezyklat und Nebenprodukten an der gesamten, verarbeiteten Kunststoffmenge auf 16,3 %. Die Einsatzmenge von Rezyklat und Nebenprodukten stieg dabei um 17 % im Vergleich zu den Zahlen aus 2019, was hauptsächlich auf die gestiegene Rezyklat-Herstellung aus Post-Consumer-Abfällen zurückzuführen ist (plus ca. 25 % im Vergleich zu 2019). Insgesamt werden Rezyklate zu knapp 70 % in der Bauindustrie und für Verpackungen eingesetzt.

Die Kunststoffabfallmenge betrug im Jahr 2021 insgesamt 5,67 Mio. Tonnen. Zusätzlich fielen 0,64 Mio. Tonnen Nebenprodukte an, die in der bisherigen Betrachtungsweise der Conversio-Studie bis 2019 den Post-Industrial-Abfällen zugezählt wurden. Von der Abfallmenge wurden 34,5 % werkstofflich und 64,4 % energetisch verwertet. Auch hierbei gibt es einen Unterschied in der Berechnungsgrundlage für die jeweiligen Verwertungsmöglichkeiten im Vergleich zur Conversio-Studie mit den Zahlen aus dem Jahr 2019. Bisher wurden die Recyclingmengen nach Berechnungspunkt (1) mit dem Input in eine Recyclinganlage erfasst, unabhängig davon, ob während der Zerkleinerungs-, Sortier- und Waschprozesse Materialverluste auftreten. Der neue Berechnungspunkt (2) berücksichtigt nur noch die Mengen, die in den letzten Verarbeitungsschritt zur Herstellung des Rezyklats eingebracht werden. Die Basis hierfür ist der EU-Durchführungsbeschluss 2019/665. Nach dem neuen Berechnungspunkt wird der Materialverlust während des Aufbereitungsprozesses als zusätzlicher Input der energetischen Verwertung zugezählt. Somit sinkt der Recyclinganteil deutlich im Vergleich zur vorherigen Berechnung.

Um die Zahlen aus 2021 mit denen aus 2019 vergleichen zu können, werden in den Diagrammen jeweils auch die Werte nach bisherigem Berechnungspunkt (1) in Klammern angegeben. Jedoch lässt sich für die Gesamtabfallmenge der angegebene Anteil von 46,2 % nicht direkt mit dem entsprechenden Wert aus 2019 (46,6 %) vergleichen, weil die Nebenprodukte im Jahr 2019 noch den Abfällen zugezählt wurden. Wird die Menge der Nebenprodukte gedanklich der werkstofflichen Verwertung zugezählt, beläuft sich der Anteil der werkstofflichen Verwertung im Jahr 2021 auf ca. 52 %. Insgesamt wurde im Vergleich zum Jahr 2019 ca. 12 % mehr Input-Material dem werkstofflichen Aufbereitungsweg zugeführt.

Bemerkenswert ist, dass die Mengen beim rohstofflichen Recycling immer weiter zurückgehen und 2021 nur noch 26 000 Tonnen auf diese Weise verwertet wurden. Die Deponierung ist ebenfalls rückläufig und nimmt mit 36 000 Tonnen noch einen Anteil von 0,5 % an der gesamten Kunststoffabfallmenge ein. Über 80 % der Abfallmenge aus dem Post-Consumer-Bereich, die werkstofflich recycelt wird, entstammt dem Stoffstrom der Verpackungen, gefolgt von der Bauindustrie (ca. 7 %) und der Landwirtschaft (ca. 5 %) [Con21, S. 93].

2.4.1 Stoffstrom Verpackungen

Der mengenmäßig größte Stoffstrom bei der Verarbeitung und bei der anfallenden Abfallmenge ist der Stoffstrom Verpackungen. Bild 2.11 zeigt die verarbeitete Kunststoffmenge aus Neuware/Rezyklat und die Verwertung der Kunststoffabfälle aus dem Verpackungssektor. Dabei wird zwischen den verschiedenen Möglichkeiten der Wiederverwertung unterschieden.

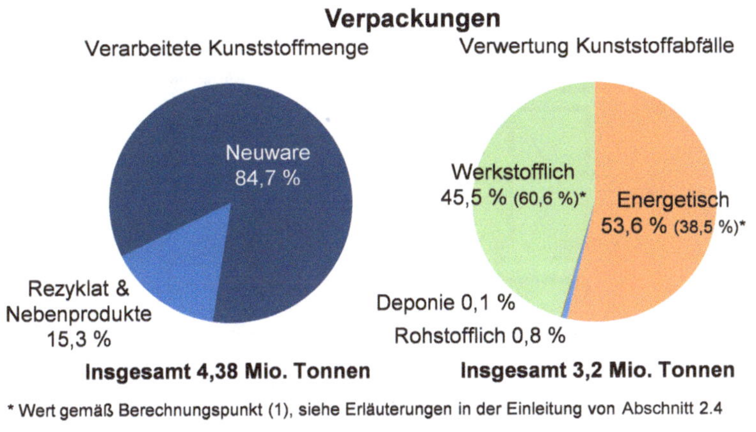

Bild 2.11 Verarbeitete Kunststoffmenge und Verwertung Kunststoffabfälle; Stoffstrom Verpackungen im Jahr 2021, Zahlen aus [Con21]

Der Anteil von Rezyklat und Nebenprodukten an der verarbeiteten Kunststoffmenge im Bereich Verpackungen beträgt 15,3 %, was einen deutlichen Anstieg im Vergleich zum Jahr 2019 bedeutet. Während die absolute Rezyklatmenge 2019 noch 474 000 Tonnen betrug, lag sie im Jahr 2021 bei 670 000 Tonnen. Sie ist die zweitgrößte hinter derjenigen Menge in der Bauindustrie. Trotzdem ist der Anteil an Rezyklat unterdurchschnittlich im Vergleich zu den Zahlen der gesamten Kunststoffverarbeitung (siehe Bild 2.10). Mit ca. 40 % nehmen Folien den größten Anteil der Verpackungsprodukte ein. Die Herstellung der Folien erfolgt auf Großanlagen mit hoher Abzugsgeschwindigkeit, was ein hohes Maß an Prozessbeherrschung voraussetzt. Verarbeiter setzen daher häufig auf Neuware, um die Produktion durch materialbedingte Störungen nicht zu gefährden. Zudem ist bislang allein die PET-Fraktion aus der Pfandsammlung nach Aufbereitung in zugelassenen Produktionsstätten für den direkten Lebensmittelkontakt freigegeben. Somit werden Verpackungen in diesem Segment, abgesehen von der PET-Flasche und innen liegenden Schichten in Mehrschichtanwendungen, ausschließlich mit Neuware bedient. Mit 160 000 Tonnen Rezyklat wird der größte Anteil für PET-Getränkeflaschen verwendet, gefolgt von Folien für den Transport- und Versandbereich, technischen Verpackungen, Transportboxen und Paletten.

Bei der Verwertung der Verpackungsabfälle lässt sich ein im Vergleich zum Jahr 2019 deutlicher Anstieg desjenigen Anteils verzeichnen, der dem werkstofflichen Recycling zugeführt wird (Berechnungspunkt 1). Während dieser 2019 noch bei 48,8 % lag, betrug er 2021 bereits 60,6 %. Die tatsächlich den letzten Aufbereitungsschritt durchlaufende Menge nimmt im Jahr 2021 einen Anteil von 45,5 % an der gesamten Abfallmenge in diesem Stoffstrom ein. Das rohstoffliche Recycling nimmt mit 0,8 % einen geringen Anteil ein, wobei zu sagen ist, dass Verpackungsabfall der einzige Stoffstrom ist, der das rohstoffliche Recycling bedient. In Bild 2.12 sind die verschiedenen Verwertungswege von haushaltsnahen und gewerblichen Verpackungen dargestellt.

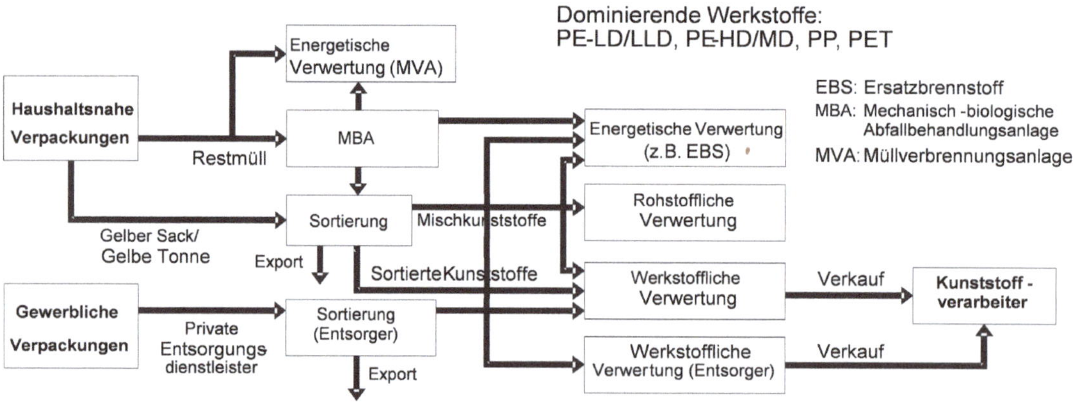

Bild 2.12 Verwertungswege haushaltsnaher und gewerblicher Verpackungen nach [Bri19, S. 236]

Gewerbliche Verpackungen sind zu einem großen Teil leicht zu sortieren und nur leicht verschmutzt. Daher gelingt hier das werkstoffliche Recycling besonders gut, was entweder durch den Entsorger selbst geschieht oder aber durch Dritte. Der entstandene Sekundärrohstoff wird dann an die Kunststoffverarbeiter vermarktet. Neben der Verwertung im Inland wird zudem ein Teil dieses Abfalls exportiert. Im Vergleich dazu werden haushaltsnahe Verpackungen neben der werkstofflichen Verwertung energetisch oder rohstofflich verwertet. Die Vielfalt der Verwertungswege bei haushaltsnahen Verpackungen ist auf die heterogenen Abfallströme zurückzuführen. Neben der gelben Tonne bzw. dem Gelben Sack gelangen diese Verpackungen auch über den Restmüll in die Abfallverwertung. Zudem handelt es sich bei den Verpackungsabfällen häufig um kleinteilige, vermischte und verschmutzte Kunststoffe, die teilweise durch den Verbraucher auch nur unzureichend getrennt entsorgt werden. Für eine werkstoffliche Verwertung ist eine aufwendige Sortierung, Reinigung und Aufbereitung notwendig, wodurch diese Verwertungsart häufig unwirtschaftlich ist und die energetische Verwertung zum Tragen kommt.

2.4.2 Stoffstrom Produkte aus der Bauindustrie

Einen weiteren großen Anteil am Kunststoffverbrauch in Deutschland trägt mit einer Verarbeitungsmenge von 3,69 Mio. Tonnen die Bauindustrie. Rohre, Profile (z. B. Fensterprofile) und Dämmmaterialien sind die Hauptanwendungen. Der Rezyklatanteil aller Bauteile ist mit knapp 25 % im Vergleich zu den anderen Stoffströmen nach der Agrarindustrie am höchsten. Gemessen an der in Deutschland insgesamt verarbeiteten Menge an Rezyklat und wiederverwendeten Nebenprodukten wird in der Bauindustrie am meisten Rezyklat eingesetzt (910000 Tonnen). Der größte Anteil wird für Straßenbauprodukte wie Pfosten, Leitkegel oder Bakenfüße verwendet, gefolgt von Fenster- und Türprofilen und Rohren [Con21, S. 75].

Wie aus Bild 2.13 ersichtlich, liegt die Menge des anfallenden Kunststoffabfalls im Jahr 2019 mit 550000 Tonnen weit unter der im selben Jahr verarbeiteten Kunststoffmenge. Wird die Abfallmenge auf die Kunststoffmenge bezogen, die im selben Jahr in diesem Stoffstrom in Deutschland verbraucht bzw. in Verkehr gebracht wurde, so verringert sich diese Differenz leicht um 330000 Tonnen [Con21, S. 81]. Der Grund für diese große Differenz ist, dass die Lebensdauer der Produkte mit teilweise über 40 Jahren im Vergleich zu Verpackungen deutlich länger ist. Dies in Verbindung damit, dass erst seit ca. 30 bis 40 Jahren Kunststoffe im Baubereich großflächig eingesetzt werden, führt dazu, dass bislang der Abfallstrom im Vergleich zur Verarbeitungsmenge deutlich geringer ausfällt, als dies bei Verpackungen der Fall ist.

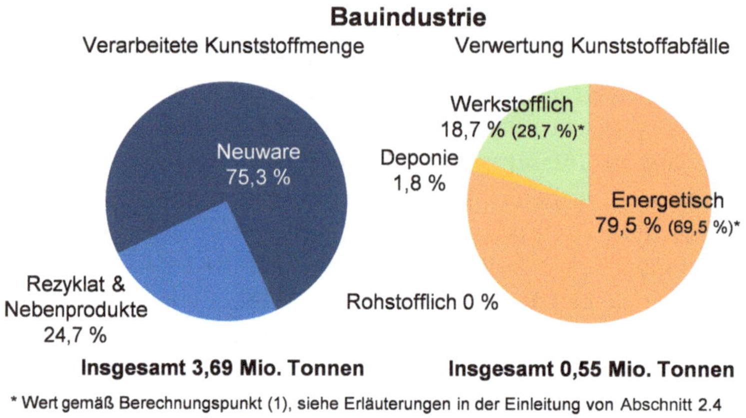

Bild 2.13 Verarbeitete Kunststoffmenge und Verwertung Kunststoffabfälle; Stoffstrom Produkte aus der Bauindustrie im Jahr 2021, Zahlen aus [Con21]

Die Behandlung der Kunststoffabfälle aus dem Baubereich wird dominiert von der energetischen Verwertung. Anhaftungen von Mörtel- und Kleberesten lassen in vielen Fällen die stoffliche Verwertung nicht zu. Eine weitere Herausforderung besteht in der Sammlung und Sortierung der Abfälle, die hauptsächlich aus Gebäudeabrissen stammen. Diese werden auf der Baustelle zwar vorsortiert, allerdings werden hier überwiegend Fenster und Türen aussortiert. Aufgrund der festen Verbunde von Gesteins- und Kunststoffmaterialien ist eine sortenreine Trennung nicht möglich.

Bild 2.14 zeigt die Sammel- und Verwertungswege für Kunststoffabfälle aus Gebäudeabrissen. Sortenreine Kunststoffsammlungen, z. B. Fenster aus PVC, lassen sich aufbereiten und beispielsweise als neue PVC-Produkte oder als Rezyklat für Straßenbauprodukte verwenden. Nicht sortenreine Kunststoffsammlungen und gemischte Sammlungen mit anderen Bauabfällen müssen vorsortiert werden. Je nach Sortenreinheit wird der Kunststoff auf einer Deponie entsorgt oder werkstofflich bzw. energetisch verwertet.

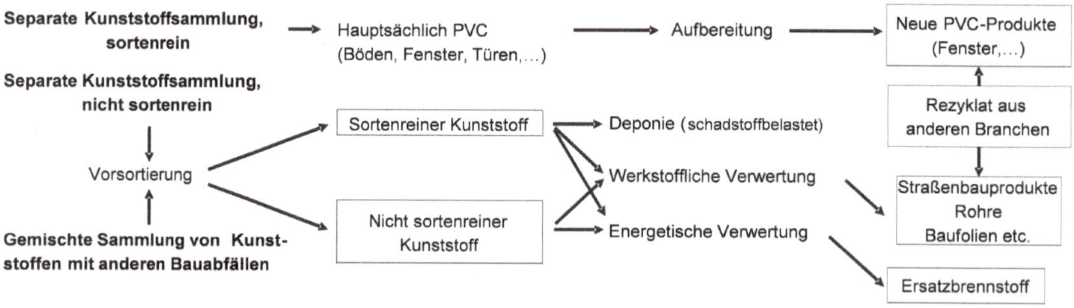

Bild 2.14 Sammel- und Verwertungswege für Abfälle aus der Bauindustrie [Vin15]

Nach der werkstofflichen Verwertung kann der Kunststoff für Straßenbauprodukte, Rohre oder Baufolien verwendet werden. Wird der Abfall energetisch verwertet, dient er als Ersatzbrennstoff.

Verglichen mit den anderen Stoffströmen ist die Menge des Abfalls, welcher deponiert wird, am größten. Dies liegt hauptsächlich an schadstoffbelasteten Abfällen, beispielsweise von Dämmmaterialien, die nicht anders verwertet werden dürfen.

2.4.3 Stoffstrom bereifte Fahrzeuge

Ein weiterer wichtiger Stoffstrom ist der der bereiften Fahrzeuge, womit in erster Linie Pkws und Lkws gemeint sind. Mit 1,23 Mio. Tonnen verarbeiteter Kunststoffmenge stellt die Fahrzeugindustrie den drittgrößten Stoffstrom für Kunststoffprodukte in Deutschland dar. Charakteristisch für diese Branche ist die Vielzahl der unterschiedlichen Kunststofftypen, welche häufig mit Füll- und Verstärkungsstoffen versehen werden und teilweise durch eine Oberflächenveredelung (Lackierung oder Metallisierung) gekennzeichnet sind. Wie Bild 2.15 zu entnehmen ist, kommen in der Fahrzeugbranche lediglich 5,7 % Rezyklat beispielsweise zur Herstellung von Stoßfängern, Handgriffen im Inneren der Fahrzeuge oder Trägerbauteilen von Dekorelementen zum Einsatz [Con21, S. 78]. Gerade für Anwendungen mit hohen optischen Anforderungen kann Rezyklat meist nicht verwendet werden. Genauso verhält es sich mit Bauteilen, die enge Spezifikationen hinsichtlich der mechanischen Eigenschaften aufweisen.

Die Kunststoffabfallmenge in diesem Stoffstrom liegt mit 200 000 Tonnen deutlich unter dem Wert der im selben Jahr in Deutschland in Verkehr gebrachten Kunststoffmenge in diesem Stoffstrom, die ca. 850 000 Tonnen beträgt [Con21, S. 81]. Wie bei der Bauindustrie erläutert, liegt dies zum einen an der vergleichsweise langen Lebensdauer der Fahrzeuge in Verbindung damit, dass in den letzten 20 bis 30 Jahren deutlich mehr Kunststoffe in den Fahrzeugen verbaut werden. Der ausschlaggebende Grund für die geringe Abfallmenge ist jedoch, dass nur ca. 19 % der jährlich in Deutschland stillgelegten Autos im Inland verwertet werden [Con21, S. 86].

Der Großteil der Fahrzeuge wird exportiert und im Ausland weiterverwendet. Somit stehen diese Fahrzeuge dem deutschen Abfallstrom nicht zur Verfügung. Bei der Verwertung der Kunststoffabfälle dominiert die energetische Verwertung mit knapp 79 % Anteil an der Gesamtabfallmenge. Lediglich 19,5 % der Abfälle werden werkstofflich verwertet.

Der hohe Anteil der energetischen Abfallverwertung ist unter anderem auf den Materialmix in den Fahrzeugen zurückzuführen. Der Fokus liegt zunächst auf der Behandlung des Metallschrotts, der gewichtsmäßig hervorsticht. Bild 2.16 zeigt die Verwertungswege der Fahrzeuge. Bevor die Altfahrzeuge im Zuge der Verwertung zusammengepresst und anschließend geschreddert werden, werden Betriebsflüssigkeiten entfernt und die Batterie, Reifen und auch große Kunststoffbauteile demontiert.

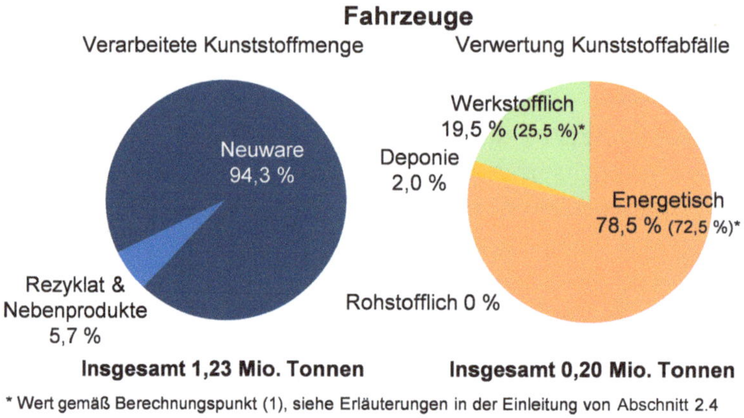

Bild 2.15 Verarbeitete Kunststoffmenge und Verwertung Kunststoffabfälle; Stoffstrom bereifte Fahrzeuge im Jahr 2021, Zahlen aus [Con21]

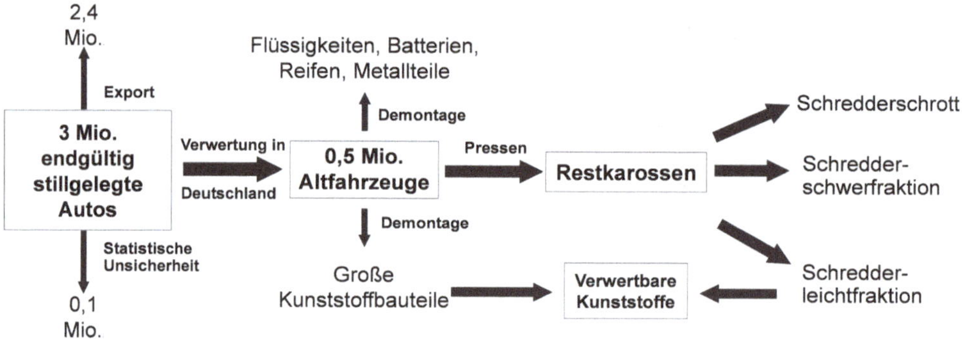

Bild 2.16 Verwertungswege für Altfahrzeuge, Daten aus [NN11-ol, NN12-ol]

Die Fraktionen nach dem Schreddern werden in den Schredderschrott, die Schredder-Schwerfraktion und die Schredder-Leichtfraktion unterteilt. Aus Letzterer können theoretisch verwertbare Kunststoffe gewonnen werden.

Die Verwertungsbetriebe sind zur Demontage von großen Kunststoffbauteilen, wie den Stoßfängern oder dem Armaturenbrett, vor dem Schreddern verpflichtet, wenn sie nicht nach dem Schreddern die Wertstoffe aus der Leichtfraktion zur stofflichen Verwertung aussondern können. Nach dem Schreddern liegt der Stoffstrom jedoch heterogen vor, sodass diese Option nur mit hohem technischen Aufwand möglich ist. Die energetische Verwertung ist bislang der wirtschaftlichste Verwertungsweg, da die Qualität der Kunststofffraktion nicht ausreichend und damit weiteres Sortieren wirtschaftlich nicht sinnvoll ist [NN13].

2.4.4 Stoffstrom Elektro- und Elektronikgeräte

Mit einer verarbeiteten Kunststoffmenge von 900 000 Tonnen machte der Stoffstrom Elektro- und Elektronikgeräte im Jahr 2021 einen Anteil von 6,2 % an der gesamten verarbeiteten Kunststoffmenge in Deutschland aus. Bezogen auf die Verarbeitungsmenge innerhalb des Stoffstroms beträgt der Rezyklatanteil lediglich 4,5 %, bezogen auf die in Deutschland insgesamt eingesetzte Rezyklatmenge liegt der Anteil in diesem Stoffstrom bei ca. 2 % [Con21, S. 60]. Verglichen mit der für den Elektronikbereich im Jahr 2019 eingesetzten Rezyklatmenge inklusive Nebenprodukten ist eine Steigerung im Jahr 2021 von 29 % zu verzeichnen.

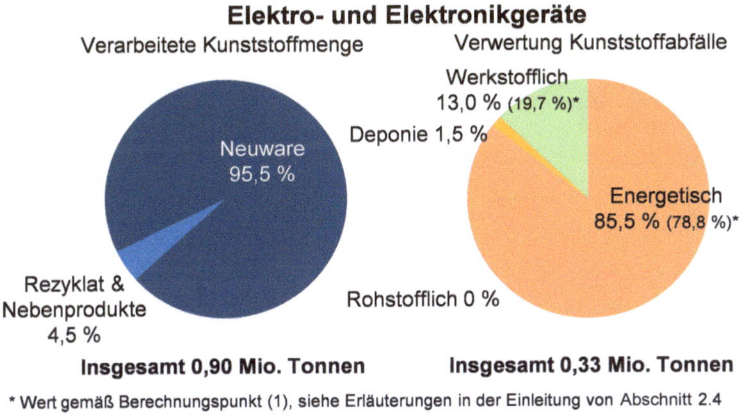

Bild 2.17 Verarbeitete Kunststoffmenge und Verwertung Kunststoffabfälle; Stoffstrom Elektro- und Elektronikgeräte im Jahr 2021, Zahlen aus [Con21]

Generell kommen innerhalb dieses Stoffstroms viele unterschiedliche Kunststoffe zum Einsatz, unter denen LDPE, PP, ABS und PA die mengenmäßig wichtigsten Vertreter darstellen. Die Materialvielfalt resultiert aus den stark unterschiedlichen Einsatzbereichen der Kunststoffe in den nach der Conversio-Studie vier wichtigsten Einsatzbereichen der Elektrobranche: Kabel/Installationstechnik, Weiße Ware, IT/Telekommunikation und Braune Ware [Con21, S. 74].

Häufig weisen die verwendeten Kunststoffe Flammschutzmittel auf, um geltende Sicherheitsstandards zu erfüllen. In Verbindung mit den in Elektro- und Elektronikaltgeräten häufig anzutreffenden Stoffen, wie Kühlmittel, Quecksilber oder Blei, weist Elektroschrott ein hohes Schadstoffpotenzial auf. Aus diesem Grund unterliegen das Inverkehrbringen, die Rücknahme und die Entsorgung gemäß dem Elektrogesetz (ElektroG) vom 20.10.2015 zahlreichen Vorschriften. Aus verschiedenen Gründen gehen dennoch Elektroaltgeräte andere Sammel- und Verwertungswege, bei denen die stoffliche Verwertung eine untergeordnete Rolle spielt. Wie aus Bild 2.17 ersichtlich, werden lediglich 13 % der in Elektroaltgeräten verbauten Kunststoffabfälle werkstofflich recycelt. Schadstoffbelastete Abfälle gelangen auf die Deponie und der überwiegende Teil der Abfälle wird energetisch verwertet [Con21, S. 92].

Bild 2.18 zeigt die prinzipiellen Verwertungswege für Elektroaltgeräte in Deutschland. Gerade Kleingeräte werden in vielen Fällen über den Haushaltsmüll unsachgemäß entsorgt und gelangen dann in die energetische Verwertung. Daneben gibt es Sammelstellen, die von den Kommunen angeboten werden müssen. Alternativ erfolgt die Rücknahme durch Hersteller oder Händler. Noch funktionsfähige Geräte können nach einer Prüfung wiederverkauft werden, wobei dies häufig im Ausland geschieht. Wie durch das Umweltbundesamt festgestellt, gelangen allerdings auch nicht mehr funktionsfähige Geräte durch Falschdeklaration als Gebrauchsgut illegal ins Ausland [NN12-ol].

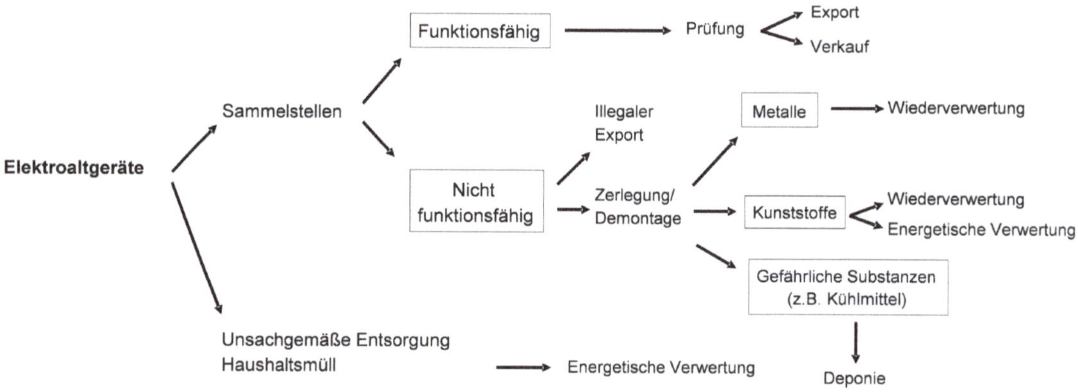

Bild 2.18 Verwertungswege für Elektroaltgeräte, eigene Darstellung nach [MG16], [NN13]

Bei einer ordnungsgemäßen Entsorgung erfolgt in einer zertifizierten Erstbehandlungsanlage der Schritt der Schadstoffentfrachtung und der Wertstoffseparierung gemäß ElektroG, § 20, Abs. 2. Auf diesem Weg werden auch die Kunststoffe ausgesondert und entweder stofflich recycelt oder der energetischen Verwertung zugeführt. Im Bereich Brauner Ware stellen die schwarzen Kunststoffe ein Problem bei der Sortierung dar, weil sie durch die Nahinfrarotspektroskopie nicht oder nur unzureichend erfasst werden können. Eine weitere Herausforderung besteht im Recycling flammgeschützter Kunststoffe, weil eine wirksame Flammhemmung durch unbekannte Alterungsvorgänge nicht mehr gewährleistet werden kann oder unerwünschte Nebeneffekte in der zweiten Lebensphase auftreten können. Aus diesem Grund werden flammgeschützte Kunststoffe häufig energetisch verwertet.

2.4.5 Stoffstrom Produkte für die Agrarindustrie

Der letzte im Rahmen der fünf größten Stoffströme zu erwähnende Bereich betrifft die Agrarindustrie, welche den Garten- und Landschaftsbau und die Land- und Forstwirtschaft umfasst. Mit einem Rezyklatanteil von 41,5 % an der verarbeiteten Kunststoffmenge von ca. 600 000 Tonnen wurde im Jahr 2021 in der Agrarindustrie im Vergleich zu den anderen gezeigten Stoffströmen bei der Fertigung von Produkten relativ zur Produktionsmenge am meisten Rezyklat eingesetzt (siehe Bild 2.19). Damit hat sich der Rezyklatanteil im Vergleich zum Jahr 2019 um 5 Prozentpunkte erhöht. Auch bezogen auf die in Deutschland insgesamt verarbeitete Rezyklatmenge nimmt die Agrarindustrie mit 11 % den dritten Platz nach der Verpackungs- und der Bauindustrie ein. Zusammengenommen werden 80 % der gesamten Rezyklatmenge in diesen drei Stoffströmen verarbeitet [Con21, S. 60].

Im Agrarsektor werden Kunststoffe u. a. für Folien (Mulchfolie, Silofolie etc.), Netze als Schutzsysteme im Obst- und Gemüseanbau, Pflanztöpfe, Produkte für die Bewässerungstechnik, Gewächshausbedachungen sowie in allen möglichen Anwendungen im Bereich der Stall- und Weidehaltung eingesetzt. Die dominierenden Produkte für den Einsatz von Rezyklat im Agrarsektor sind Pflanz- und Blumentöpfe, gefolgt von Agrarfolien.

Im Jahr 2021 wurden in Deutschland Produkte im Agrarsektor mit einer verarbeiteten Kunststoffmenge von 655 000 Tonnen in Verkehr gebracht, was bezogen auf die in Deutschland verarbeitete Kunststoffmenge (600 000 Tonnen) einen Importüberhang von ca. 10 % bedeutet [Con21, S. 81]. Im Vergleich dazu betrug im selben Jahr die Kunststoffabfallmenge in diesem Stoffstrom 340 000 Tonnen, was darauf hindeutet, dass neben den kurzlebigen Gütern, wie Pflanztöpfen oder nicht wiederverwendbaren Folien, auch zahlreiche langlebigere Produkte in den Markt gekommen sind.

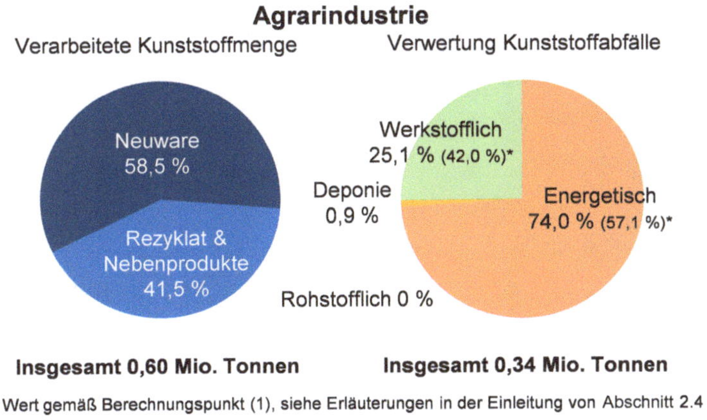

Bild 2.19 Verarbeitete Kunststoffmenge und Verwertung Kunststoffabfälle; Stoffstrom Produkte für die Agrarindustrie im Jahr 2021, Zahlen aus [Con21]

Wie bei den Kunststoff-Verpackungsabfällen zeigt sich auch bei den Kunststoffabfällen innerhalb dieses Stoffstroms, dass ein großer Anteil der werkstofflichen Aufbereitung zugeführt wird (42 % nach Berechnungspunkt (1)). Dies ist unter anderem auf die Aktivitäten der sogenannten ERDE-Initiative zurückzuführen, welche unter dem Dach des Verbands IK Industrievereinigung Kunststoffe e. V. organisiert ist und mit dem Systembetreiber RIGK entwickelt wurde. ERDE ist ein Rücknahme- und Verwertungssystem für sogenannte Erntekunststoffe, im Wesentlichen Silo- und Stretchfolien. Finanziert wird das System von den Herstellern und Inverkehrbringern der Folien, die Mitglieder der Initiative sind. Im Jahr 2019 hat ERDE dem Bundesumweltministerium eine Selbstverpflichtung übergeben, die besagt, dass bis zum Jahr 2022 65 % aller im deutschen Markt in Verkehr gebrachten Stretch- und Silofolien gesammelt und recycelt werden [NN11-ol]. Wie in Abschnitt 2.3.1 unter dem Abschnitt Selbstverpflichtung verdeutlicht, ist ein wichtiger Baustein für die Wirksamkeit einer Selbstverpflichtung das Monitoring durch unabhängige Sachverständige, was auch bei dieser Selbstverpflichtung eingesetzt wurde.

Das Prinzip der ERDE-Initiative zeigt Bild 2.20. Die Landwirte bringen die vorgereinigten Folien zu Sammelstellen, wo eine Sortierung der Folien erfolgt. Diese werden über Entsorger zu Recyclingunternehmen gebracht, welche Rezyklat zur erneuten Produktion von Folie herstellen. Im Jahr 2022 wurden knapp 38 500 Tonnen Folienabfall über die ERDE-Sammelstellen gesammelt und dem werkstofflichen Recycling zugeführt, was einem Anteil von 68 Prozent der in Deutschland auf den Markt gebrachten Silo- und Stretchfolien entspricht [NN14-ol; NN15-ol].

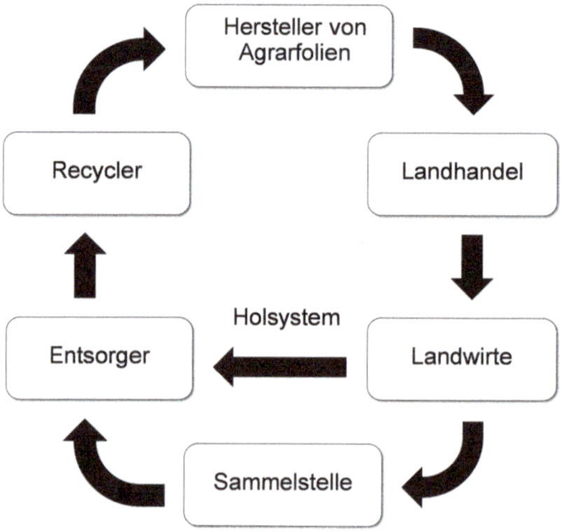

Bild 2.20
Verwertungswege für Agrarfolien nach der ERDE-Initiative (eigene Darstellung)

Bei diesem Stoffstrom wird jedoch die Bedeutung des neuen Berechnungspunkts (2) deutlich. Der werkstofflichen Aufbereitung wurden im Jahr 2021 142 000 Tonnen Abfall zugeführt, jedoch sind lediglich 85 000 Tonnen in den letzten Aufbereitungsschritt zur Rezyklatherstellung gelangt. Das bedeutet, dass in den Aufbereitungsanlagen zur werkstofflichen Verwertung von Abfällen aus der Agrarindustrie der Materialverlust bei ca. 40 % liegt. Dies ist dem hohen Verschmutzungsgrad der Abfälle aus diesem Stoffstrom geschuldet.

Literatur

[Ado08] Adolf, J.: „Marktwirtschaftliche Instrumente – Königsweg der Klimapolitik?". Wirtschaftsdienst, ISSN 0043-6275, Springer, Heidelberg, Vol. 88, Issue: 5, pp. 326–333, *http://dx.doi.org/10.1007/s10273-008-0799-1*, 2008

[Bri19] Briese, D.: „Markt für Kunststoffrecycling in Deutschland bis 2025", in: Thiel, S.; Holm, O.; Thomé-Kozmiensky, E.; Goldmann, D.; Friedrich, B. (Hrsg.): Recycling und Rohstoffe – Band 12. Thomé-Kozmiensky Verlag, Neuruppin 2019

[Can01] Canier, D.: „Selbstverpflichtung der Wirtschaft und Einhaltung der Mehrwegquote". In: Wirtschaftsdienst, Vol. 81 (7), pp. 389–394, 2001

[CdA20] DeArmitt, C.: „The Plastics Paradox – Fakten für eine bessere Welt". Phantom Plastics LLC, 2020

[Con19] Conversio Market & Strategy GmbH: „Stoffstrombild Kunststoffe in Deutschland 2019", August 2020

[Con21] Conversio Market & Strategy GmbH: „Stoffstrombild Kunststoffe in Deutschland 2021", November 2022

[Eic03] Eickhof, N.: „Freiwillige Selbstverpflichtungen aus wirtschaftswissenschaftlicher Sicht". Diskussionsbeitrag Nr. 61, Universität Potsdam, 2003

[EU19] Europäische Kommission: „Mitteilung der Kommission an das europäische Parlament, den europäischen Rat, den Rat, den europäischen Wirtschafts- und Sozialausschuss und den Ausschuss der Regionen – Der europäische Grüne Deal", Brüssel, 11.12.2019, COM (2019) 640 final

[Hab62] Habermas, J.: „Strukturwandel der Öffentlichkeit – Untersuchungen zu einer Kategorie der bürgerlichen Gesellschaft". Suhrkamp Verlag, Frankfurt a.M., 1962

[Kai13] Kaiser, J.: „Die Rolle des Staates in der Grünen Wirtschaft". Die Volkswirtschaft, Das Magazin für Wirtschaftspolitik, 01.06.2013, *https://dievolkswirtschaft.ch/content/uploads/2013/06/kaiser.pdf*, abgerufen am 09.08.2022

[Lei19] Leitherer, J.: „Marken müssen um Händler buhlen". Onlineartikel vom 14.08.2019, *https://www.springerprofessional.de/handel/vertriebsmanagement/marken-muessen-um-haendler-buhlen/17049772*, abgerufen am 03.09.2021, Springer Fachmedien Wiesbaden GmbH, 2019

[MG16] Martens, H.; Goldmann, G.: „Recyclingtechnik", Springer Fachmedien, Wiesbaden, 2016

[MHL20] Mederake, L.; Hinzmann, M.; Langsdorf, S.: „Hintergrundpapier: Plastikpolitik in Deutschland und der EU – Aktuelle Gesetze und Initiativen". Ecologic Institut, Berlin, 2020

[Mic96] Michaelis, M.: „Ökonomische Instrumente in der Umweltpolitik", ISBN 13:978-3-7908-0916-9, Physica-Verlag, Heidelberg, 1996

[Nei07] Neidhardt, F.: „Öffentlichkeit und öffentliche Meinung". In: Fortschritte der politischen Kommunikationsforschung, Hrsg.: Krause, B.; Fretwurst, B.; Vogelsang, J., VS Verlag für Sozialwissenschaften, Wiesbaden, 2007

[NN01-ol] Bundesministerium für Umwelt, Naturschutz und nukleare Sicherheit, Infografik: Leitbild der Kreislaufwirtschaft, *https://www.bmu.de/media/leitbild-der-kreislaufwirtschaft*, abgerufen am 01.10.2021

[NN02-ol] Bundesregierung: „Dünne Plastiktüten künftig verboten". *https://www.bundesregierung.de/breg-de/suche/dunne-plastiktueten-verboten-1688818*, abgerufen am 01.09.2021

[NN03-ol] Cosmetics Europe: „Leading voluntary actions". *https://cosmeticseurope.eu/how-we-take-action/leading-voluntary-actions/*, abgerufen am 01.09.2021

[NN05-ol] FocusOnline-Artikel: „Händler gegen Hersteller: Preiskampf im Einzelhandel: Im November drohen leere Regale im Supermarkt" vom 24.09.2020, *https://www.focus.de/finanzen/news/*

aldi-und-lidl-edeka-rewe-wieso-im-november-leere-regale-im-supermarkt-realitaet-sein-koennten_id_12315053.html, abgerufen am 03.09.2021

[NN06-ol] Nestlé Deutschland AG: „Weniger Plastik ist nicht genug". *https://www.nestle.de/plastik*, abgerufen am 03.09.2021

[NN07] Hauptverband des Deutschen Einzelhandels: „Fakten zur Angebots- und Nachfragemacht von Handel und Industrie". Positionspapier, Berlin, *https://einzelhandel.de/index.php?option=com_attachments&task=download&id=8321*, abgerufen am 09.08.2022

[NN08-ol] *https://www.aldi-nord.de/unternehmen/verantwortung/ressourcenschonung/verpackungen/plastic_bank.html*, abgerufen am 03.09.2021

[NN09] Kunststoff Information, Vol. 51, (2563), pp. 6, 6. April 2021, S. 6

[NN10-ol] Presseinformation PreZero: PreZero beteiligt sich mehrheitlich an der KBG-Gruppe. Hamburg, 21.09.2021, *https://prezero-international.com/wp-content/uploads/2021/09/Pressemitteilung-PreZero-beteiligt-sich-mehrheit-lich-an-der-KBG-Gruppe-.pdf*, abgerufen am 28.09.2021

[NN11-ol] Umweltbundesamt: „Altfahrzeuge in Deutschland", *https://www.umwelt-bundesamt.de/themen/abfall-ressourcen/produkt-verantwortung-in-der-abfallwirtschaft/altfahrzeuge#altfahrzeuge-in-deutschland*, abgerufen am 19.10.2021

[NN12-ol] Umweltbundesamt: „Jahresbericht über die Altfahrzeug-Verwertungsquoten in Deutschland im Jahr 2019". *https://www.bmu.de/fileadmin/Daten_BMU/Download_PDF/Verkehr/jahresbericht_altfahrzeug_verwertungsquoten_2019_bf.pdf*, abgerufen am 23.12.2021

[NN13] Umweltbundesamt: „Export von Elektroaltgeräten". Hintergrundpapier, Juli 2010

[NN14-ol] ERDE-Initiative: „Freiwillige Selbstverpflichtung zur Rücknahme und Verwertung gebrauchter Agrarfolien". *https://www.erde-recycling.de/fileadmin/user_upload/ERDE_recycling.de/Dateien/PDF-Dokumente/Finale_freiwillige_selbstverpflichtung_26.6.2019_mit_anlagen.pdf*, abgerufen am 27.01.2021

[NN15-ol] ERDE-Initiative: „ERDE-Recycling erfüllt freiwillige Selbstverpflichtung und sammelt über 68 % der Silo- und Stretchfolien". *https://www.erde-recycling.de/aktuelles/erde-recycling-erfuellt-freiwillige-selbstverpflichtung-und-sammelt-ueber-68-der-silo-und-stretchfolien/*, abgerufen am 14.07.2023

[Ree06] Reese-Schäfer, W.: „Politische Theorie der Gegenwart in achtzehn Modellen". Oldenbourg Wissenschaftsverlag, München, 2006

[RRR+08] Rennings, K.; Rammer, C.; Oberndorfer, U.; Jacob, C.; Boie, G.; Brucksch, S.; Eisgruber, J.; Haum, R.; Mußler, P.; Schossig, C.; Vagt, H.: „Instrumente zur Förderung von Umweltinnovationen". Bericht zum Forschungsprojekt, Umweltbundesamt, ISSN: 1865-0538, Berlin, 2008

[SR03] Sprenger, U.; Rave, T.: „Berücksichtigung von Umweltgesichtspunkten bei Subventionen – Bestandsaufnahme und Reformansätze". Texte 30/03 des Umweltbundesamtes, Berlin, 2003

[Söl02] Söllner, F.: „Die Selbstverpflichtung als umweltpolitisches Instrument". In: Wirtschaftsdienst, Vol. 82 (8), pp. 478–485, DOI: 10.1007/s10273-021-2968-4, 2002

[Tis94] Tischler, K.: „Umweltökonomie". ISBN 3-486-23049-2, Oldenbourg Verlag, München 1994

[WL17] Walcher, D.; Leube, M.: „Kreislaufwirtschaft in Design und Produktmanagement – Co-Creation im Zentrum der zirkulären Wertschöpfung". Springer Gabler, Wiesbaden, 2017

3 Aufbereitung der Kunststofffraktion aus dem Abfall

Für die Abfallbehandlung ist je nach Art, Herkunft und Beschaffenheit des Abfalls eine unterschiedlich große Anzahl an Aufbereitungsschritten notwendig. Während für Post Industrial Abfälle im besten Fall weder Sortier- noch Reinigungsschritte durchgeführt werden müssen, werden Post Consumer Abfälle häufig aufwendig sortiert und gereinigt. Im gewerblichen Bereich gibt es hier zahlreiche Sammel- und Sortierwege. Im Folgenden werden zunächst anhand der Müllfraktion aus dem Gelben Sack bzw. der Wertstofftonne das Sammeln und Sortieren mit der entsprechenden Anlagentechnik vorgestellt. Im Anschluss werden die weiteren Schritte der Aufbereitung anhand ausgewählter Anlagen und Anwendungsbeispiele gezeigt.

3.1 Sammeln und Sortieren

In Deutschland ist die Abfallbehandlung durch zahlreiche Gesetze und Verordnungen geregelt und durch unterschiedliche Systeme organisiert. Es wird zwischen der haushaltsnahen Abholung (Holsystem) und der Sammlung über zentrale Plätze (Bringsystem) unterschieden. Während Restmüll, Biomüll, Altpapier und Leichtverpackungen haushaltsnah über entsprechende Behälter abgeholt werden, unterliegen beispielsweise Elektroaltgeräte, Altglas und Sperrmüll häufig dem Bringsystem. In Bezug auf verschiedene Sammelsysteme, Sammelverfahren und Transportverfahren sei auf die Standardliteratur zur Abfallwirtschaft verwiesen, z. B. [KC17, S. 91–133, BH13, S. 123–181].

Die getrennte Sammlung durch den Verbraucher stellt einen ersten Schritt der Sortierung der Abfälle dar. So gelangen die im Haushalt in großem Umfang vorkommenden Kunststoffverpackungen in den Gelben Sack oder die gelbe Tonne. Je nach Kommune werden auch sogenannte Wertstofftonnen eingesetzt, in denen auch materialgleiche Nichtverpackungen enthalten sein dürfen. Die Abholung der Kunststoffverpackungen liegt in der von den Herstellern übertragenen Verantwortung der dualen Systeme, die hierfür Entsorgungsunternehmen beauftragen. Der Abfall wird über Umschlagplätze per Lkw zu Sortieranlagen für Leichtstoffverpackungen (LVP) transportiert, die ebenfalls über die dualen Systeme beauftragt werden. Das Sortierergebnis orientiert sich zunächst an den gesetzlichen Regelungen, die zwischen dem Betreiber der Sortieranlage und dem dualen System vertraglich festgehalten werden. Darüber hinaus sind die technischen Gegebenheiten der Sortieranlage entscheidend für die Sortiergüte und den Anteil der Materialien, der recycelt werden kann.

3.1.1 Eine LVP-Sortieranlage im Überblick

Der Sortierprozess einer LVP-Sortieranlage ist schematisch in Bild 3.1 dargestellt. Der Abfall wird im ersten Schritt durch sogenannte Sackaufreißer vereinzelt, was eine Grundvoraussetzung für eine Sortierung der Müllbestandteile darstellt. Es folgt die Sortierung nach der Größe durch Klassierverfahren, wie beispielsweise die Siebtrommel. Der Abfall wird in den einzelnen Größenklassen über Förderbänder weitergeführt. Es folgt die Windsichtung, die leichte und lose Anteile aus dem Fördergut herausnimmt. Die Erfassung dieser Anteile ist abhängig von der Form, der Größe und der Dichte der Abfallstücke. Die Metallscheidung von eisenhaltigen Metallen und im speziellen Weißblech erfolgt über Magnetabscheider. In mehreren Teilströmen durchlaufen die Abfallstücke weitere Stationen. Hierzu zählen das Ausschleusen von Nichteisenmetallen (Aluminium) durch einen Wirbelstromabscheider oder die Trennung nach der Abrollfähigkeit der Abfallstücke. Letzteres geschieht über sogenannte ballistische Separatoren. Um auch in den nächsten Jahren die steigenden Recyclingquoten realisieren zu können, kommt jedoch der Nahinfrarot-Scantechnologie die wohl wichtigste Bedeutung zu. Mit ihr lassen sich die einzelnen Kunststofftypen erkennen und so voneinander trennen. In modernen Sortieranlagen sind über 20 dieser NIR-Scanner verbaut [GV18, S. 22]. Neben den Kunststofftypen können auch Papier, Pappe und Getränkeverpackungen mit dieser Technologie erkannt werden.

Bis heute schließt sich an die automatisierte Sortierung meistens noch eine manuelle, händische Sortierung für einzelne Teilströme an.

Zum Ende der Sortierung liegen üblicherweise folgende Fraktionen aus dem Abfallstrom vor, welche der stofflichen Verwertung zugeführt werden:

- Eisenmetalle und Nichteisenmetalle
- sortenreine Kunststofftypen (PE, PP, PS, PET)
- Folien
- PPK (Papier, Pappe und Kartonagen)
- FKN (Flüssigkeitskarton)

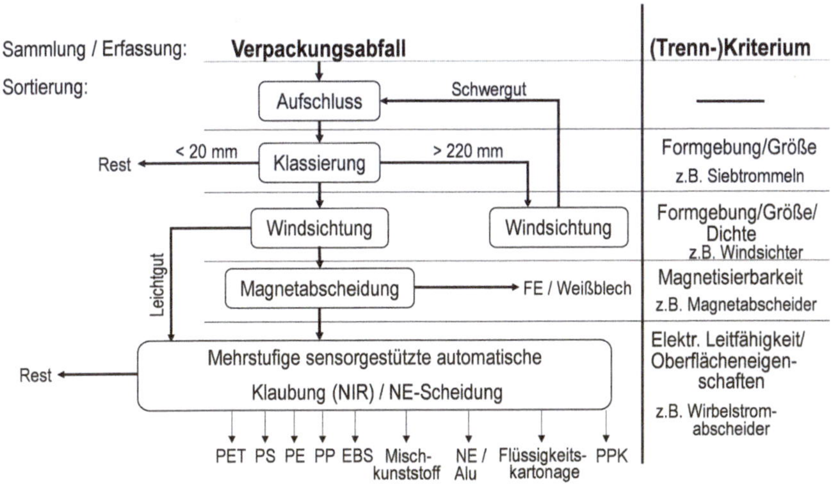

Bild 3.1 Schema des Sortierprozesses einer Sortieranlage für Leichtstoffverpackungen (LVP), nach [KPB+17]

Übrig bleiben die Mischkunststoff-Fraktion und Sortierreste, die energetisch verwertet werden [TPK+19, S. 5].

Die einzelnen Fraktionen werden zunächst in Müllbunkern zwischengelagert und dann über Ballenpressen in eine stapelbare Form gebracht. Zur Weitergabe an Recycling- oder Entsorgungsunternehmen müssen die Ballen jeder Fraktion bestimmten Anforderungen genügen, die in einer Produktspezifikation festgehalten werden. In dieser ist zunächst die Fraktion in ihrer prinzipiellen Zusammensetzung nach Materialtyp, Form, Größe und zulässigen Nebenbestandteilen beschrieben. Es folgen Angaben zur erforderlichen Reinheit der Fraktion, zu den zulässigen Anteilen an Störstoffen und zur Lieferform.

3.1.2 Klassierung durch eine Siebtrommel

Das Klassieren bezeichnet die Auftrennung eines Gemisches bzw. eines Schüttguts nach den Schüttguteigenschaften Größe und Form. Die Siebtrommel, auch Trommelsieb oder Wälzsieb genannt, dient in einer LVP-Sortieranlage der groben Vorsortierung nach der Größe der Müllbestandteile. Wie aus Bild 3.2 ersichtlich, besteht die Siebtrommel aus dem Trommelkörper, dessen Mantel mit Siebbelägen ausgestattet ist.

Für die Anwendung in einer Sortieranlage für Leichtverpackungen ist das Sieb häufig als Lochsieb mit Durchmessern bis 200 mm ausgeführt. Dabei weist die Trommel im Bereich der Abfallzuführung kleinere Sieböffnungen auf als im hinteren Bereich. Dies führt zu einer mehrstufigen Siebung, wodurch neben der Feinfraktion im Siebunterlauf (SU) und der Grobfraktion im Siebüberlauf (SÜ) weitere Mittelfraktionen abgeführt werden können. Die Trommel ist auf Laufrädern gelagert, über die der Antrieb der rotierenden Trommel realisiert wird. Sie kann einen Durchmesser bis 3,6 m und eine Länge bis zu 18 m aufweisen [KC10, S. 154]. Bei einer Drehzahl von bis zu 14 Umdrehungen pro Minute werden Umfangsgeschwindigkeiten von ca. 2,6 m/s erreicht.

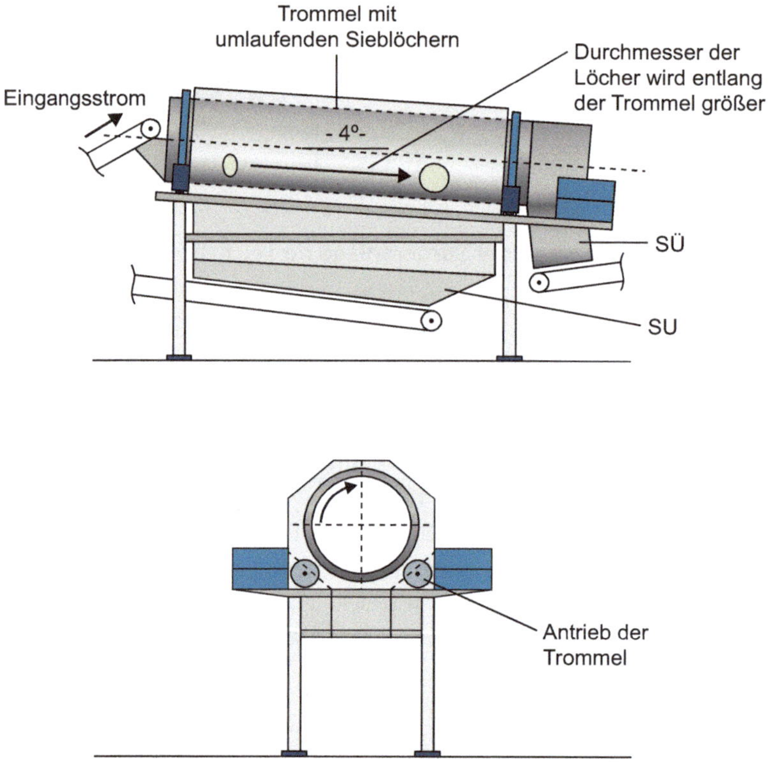

Bild 3.2 Schema einer Siebtrommel, nach [KC10, S. 154]

Durch die Neigung der Trommel kommt es zu einer Vorwärtsbewegung des Aufgabeguts in Richtung des Siebüberlaufs. Auf die Abfallstücke wirken die Zentrifugalkraft und die Reibkraft in Kontakt mit der Mantelfläche der Trommel. Dies führt zu einer Mitnahme des Abfalls entlang der Zylinderwand nach oben, bis die Gewichtskraft zum Abgleiten nach unten führt. Das Abgleiten entlang der Wandung kann auch in eine rotierende Bewegung übergehen, wodurch ein Umwälzen der Abfallstücke erfolgt. Bei dieser Auf- und Abbewegung wird das Material durch die Neigung kontinuierlich vorwärtsbewegt. Leichte Abfallstücke, wie zum Beispiel Folien, werden häufig aufgewirbelt und bewegen sich in der Trommel auch in radialer Richtung. Durch die fortlaufende Bewegung gelangen die Abfallstücke über die Sieböffnungen und können diese passieren, wenn die Sieböffnung größer ist als das jeweilige Abfallstück. Der Füllgrad der Siebtrommel darf nicht zu hoch gewählt werden, um die Anhäufung von Abfallstücken zu reduzieren. Durch den Grad der Neigung der Trommel zur Waagerechten kann die Verweilzeit des Aufgabeguts in der Trommel eingestellt werden [KC10, S. 153 f.; BBM+95, S. 220].

Insgesamt dient die Siebtrommel der groben Klassierung der Abfallstücke. Hierdurch können je nach Größenfraktion die nachfolgenden Sortierschritte spezifisch ausgelegt werden.

3.1.3 Der Windsichter

Mithilfe der Windsichtung lassen sich in LVP-Sortieranlagen leichte Abfallstücke wie Folien oder Schaumstoffe von dem restlichen Abfallstrom trennen. Die Trennung erfolgt anhand der Dichte, der Größe und der Form der Abfallstücke. Da die Abfallstücke aus dem Gelben Sack stark heterogen sind und auch Folien in verschiedenen Größenklassen vorliegen, sind die Windsichter nach der Siebtrommel (oder einer ähnlich arbeitenden Vorsortierung) angeordnet. In Bild 3.3 ist schematisch eine Querstrom-Windsichtung mit Peripherie gezeigt. Über ein Förderband (1) gelangt das Material in den Einzugsbereich des durch einen Ventilator im Sichterkanal (2) erzeugten Luftstroms. Schweres Material fällt entgegen der Luftströmung auf das untere Förderband (3), leichtes Material wird über die Rohrleitung (4) in einen Abscheider (5) überführt und gelangt über eine Zellenradschleuse auf ein weiteres Förderband (6). Die Luft wird über die Rohrleitung (7) zur Saugseite des Ventilators zurückgeführt. Es werden etwa 30 % der Luft über einen Schlauchfilter aus dem Umluftprozess ausgeschleust. Dadurch kann die Staubmenge in der Luft reduziert werden, weil zum einen ein Teil der Luft den Schlauchfilter passiert und zum anderen am Eintritt in den Sichterkanal aus der Umgebung Luft angesaugt wird.

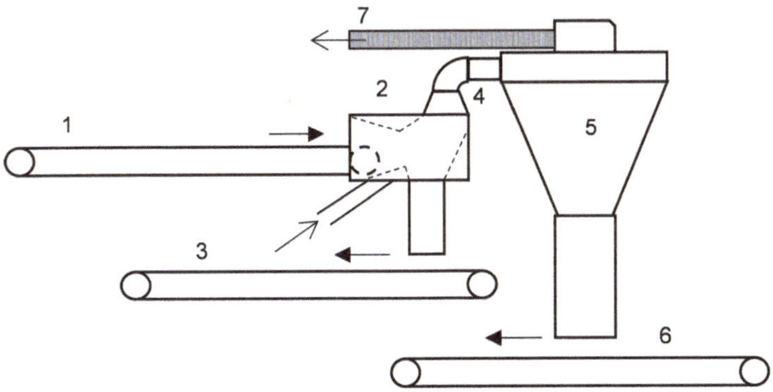

Bild 3.3 Schema eines Querstrom-Windsichters

Die Luftgeschwindigkeit wird auf die auf dem Förderband befindliche Größenfraktion und je nach vorsortierter Form der Abfallstücke eingestellt. Für die Windsichtung in LVP-Sortieranlagen ist häufig die durch den Luftstrom erfasste Anströmfläche wichtiger, als es Unterschiede in der Dichte der Abfallstücke sind. Folien werden aufgrund ihrer Form und der Flexibilität durch den Luftstrom eher erfasst als feste Kunststoffprodukte. Sie können flächig angeströmt werden und werden so in Richtung des Luftstroms aus dem Sichterkanal ausgetragen.

3.1.4 Der Magnetabscheider

Neben der Gewinnung recyclingfähiger Kunststofffraktionen ist die Aufgabe einer LVP-Sortieranlage das Ausschleusen der Weißblechfraktion aus dem Abfall. Weißblech wird neben Aluminium u. a. für Konserven- oder Getränkedosen verwendet und weist in Deutschland eine hohe Recyclingquote von über 90 % auf [NN01-ol]. Bei dem Weißblech handelt es sich um ein dünnes, kaltgewalztes Stahlblech, dessen Oberfläche elektrolytisch mit Zinn beschichtet wird. Durch seine magnetischen Eigenschaften kann Weißblech durch den Magnetscheider effektiv aus dem Abfallstrom gewonnen werden. Die Magnetscheidung ist zudem notwendig als vorgeschaltete Anlage vor dem Wirbelstromabscheider, der anderenfalls durch magnetische Teile gestört wird. Weiterhin ist sie wichtig für die Einhaltung der Produktspezifikation der einzelnen Sortierfraktionen und dient dazu, die Beschädigung nachgeschalteter Anlagenteile zur Separierung der Kunststofftypen zu verhindern.

Grundlegend für die Magnetscheidung ist die magnetische Anziehungskraft eines Magnetfeldes auf ferromagnetische Stoffe. Das Magnetfeld kann durch einen Permanentmagneten bestehen oder durch ein elektrisches Feld induziert werden. Die Stärke des Magnetfeldes wird mit der magnetischen Feldstärke H beschrieben, die im Fall einer langgestreckten stromdurchflossenen Spule definiert ist als

$$H = n * I$$

wobei n die Anzahl der Spulenwindungen pro Spulenlänge in der Einheit 1/m und I die Stromstärke in der Einheit Ampere, A bezeichnet. Die magnetische Feldstärke hat somit die Einheit A/m [Hin71, S. 75]. Durch die Einbringung ferromagnetischer Stoffe in das Innere der Spule lässt sich die Magnetwirkung verstärken, was über die magnetische Flussdichte B im Zusammenhang mit der magnetischen Feldstärke H wie folgt beschrieben werden kann:

$$B = \mu * H$$

Dabei ist μ die magnetische Permeabilität, die die Durchlässigkeit der Materie durch das magnetische Feld charakterisiert.

Ein Permanent- oder Elektromagnet induziert in ferromagnetischen Stoffen ein Magnetfeld, indem sogenannte Elementarmagnete entsprechend der Richtung des äußeren Magnetfelds ausgerichtet werden. Bei den reinen Metallen trifft diese Eigenschaft auf Eisen, Nickel und Kobalt zu. Durch das in dem ferromagnetischen Stoff induzierte Magnetfeld entstehen Anziehungskräfte zwischen dem Magneten und diesem Stoff.

Bezogen auf die Anwendung als Magnetscheider in einer Sortieranlage, entstehen also in dem eisenhaltigen Abfallstück Magnetpole. Der jeweils vom Anlagenmagnet entgegengerichtete Pol führt zu einer Anziehungskraft. Die Höhe dieser Kraft ist dabei insbesondere abhängig vom Abstand des Magneten zum anzuziehenden Abfallstück, weil die magnetische Feldstärke des Magneten mit der Entfernung abnimmt [Hin71, S. 76 ff.]. Zudem spielt auch hier die magnetische Permeabilität μ bzw. die damit über folgende Beziehung sich ergebende Größe der Suszeptibilität X des anzuziehenden Werkstoffs eine große Rolle.

$$X = \mu - 1$$

Letztere beschreibt die individuelle Magnetisierbarkeit eines Stoffes und liegt bei ferromagnetischen Stoffen deutlich über dem Wert Null. Kunststoffe zählen zu den diamagnetischen Stoffen, die eine Suszeptibilität kleiner als null haben und das äußere Magnetfeld gegebenenfalls sogar abschwächen. Es kommt in Folge der Induzierung zu abstoßenden Kräften, die aber gering ausfallen [Hin71, S. 79; DHM22, S. 423].

Es gibt verschiedene Bauarten von Magnetscheidern. Im Folgenden soll lediglich auf den Überband-Magnetscheider eingegangen werden, weil dieser sich in eine Sortieranlage gut integrieren lässt. Er wird oberhalb der Förderbänder aufgehängt und wird entweder längs oder quer zur Förderrichtung angeordnet (siehe Bild 3.4). Der Überband-Magnetscheider besteht aus dem innen liegenden Magneten und einem umlaufenden Förderband, welches die durch den Magneten angezogenen Abfallstücke von dem zu trennenden Abfallstrom weg auf ein weiteres Förderband oder in einen Behälter transportiert. Für die Längsanordnung muss der Magnetscheider an einem Ende eines Förderbands oberhalb der Kopfrolle angeordnet werden. In diesem Bereich wird der Abfallstrom durch den einsetzenden freien Fall aufgelockert, sodass das Weißblech besser angezogen werden kann. Der Vorteil gegenüber der Queranordnung liegt zudem darin, dass sich die Bewegungsrichtung der Teile nicht ändert [UB97, S. 39 f.].

Für die Arbeitsweise des Magnetscheiders ist die Vorsortierung in Größenklassen förderlich, weil so der Magnet sowohl von der Leistung als auch vom Abstand zum Förderband her gezielter eingestellt werden kann. Zu stark gefüllte Förderbänder können dazu führen, dass auch die die magnetischen Teile überdeckenden Kunststoffteile mit angezogen bzw. am Förderband des Magnetscheiders eingeklemmt werden.

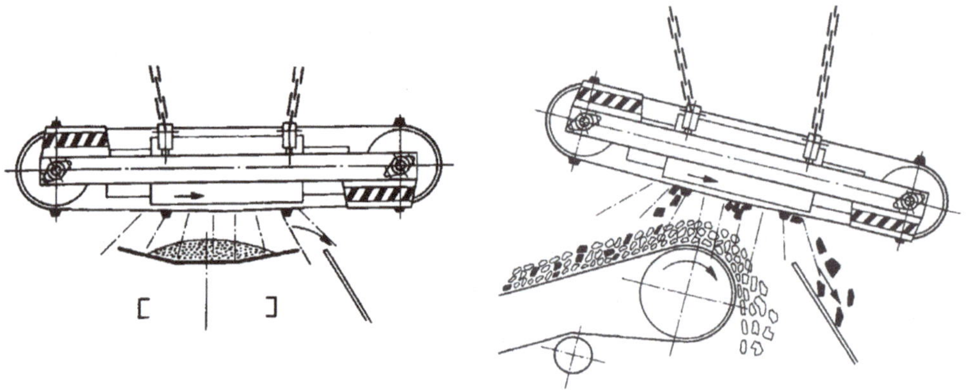

Bild 3.4 Schematische Darstellung eines Magnetscheiders in Quer- (links) und in Längsanordnung (rechts) [UB97, S. 39/40]

3.1.5 Der Wirbelstromscheider

Für die Aussortierung von nichtmagnetischen Metallen wie Aluminium werden Wirbelstromscheider verwendet. Ein magnetisches Wechselfeld induziert in elektrisch leitenden Werkstoffen einen Wirbelstrom. Dieser Strom wiederum induziert ein weiteres Magnetfeld, welches gemäß der Lenzschen Regel dem magnetischen Wechselfeld entgegengerichtet ist. Bezogen auf den Aufbau in einer Sortieranlage wird entweder in der Kopfrolle eines Gurtförderers oder in einer separaten Trommel unterhalb der Kopfrolle des Gurtförderers das magnetische Wechselfeld durch ein sich schnell drehendes Polrad erzeugt (siehe Bild 3.5). Das Aufgabegut durchläuft den Wirkungsbereich des Wechselfeldes. In elektrisch leitenden Stoffen, wie Aluminium, wird der Wirbelstrom und dadurch das entgegengerichtete Magnetfeld um das Abfallstück induziert. Die resultierende abstoßende Kraft führt im Vergleich zu den nicht elektrisch leitenden Stoffen, wie zum Beispiel den Kunststoffen, zu einer weiteren Flugbahn und damit zur Separierung dieser Stoffe. Neben der Leitfähigkeit des Materials beeinflusst die Gewichtskraft auf die Abfallstücke die Flugbahn. Als Stoffgrößen sind somit die Dichte und die Leitfähigkeit entscheidend für den Erfolg der Ausschleusung elektrisch leitender, aber nicht magnetischer Abfallstücke. Je höher das Verhältnis von Leitfähigkeit und Dichte, desto besser ist der erwartete Trennerfolg. Wie bereits in Abschnitt 3.1.4 beschrieben, muss dem Wirbelstromscheider eine Magnetscheidung vorangestellt werden. Anderenfalls blieben die magnetischen Abfallstücke an der Trommel haften und würden somit den Vorgang der Wirbelstromerzeugung stören.

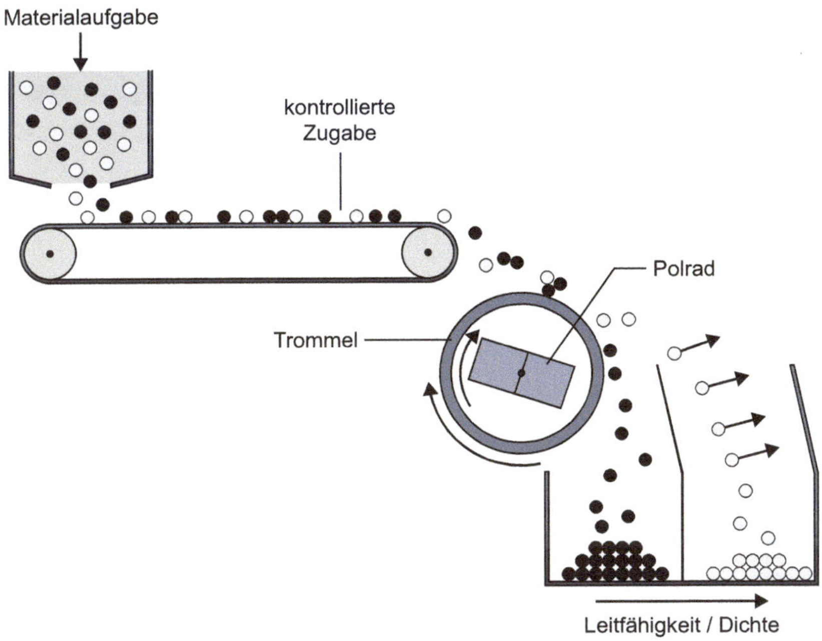

Bild 3.5 Schematische Darstellung eines Wirbelstromscheiders, nach [MG16, S. 52]

3.1.6 Der Ballistik-Separator

Der Sortiervorgang bei einem Ballistik-Separator beruht auf dem unterschiedlichen Bewegungsverhalten der Abfallstücke auf einer schiefen Ebene in Verbindung mit stoßartigen Rüttelbewegungen.

Der Aufbau des Ballistik-Separators ist in Bild 3.6 in der Seiten- und Draufsicht dargestellt. Längliche Siebpaddel sind nebeneinander schräg im Raum angeordnet und bilden den Boden des Separators. Sie sind an eine Kurbelwelle mechanisch gekoppelt oder werden direkt über einen Antriebsexzenter angetrieben. Dabei erreichen benachbarte Paddel jeweils zeitversetzt den oberen Scheitelpunkt der sich bildenden Kreisbahn. Das Aufgabegut wird mittig auf die Paddel gegeben und erfährt eine Prallbeanspruchung. Zusätzlich wird dem Aufgabegut bei der Abwärtsbewegung der Paddel der Siebboden kurzzeitig entzogen. Es trifft dann bei der Aufwärtsbewegung weiter oben auf dem Paddel wieder auf. In Bezug auf die Abfallstücke in einer LVP-Sortieranlage sind die Form, das elastische Verhalten, die Größe und das Gewicht entscheidend für die Separation verschiedener Fraktionen. Voraussetzung für den Trenneffekt ist, dass die Aufgabe frei beweglich ist.

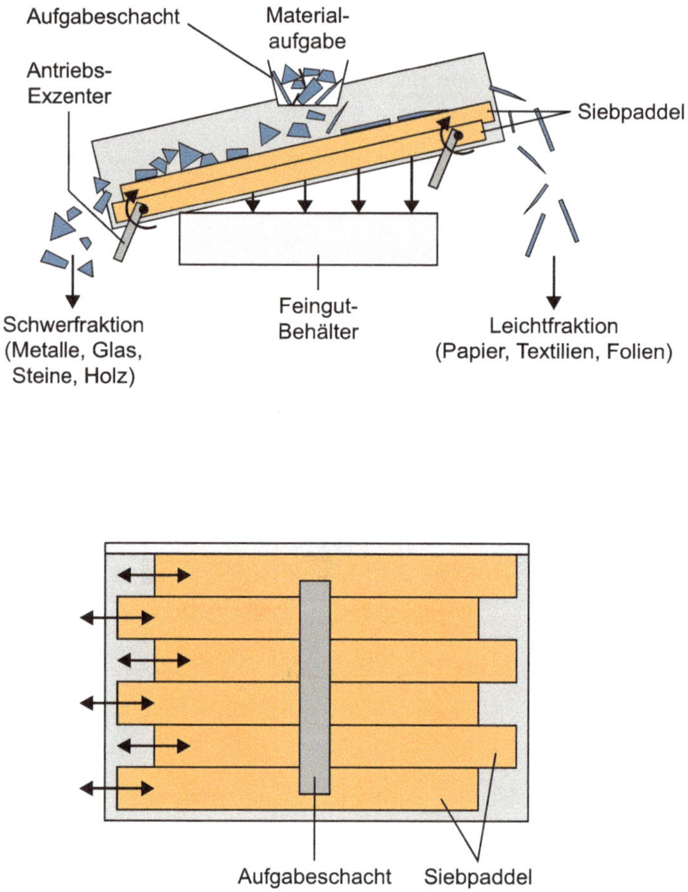

Bild 3.6 Schematische Darstellung eines Ballistik-Separators, nach [MG16, S. 57]

Leichte, flächige und elastische Teile wandern durch die Paddelbewegung aufwärts und folgen somit dem gerade beschriebenen Prinzip der Bewegung bei der Ab- und Aufwärtsbewegung der Paddel. Schwere, harte und runde Teile erfahren beim Auftreffen auf die Paddel eher eine Prallbeanspruchung durch die geneigten Paddel und werden somit nach unten bewegt. Zusätzlich gleiten oder rollen sie auf dem Siebboden nach unten ab. So lassen sich z. B. Hohlkörper wie Kanister oder Shampoo-Flaschen, die sich nach unten bewegen, von kleinen Folienstücken trennen. Die Lochung im Siebkasten dient dem Abtrennen von Feinkorn [MG16, S. 56; UB97, S. 62 f.].

Die Neigung des Separators, der Hub und die Frequenz stellen die wesentlichen Parameter dar, die das Trennergebnis je nach Art des Aufgabegutes beeinflussen.

3.1.7 Die sensorgestützte Sortierung

Im Gegensatz zu den bisher vorgestellten Verfahren, bei denen eine Fraktion durch Ansprechen einer Materialeigenschaft als Kollektiv aussortiert wird, wird bei dem Verfahren der sogenannten Klaubung an jedem Stück einzeln das Sortierkriterium geprüft und entsprechend aussortiert. Unterschieden wird zwischen der Handklaubung, bei der das Personal am Förderband entweder einen Störstoff (Negativsortierung) oder die auszusortierende Fraktion (Positivsortierung) einzeln per Hand aussortiert, und der automatisierten Klaubung, bei der das Auge des Personals durch einen Sensor und die Hand durch eine mit dem Sensor gekoppelte Vorrichtung ersetzt werden. Die Werkstofferkennung geschieht über die spezifische Wechselwirkung der Materie mit elektromagnetischen Wellen. Je nach der Wellenlänge der ausgesandten bzw. über einen Sensor empfangenen elektromagnetischen Welle lässt sich die Wechselwirkung über optische oder spektroskopische Sensoren oder, im Fall von Röntgenstrahlung, über Röntgenstrahlendetektoren analysieren [MG16, S. 58].

In LVP-Sortieranlagen sind Nahinfrarot-(NIR)-Scanner seit vielen Jahren erfolgreich im Einsatz, um Kunststofftypen voneinander zu trennen. Dabei werden die Abfallstücke mit Licht im Wellenlängenbereich der Infrarot-Strahlung (800–2500 nm) bestrahlt. Die Polymermoleküle werden durch die Strahlung in Schwingungen versetzt, wobei je nach Molekül eine unterschiedliche Frequenz zur Anregung erforderlich ist. Der Teil der reflektierten Strahlung wird von dem NIR-Sensor erfasst und in Abhängigkeit der Wellenlänge die Intensität ausgegeben. Für jeden Kunststoff lässt sich auf diese Weise ein charakteristisches Intensitätsspektrum erfassen und in der Auswertesoftware hinterlegen. Durch Vergleich der in Echtzeit aufgenommenen Spektren mit der Datenbank können der jeweilige Kunststoff oder auch Materialien wie Pappe, Papier oder Getränkeverpackungen identifiziert werden. Bild 3.7 zeigt den Aufbau einer in einer Sortieranlage verbauten NIR-Scanner-Technologie.

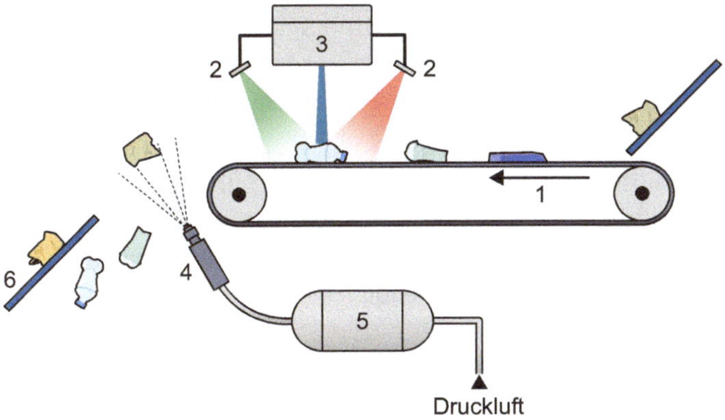

Bild 3.7 Funktionsweise einer in einer Sortieranlage verbauten NIR-Spektroskopie, [KC10, S. 176, nach Ul97]

Das Aufgabegut wird in vorgeschalteten Prozessen vereinzelt und über die Breite des Gurtförderers verteilt. Wichtig ist auch die Entfernung von größeren Folienabschnitten, die andere Abfallstücke bedecken könnten. Der Gurtförderer (1) läuft mit einer Bahngeschwindigkeit von ca. 2,5 m/s und bringt das Aufgabegut in den Erkennungsbereich des NIR-Scanners [BH13, S. 511; KC10, S. 175]. Der Abfall wird durch zwei Halogen- oder LED-Lampen (2) bestrahlt, die je nach Bauart des Systems unterschiedlich angeordnet sind. Die Erfassung der reflektierten Strahlung erfolgt über die Erkennungsvorrichtung (3). Wichtig ist dabei die Zuordnung des jeweiligen Spektrums zur genauen Position entlang der Gurtbreite. Nach Identifizierung des Materials erfolgt die Verarbeitung der Informationen zum Material, zur Größe des Abfallstücks und zur in Abhängigkeit der Bahngeschwindigkeit in Echtzeit errechneten Position des auszusortierenden Abfallstücks. Am Ende des Gurtförderers ist eine Luftdüsenleiste (4) angeordnet, die über einen Drucktank (5) mit Druckluft versorgt wird. Das auszusortierende Material wird mit der je nach Größe zugeordneten Anzahl von Luftdüsen aus der Flugbahn hinter ein Leitblech (5) geschossen. Zur Verbesserung der Genauigkeit bei der Erkennung von Form, Lage und Größe der Abfallstücke können zusätzlich Farbzeilenkameras oder Laser eingesetzt werden [KC10, S. 175 f., NN02]. NIR-Scanner können durch Ruß schwarz eingefärbte Kunststoffe nicht voneinander unterscheiden, weil diese das Infrarotlicht fast vollständig absorbieren, und so keine reflektierte Strahlung analysiert werden kann. Aktuelle Entwicklungen gehen in den Bereich selbstlernender Systeme, bei denen Bilder und Daten über Form und Farbe miteinander verknüpft werden und die Sortiergenauigkeit über Mustererkennung verbessert werden soll. Dies schließt dann auch die Erkennung schwarzer Kunststoffteile ein, wenn diese z. B. über die Form spezifisch erkannt werden können [NN02-ol]. Forscher der Fraunhofer-Gesellschaft haben ein Kamera-Radarsystem entwickelt, welches im Terahertz-Bereich arbeitet und mit dessen Hilfe schwarze Kunststoffe direkt identifiziert werden können [NGB+16]. Das Unternehmen Steinert GmbH aus Köln bietet einen NIR-Scanner mit integrierter Hyperspektral-Bildverarbeitung an, um auch schwarze Kunststoffe direkt identifizieren zu können [NN03-ol, Bee17. S. 188]. Auch Inno-Spec aus Nürnberg bietet Hyperspektralkameras für den Einsatz bei der Sortierung von Kunststoffteilen an. Diese erlauben ebenfalls einen hohen Detailgrad in der Informationsaufnahme und -verarbeitung [NN04-ol].

Die prozesssichere Detektion von einzelnen Kunststofftypen in Mehrschichtverpackungen ist Gegenstand aktueller Forschung. Im Laborumfeld konnte gezeigt werden, dass die Unterscheidung von Ein-, Zwei- und Dreischichtfolien durch die NIR-Technologie möglich ist [CKF+20]. Ob dies jedoch auch in einem Abfallstrom aus Post-Consumer-Waste robust realisierbar ist, müssen weitere Untersuchungen zeigen. Eine Studie von Chen et. al. zeigt hierzu vielversprechende Ergebnisse, um Mehrschichtverpackungen mit unterschiedlichen Kunststofftypen im Aufbau zu klassifizieren. Mehrere Folienaufbauten kontaminiert mit Öl und Wasser und gemischt mit Post-Consumer-Abfall aus Leichtverpackungen wurden durch NIR-Sensorik analysiert. Demnach können Mehrschichtverpackungen, die Polyamid oder PE/PP oder kein PP und kein PE enthalten, mit der verwendeten Sensortechnologie aussortiert werden. Sehr dünne Schichten aus PET konnten nicht detektiert werden, was, laut Vermutung der Autoren, auf Reflexionen durch die glänzenden, dünnen Schichten zurückzuführen ist [CKW+21]. Die Erfassung und Aussortierung von Fraktionen mit mehreren, stoffschlüssig verbundenen Kunststofftypen ist Voraussetzung für die dann für ein werkstoffliches Recycling folgenden Verbund-Auftrennverfahren. Diese bislang lediglich im Labor- oder Pilotmaßstab existierenden Prozesse werden in Abschnitt 4.6 vorgestellt.

Die Sensor- und Kamerasysteme sind im Vergleich zu den bisher gezeigten Anlagen teuer in der Anschaffung, weshalb die neuesten, zuletzt genannten Technologien in heutigen Sortieranlagen noch nicht häufig zum Einsatz kommen. Es ist jedoch zu erwarten, dass bei Erhöhung der Recyclingquoten durch den Gesetzgeber immer mehr die bereits am Markt verfügbaren Technologien z. B. zur Detektion schwarzer Kunststoffe eingesetzt werden.

3.2 Herstellung von Rezyklat

Wie bei der Vorstellung der LVP-Sortieranlage im Überblick zu Beginn dieses Kapitels gezeigt, stellt der Output einer Sortieranlage nicht zerkleinerte, nach Materialtyp, Form und Größe sortierte Fraktionen gemäß einer festgelegten Spezifikation in Ballenform dar. Diese Fraktionen werden je nach Beschaffenheit der Fraktion weiteren Aufbereitungsschritten zugeführt. Diejenigen Fraktionen, die werkstofflich recycelt werden können, gelangen zu einem Aufbereitungs- bzw. Recyclingunternehmen. Dort durchlaufen sie üblicherweise die folgenden Schritte:

1. Ballenaufschluss und Zerkleinerung der sortierten Abfallstücke
2. Waschen der zerkleinerten Kunststoffabfälle
3. Trennen nach Kunststofftyp während des Waschvorgangs oder im trockenen Zustand
4. Trocknen des Materialstroms
5. Aufbereitung bzw. Nachadditivierung
6. Regranulieren oder Agglomerieren

Im Folgenden sollen die Schritte 1 bis 4 und Schritt 6 vorgestellt werden. Arbeitsschritt 5 wird in Abschnitt 4.5 näher thematisiert.

3.2.1 Zerkleinerung

Bevor der Abfall gewaschen und nach Kunststofftypen fein sortiert werden kann, erfolgt die Zerkleinerung. Die beim Recycler angelieferten Ballen gehen durch sogenannte Ballenauflöser, in denen meistens eine mit abstehenden Flacheisen versehene Trommel für eine Vereinzelung der Abfallstücke sorgt. Wichtig ist ein gleichmäßiger Austrag der vereinzelten Abfallstücke, um nachfolgende Anlagen kontinuierlich beschicken zu können.

Die wesentlichen Ziele, die mit der Zerkleinerung des Abfalls verfolgt werden, sind [KC10, S. 139; MG16, S. 31; Sti97, S. 225]:

- Homogenisierung des Abfallstroms durch Herstellung von bestimmten Partikelgrößenverteilungen
- Aufschluss von form- oder kraftschlüssigen Verbindungen (z. B. Schraubverschluss)
- Vergrößerung der Oberfläche für den Einsatz von benetzenden Fluiden zur Oberflächenbehandlung
- Freilegung aller zu reinigenden Flächen (z. B. bei Hohlkörpern)
- Ermöglichung der Sortierung nach Kunststofftypen in nachgelagerten Trennverfahren
- Reduzierung des Lagerplatzes
- Herstellung eines rieselfähigen Zwischenprodukts zur Weiterverarbeitung zu Granulat
- Materialverhalten

Um die genannten Ziele zu erreichen, werden je nach zu zerkleinerndem Material unterschiedliche Zerkleinerungsmaschinen eingesetzt. Hintergrund hierfür ist das unterschiedliche Verformungs- und Bruchverhalten der Werkstoffe, in diesem Fall der Kunststoffe. Wie bereits in Abschnitt 1.3.1 beschrieben, bestehen Kunststoffe aus Molekülketten, die durch Kombination von Monomeren bei der Synthesereaktion entstehen. Der Zusammenhalt der Kettenmoleküle innerhalb der Polymerkette ist über die kovalente Hauptvalenzbindung, respektive die resultierenden primären Bindungskräfte gegeben. Zwischen den Polymerketten wirken die sekundären Bindungskräfte, die durch die Nebenvalenzbindungen hervorgerufen werden. Folgende Faktoren beeinflussen den molekularen Aufbau, den polymeren Zusammenhalt und damit das Verformungsverhalten der Kunststoffe:

- Art des Moleküls bzw. der zugrunde liegenden Monomere
- Molekülgröße (Polymerisationsgrad, Molekülmasse, Molekulargewichtsverteilung)
- Molekülgestalt (Verzweigungen, Drehbarkeit um die Hauptvalenzachse)
- Molekülordnung (Taktizität, sterische Ordnung)

Das resultierende Materialverhalten der Kunststoffe ist komplex und reicht von nahezu energieelastischem bis hin zum für Polymere typischen viskoelastischen Verhalten. Letzteres stellt eine Überlagerung von energie- und entropieelastischen Anteilen mit viskosen Verformungsanteilen dar. Die Temperatur des Materials ist ein weiterer Einflussfaktor, weil sich bei Änderung der Temperatur die thermische Energie der Moleküle ändert, die eine Schwingung der Moleküle hervorruft. Je stärker die Bewegung der Moleküle, desto höher ist deren Platzbedarf, was in einem größeren Abstand zwischen den Molekülketten resultiert. Eine Folge davon ist eine Reduzierung der Sekundärbindungskräfte. So entstehen für amorphe und teilkristalline Kunststoffe typische Temperaturbereiche, in denen ein unterschiedliches Materialverhalten vorliegt. Dies ist in Bild 3.8 beispielsweise an dem Verlauf der Bruchdehnung ε_B zu erkennen.

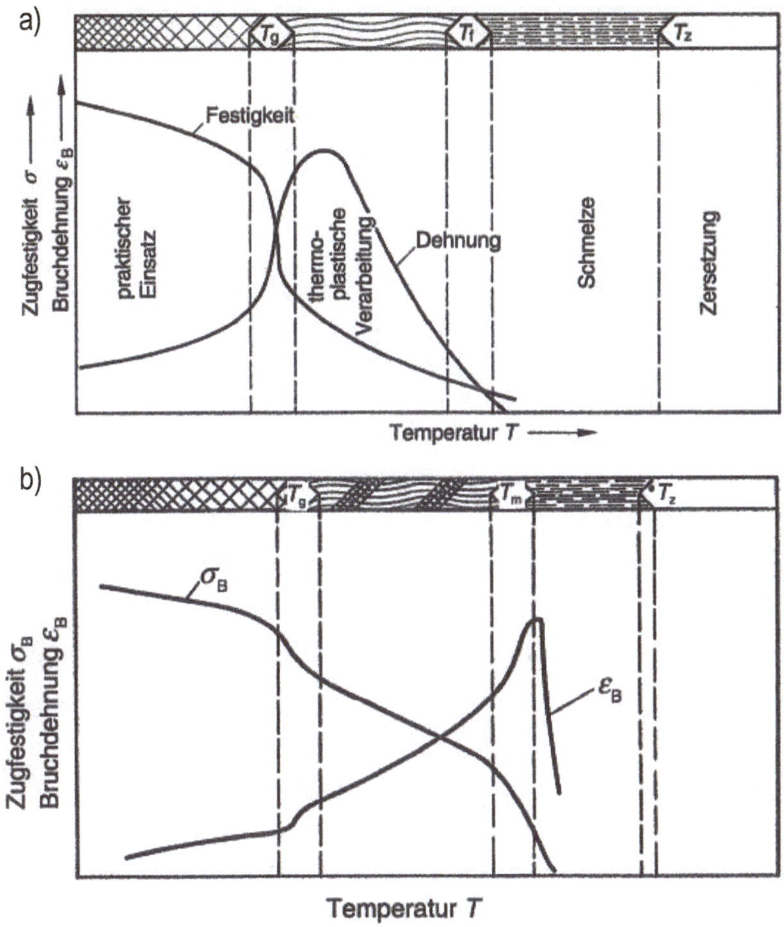

Bild 3.8 Temperaturabhängigkeit der Zugfestigkeit und der Bruchdehnung für einen amorphen a) und teilkristallinen b) Thermoplasten [DHM22, S. 236,238]

Teilkristalline Thermoplaste weisen oberhalb der Glasübergangstemperatur einen Anstieg der Bruchdehnung auf, was sich auch in der hohen Schlagzähigkeit dieser Gruppe von Thermoplasten widerspiegelt. Der Gebrauchsbereich der teilkristallinen Thermoplaste liegt zumeist im Bereich oberhalb der Glasübergangstemperatur T_g der ataktischen Bereiche, während bei den amorphen Thermoplasten der Glasübergang mit dem Beginn des Aufschmelzens einhergeht. Unterhalb von T_g verhalten sich die Thermoplaste hart-spröde. Bei den vernetzenden Kunststoffen lässt sich das Materialverhalten der Duroplaste ebenfalls als hart-spröde beschreiben, wobei die Bruchdehnung mit der Erhöhung der Temperatur je nach Harz auch leicht ansteigt. Elastomere verhalten sich oberhalb der Glasübergangstemperatur erwartungsgemäß gummielastisch.

Aus den bisher erläuterten molekularen Zusammenhängen ergeben sich beispielhaft folgende durch Zugprüfungen bei Raumtemperatur ermittelte Spannungs-Dehnungs-Verläufe.

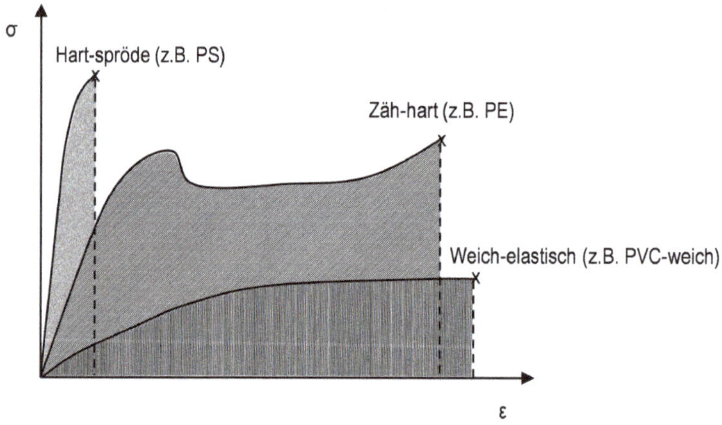

Bild 3.9 Beispielhafte Spannungs-Dehnungs-Diagramme für Kunststoffe mit unterschiedlichem Verformungsverhalten

Bei den Thermoplasten ist aufgrund des viskoelastischen Materialverhaltens neben der Temperaturabhängigkeit auch noch die Zeitabhängigkeit des Spannungs-Dehnungs-Verhaltens zu berücksichtigen. Bei längerer Beanspruchungsdauer sorgt der Effekt des Kriechens für eine fortlaufende Dehnung über der Zeit bei konstanter äußerer Last. Dies geschieht durch zeitabhängige Fließvorgänge im Kunststoff aufgrund des Abgleitens von Polymerketten. Diese Fließvorgänge sind auch für den Effekt der Spannungsrelaxation verantwortlich, bei der die Spannung im Kunststoff bei konstanter Dehnung mit der Zeit sinkt. Dabei sind diese Effekte auch schon bei kurzen Belastungen zu berücksichtigen. Wird dem Werkstoff durch hohe Belastungsgeschwindigkeiten wenig

Zeit gegeben, innere Spannungen durch Fließvorgänge abzubauen, treten demzufolge hohe Spannungen auf und das Material verhält sich spröde [DHM22, S. 241].

Zusammenfassend lässt sich aus der Betrachtung der Temperatur- und Zeitabhängigkeit schlussfolgern, dass tiefe Temperaturen und hohe Belastungsgeschwindigkeiten zu sprödem Materialverhalten führen und hohe Temperaturen und geringe Belastungsgeschwindigkeiten zähes Materialverhalten hervorrufen.

Zerkleinerungsmechanismen und Überblick über Zerkleinerungsmaschinen

Für eine Zerkleinerung ist der erforderliche Energieeintrag pro Volumeneinheit bzw. die Zerkleinerungsarbeit bis zum Bruch W_B eine entscheidende Größe. Sie entspricht der Fläche unter der Spannungs-Dehnungs-Kurve und kann somit mit folgender Gleichung ermittelt werden:

$$W_B = \int_0^{\varepsilon_B} \sigma(\varepsilon)\, d\varepsilon$$

Mit:

W_B = Zerkleinerungsarbeit

ε_B = Dehnung bei Bruch

Bezogen auf die unterschiedlichen Kurven in Bild 3.9 wird deutlich, dass die volumenbezogene Arbeit für die Zerkleinerung spröder Materialien klein ist und die für die Zerkleinerung zäh-harter Materialien hoch ausfällt. Hieraus lässt sich bereits ableiten, dass für zähe oder auch für gummielastische Kunststoffe das Volumen, welches beansprucht wird, möglichst klein sein sollte, um geringe, absolute Energiebeträge zu erhalten. Dies lässt sich durch eine lokal konzentrierte Einleitung der Energie zum Beispiel durch scharfe Werkzeugschneiden realisieren [Sti97, S. 228].

Prinzipiell lassen sich die in Bild 3.10 gezeigten Beanspruchungsarten unterscheiden, die je nach Bauart der Zerkleinerungsmaschine vorrangig zum Tragen kommen. Druck-, Prall- und Schlagbeanspruchungen kommen bei spröden Werkstoffen zum Einsatz, während diese bei Thermoplasten nicht zur Zerkleinerung führen. Hier sind die schneidende, scherende und reißende Beanspruchung zu bevorzugen.

Dabei ist zu berücksichtigen, dass neben der vorrangig induzierten Beanspruchungsart auch Überlagerungen mit anderen Arten der Beanspruchungen auftreten. Es entsteht stets ein mehrachsiger Spannungszustand aus Normal- (Zug/Druck-) und Schubspannungen in dem Aufgabegut. Je nach Duktilität des Materials kann es zu starken plastischen Verformungen kommen, bis der Bruch einsetzt, wodurch sich die Zerkleinerungsarbeit erhöht.

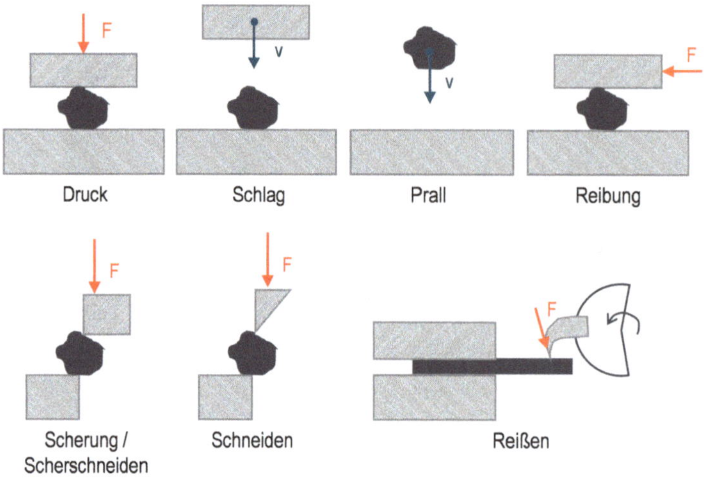

Bild 3.10 Schematische Darstellung von Beanspruchungsarten, nach [Sch02, S. 8; KC10, S. 139; MG16, S. 33]

Die Auswahl der Maschinentechnik für die konkrete Zerkleinerungsaufgabe erfolgt nicht nur unter Berücksichtigung des Bruchverhaltens des Aufgabeguts, sondern auch je nach zu erzielender Korngröße. Hier werden in der Literatur verschiedene Einteilungen gewählt. Nach Kranert et. al. lassen sich folgende Korngrößenbereiche definieren [KC10, S. 140]:

- Grobzerkleinerung: ca. <150 mm
- Mittelzerkleinerung: ca. <50 mm
- Feinzerkleinerung: ca. <10 mm

Tabelle 3.1 gibt einen Überblick über einzusetzende Maschinen für spröde und zähelastische Materialien je nach Größe der zu erzielenden Partikel.

Tabelle 3.1 Übersicht über Zerkleinerungsmaschinen, nach [KC10, S. 140]

Materialeigenschaft	Grobzerkleinerung	Mittelzerkleinerung	Feinzerkleinerung
mittelhart, spröde → Duroplaste	Backenbrecher, Prallbrecher	Schlagbrecher, Prallbrecher	Feinprallmühle, Kugelmühle
elastisch, zähelastisch →Thermoplaste, Elastomere	Ein- oder Mehrwellenzerkleinerer	Einwellenzerkleinerer, Schneidmühle, Hammermühle (kryogen)	Schneidmühle, Hammermühle (kryogen)

Backenbrecher nutzen in erster Linie Druck als Beanspruchungsart, während das Material in Prall- und Schlagbrechern, wie der Name bereits sagt, eine Schlag- und Prallbelastung erfährt. Die Kugelmühle und Feinprallmühle üben auf das Material bei kleinen

Drehzahlen Druck und bei höheren eine Schlag- und Prallbeanspruchung aus [Sti97, S. 289]. Diese Maschinen kommen für Duroplaste zum Einsatz, die spröde brechen.

Für Thermoplaste oder Elastomere werden Maschinen eingesetzt, die eher eine schneidende oder scherende Beanspruchung gegenüber dem Material ausüben. Dies sind Ein- oder Mehrwellenzerkleinerer oder Schneidmühlen. Insbesondere bei den Mehrwellenzerkleinerern kommt es auch zu Zug-, Biege- und Torsionsbelastungen, die zusammenfassend als Reißbeanspruchung bezeichnet werden [Nic96, S. 127 f.; Sch02, S. 8]. Im Folgenden wird nun näher auf einige für die Zerkleinerung von Kunststoffabfällen verwendete Maschinen eingegangen.

Hammermühle

Eine der Maschinen, die für die Zerkleinerung eher spröder Kunststoffe eingesetzt wird, ist die Hammermühle. Neben der Hauptanwendung für Duroplaste kann sie zum Beispiel auch für Polystyrol oder Hart-PVC (PVC-U) eingesetzt werden [BBM+95, S. 209]. Auch kaltversprödete Elastomerprodukte wie Altreifen können mit dieser Anlage gemahlen werden [Jun94, S. 74]. Für den typischen Kunststoffverpackungsmüll thermoplastischer Herkunft kommt die Hammermühle allerdings nicht infrage, weil der Energieaufwand zu groß wäre, um diesen zu zerkleinern [BMW97, S. 62, Jun94, S. 72].

Eine Hammermühle, wie in Bild 3.11 schematisch dargestellt, besteht aus einer horizontal verbauten Rotorwelle, an deren Umfang gelenkig gelagerte Prall- bzw. Schlagwerkzeuge, die Hämmer, angebracht sind. An der Wandung sind weitere Prallelemente angebracht und im unteren Bereich befindet sich der Siebboden. Hammermühlen werden mit im Vergleich zu Schneidmühlen hohen Umfangsgeschwindigkeiten von bis zu 100 m/s betrieben [Jun94, S. 62].

Das Aufgabegut fällt durch den Aufgabeschacht, in diesem Fall tangential, in den Wirkbereich der Hämmer, wird dort durch den Stoß je nach Energieaufnahme und Kohäsionsfestigkeit der Partikel direkt zerschlagen und beschleunigt. Bruchstücke werden gegen die Prallplatten geschleudert, an denen sie ebenfalls zerbrechen, bevor sie in den Wirkbereich der Hämmer zurückgelangen. Auf diese Weise wird das Aufgabegut derart zerkleinert, dass es die Sieblöcher passieren und ausgetragen werden kann [Sti97, S. 310].

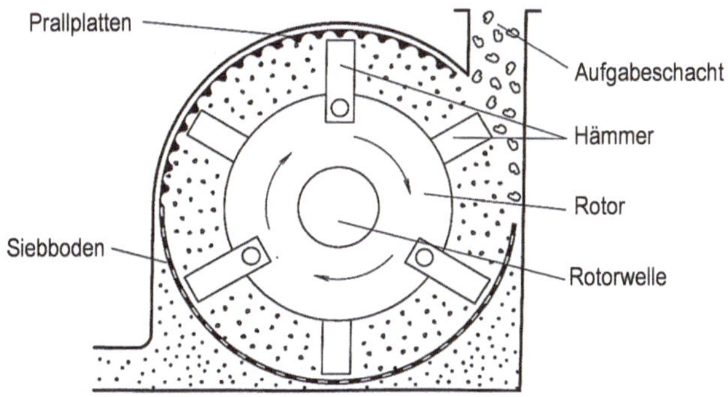

Bild 3.11 Schematischer Aufbau einer Hammermühle, verändert nach [MBW93, S. 63]

Insbesondere bei der Feinzerkleinerung ist der Staubanteil vergleichsweise hoch. In Verbindung mit dem durch die Rotation der Mühle entstehenden Sog ist die Absaugung über Filter oder einen Zyklon wichtig [Jun94, S. 74].

Ein- und Mehrwellenschredder

Für die Grobzerkleinerung von thermoplastischen Kunststoffen werden Zerkleinerer eingesetzt, die aus einer oder mehreren mit Messern versehenen Wellen bestehen und in der Lage sind, eine Vielzahl von Aufgabematerialien zu zerkleinern.

Je nach Größe, Form und Art des Aufgabeguts werden die in Bild 3.12 in ihrem schematischen Aufbau gezeigten Anlagentypen für die Zerkleinerungsaufgabe gewählt.

Einwellenschredder werden für viele unterschiedliche Abfallstoffe, wie Altholz, Elektronikschrott, Teppichböden, Kunststoffe aus Altautos oder auch für Verpackungsabfälle in Ballenform eingesetzt. Sie bestehen im Wesentlichen aus einem horizontal gelagerten Rotor, der mit Rotormessern in, je nach zu zerkleinerndem Material, unterschiedlicher Ausführung bestückt ist, einem hydraulisch betätigten Schieber, der das Aufgabegut gegen den Rotor drückt, einem den Rotor in einem Winkel von bis zu 180° umfassenden Siebkorb und einem umgebenden Gehäuse. Zusätzlich zu den Rotormessern sind am Gehäuse sogenannte Gehäusemesser angeordnet, die zu jenen einen Abstand von ca. 0,1 mm aufweisen. Die Umfangsgeschwindigkeit des Rotors beträgt zwischen 5 und 10 m/s. Das Aufgabegut gelangt über den Trichter direkt in den Einzugsbereich der Rotormesser, wobei der Schieber für einen zeitlich konstanten Eingriff der Messer sorgt. Zwischen Rotor- und Gehäusemesser kommt es zu einer schneidenden Beanspruchung. Ist das Material kleiner als die Sieblochung, wird es durch den Siebkorb ausgetragen und über Gurt- oder Schneckenförderer weiter transportiert. Der Durchsatz sinkt mit kleinerer Sieblochung, da das Material mehrfach den Messereingriff durchlaufen muss, bevor es das Sieb passieren kann [KC10, S. 142].

Die Anlagen werden in einer großen Bandbreite an Baugrößen mit Wellendurchmessern bis zu 800 mm und Breiten von 5 m hergestellt. Der Verschleiß an den Anlagen ist zum Beispiel bei der Zerkleinerung von faserverstärkten Kunststoffen oder bei Vorliegen harter Fremdstoffe hoch, sodass die Schneidplatten entweder gewendet werden oder die Spaltweite von Zeit zu Zeit nachgestellt werden muss [Jun94, S. 143].

Zweiwellenschredder, auch Rotorscheren oder Schneidwalzen-Vorzerkleinerer genannt, werden für die Zerkleinerung großvolumiger Kunststoffbauteile verwendet. Sie bestehen aus zwei parallel laufenden, gegenläufig rotierenden Rotorwellen. Die Schneidelemente sind auf Scheiben angeordnet, die axial im Wechsel zu der parallel laufenden Welle angeordnet sind. Hierdurch können die Wellen ineinandergreifen, was den effektiven Einzug des Materials und die Zerkleinerung unterstützt. Die Wellen laufen mit einer Umfangsgeschwindigkeit von 0,3–0,8 m/s deutlich langsamer als Einwellenschredder. Die hakenförmigen Schneidelemente, in der Literatur häufig als Reißzähne bezeichnet, ziehen das Material in den Bereich zwischen den Wellen, wo sie zerkleinert werden. Neben einer reinen Scherbeanspruchung im axialen Spalt tritt auch eine Zug- bzw. Reißbeanspruchung auf. Häufig entstehen streifenförmige Abschnitte mit einer

Größe zwischen 15 und 50 cm. Dabei erfolgt keine Siebung zur Begrenzung der Korngröße wie bei Einwellenschreddern, Schneidmühlen oder Hammermühlen. Die Anlagen sind häufig mit einem Überlastschutz und der Möglichkeit, die Drehrichtung zu ändern, ausgestattet. Im Fall des Einzugs blockierender Störstoffe können diese entfernt werden, bevor sie der Maschine Schaden zufügen [KC10, S. 141. Jun94, S. 61; BMW97, S. 57].

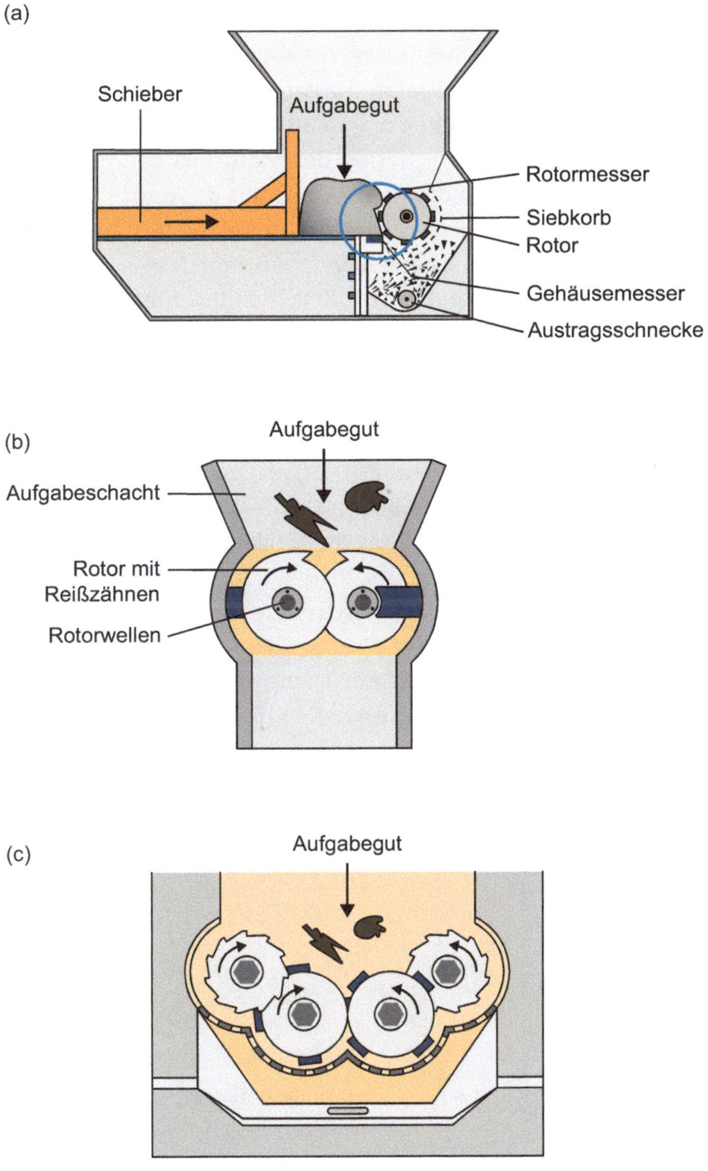

Bild 3.12 Schematischer Aufbau a) eines Einwellenschredders (verändert nach KC10, S. 143), b) eines Zweiwellenschredders (verändert nach [Jun94, S. 62]) und c) eines Vierwellenschredders (verändert nach [Sch02, S. 13])

Vierwellenschredder ähneln vom Zerkleinerungsverhalten dem Zweiwellenschredder, sind für sperriges Aufgabegut geeignet und verbessern das Einzugsverhalten der Anlage. Im Gegensatz zum Zweiwellenschredder ist bei dieser Anlage meist ein Siebboden verbaut, der aufgrund der Bauart eine große Fläche aufweist. Dadurch erreichen Vierwellenschredder hohe Durchsätze [NN05-ol, S. 4].

Schneidmühle

Wie weiter oben ausgeführt, sollte für viskoelastische und gummielastische Materialien die Beanspruchung auf ein kleines Volumen aufgebracht werden. Anderenfalls würde der Energiebedarf für die Zerkleinerung deutlich höher ausfallen, weil ein nicht unwesentlicher Anteil für die Deformation des Materials benötigt wird. Eine lokal wirkende Beanspruchung ist die des Schneidens mit definierter Messerschneide, wie sie in Schneidmühlen hauptsächlich vorkommt. Diese werden mit Umfangsgeschwindigkeiten von bis zu 20 m/s betrieben und für die Mittel- und Feinzerkleinerung eingesetzt. Wie Bild 3.13 zeigt, besitzt die Schneidmühle einen Rotor, auf dem die Messerschneiden am Umfang verteilt aufgeschraubt werden. Teilweise sind diese segmentweise und auf mehreren Rotorscheiben versetzt angeordnet. Das Aufgabegut gelangt über die Schwerkraft in den Einzugsbereich des Rotors. Der Schneidprozess findet zwischen dem schnelllaufenden Rotormesser und dem fest mit dem Gehäuse verbundenen Statormesser statt. Die Partikel werden im Mahlraum so lange zerkleinert, bis sie durch den Siebboden passen. Die Gestaltung des Mahlinnenraums, des Rotors mit den Messern, des Siebbodens und der Lage des Aufgabeschachts werden je nach Aufgabegut unterschiedlich ausgeführt. Prinzipiell ist der Feinanteil für Thermoplaste aufgrund der schneidenden Beanspruchung niedrig, jedoch lassen sich Unterschiede in der Korngrößenverteilung beispielsweise durch die Gestaltung des Siebes, durch die Anordnung der Messer oder durch die Spaltweite zwischen Rotor- und Statormesser feststellen [BMW97, S. 59 ff.; Jun94, S. 61; KC10, S. 144].

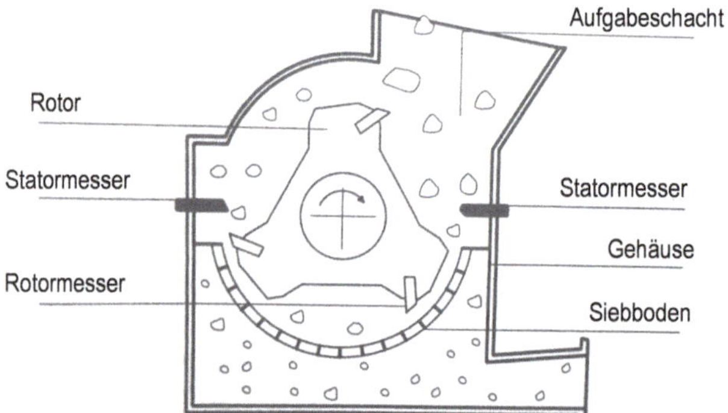

Bild 3.13
Schematischer Aufbau einer Horizontal-Schneidmühle, verändert nach [BMW97, S. 59]

Dabei dient das Statormesser lediglich als Widerlager und ist nicht direkt am Schneidprozess beteiligt. Die Beanspruchungssituation ist in Bild 3.14 schematisch dargestellt. Die Messerschneide dringt linienförmig mit einem Keilwinkel von weniger als 30° in das Material ein, welches zwischen Schneide und Statormesser eingeklemmt ist. An der Spitze der Schneide entsteht eine hohe Spannungskonzentration, die zum Versagen des Materials in diesem Bereich führt. Neben der durch Schneide und Statormesser wirkenden Schubspannung entsteht eine Zugspannung, die durch das Aufspalten durch das Messer und die Biegung in der Einspannsituation hervorgerufen wird.

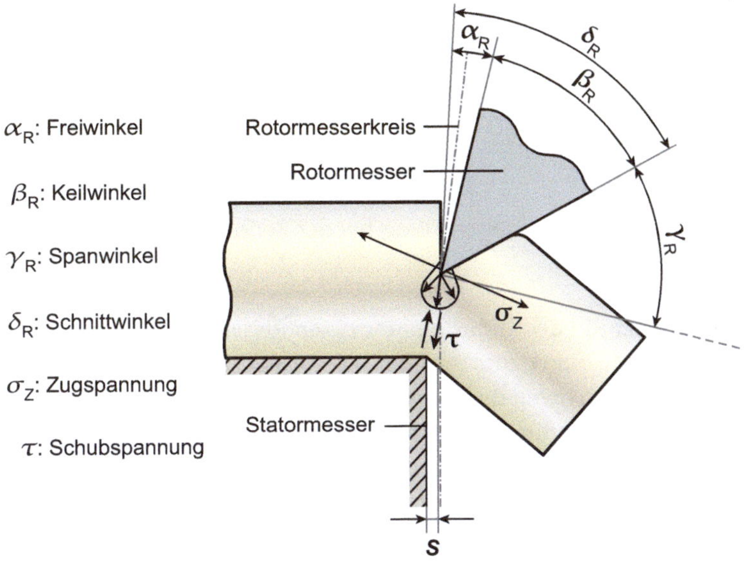

Bild 3.14 Bruchentstehung an der Messerschneide, verändert nach [Wol04, S. 11]

Je größer der Keilwinkel der Schneide, desto größer werden die Schubspannungen im Vergleich zu den Zugspannungen [Bau01, S. 33]. Auch der Schneidspalt *s* beeinflusst den Spannungszustand. Je größer dieser ist, desto größer ist der Hebelarm, was sich wiederum auf die Höhe der Zugspannung aufgrund des Biegemoments auswirkt. In Bezug auf die Geometrie der Schneide bewirkt ein großer Kantenradius (stumpfe Messerschneide) eine Abschwächung der Spannungskonzentration vor der Schneide. Die Folge ist, dass die erforderliche Energie zur Trennung ansteigen wird und die Schubkräfte einen höheren Anteil am Trenngeschehen haben. Das Ausmaß der Verformung beim Eingriff der Messerschneide ist zusätzlich abhängig von der Abschnittlänge. Wird nur ein sehr feiner Span vom Rest des Materials abgetrennt, können sich die Spannungen nur auf eine kleine Fläche verteilen, sodass die Spannungskonzentration vor der Schneide ansteigt und es bei geringerer Schneidkraft zu einem Bruch kommt [Bau01, S. 37–39].

Prinzipiell lassen sich zwei Brucharten in ihren Extremen unterscheiden, wobei Kunststoffe immer eine Mischform dieser beiden zeigen [Bau01, S. 32, Wol04, S. 11]. Zum einen handelt es sich um einen Sprödbruch, der schlagartig eintritt, und zum anderen um die rein duktile Materialtrennung, bei der das Material vollständig mittels Schneiden durchtrennt wird (siehe Bild 3.15).

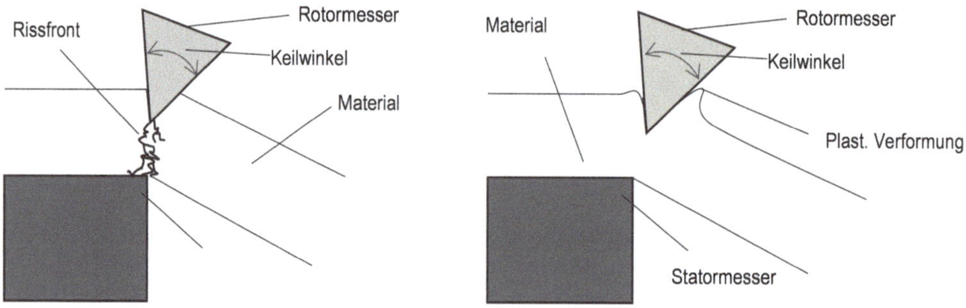

Bild 3.15 Sprödbruch und duktile Materialtrennung bei der Zerkleinerung mittels Messerschneide

Im ersten Fall erfolgt ein Anschnitt des Materials, der einen Riss initiiert. Die Rissfront breitet sich schlagartig aus und führt zum spröden Restbruch im Material. Bei dem zweiten Fall kommt es beim Eindringen des Messers zu einer plastischen Verformung des Materials. In welche Kategorie eine konkrete Zerkleinerungsaufgabe einzusortieren ist, hängt im Wesentlichen vom Materialverhalten, von der Belastungsgeschwindigkeit, also im Fall der Schneidmühle von der Rotordrehzahl, und von der Geometrie der Schneiden ab. Der Einfluss der geometrischen Bedingungen auf die Ausbildung von Zugspannungen wurde bereits beschrieben. Hohe Zugspannungen führen bei Vorliegen eines Risses zu einer hohen Rissausbreitungsgeschwindigkeit und damit zu einem Sprödbruch [Wol04, S. 11]. Spröde Materialien wie Duroplaste oder bei den Thermoplasten Polystyrol oder ABS brechen in der Schneidmühle eher spröde, bei hohen Belastungsgeschwindigkeiten tritt allgemein ebenfalls ein sprödes Bruchverhalten der Kunststoffe auf. Zeitabhängige Relaxationsvorgänge können nicht ausreichend stattfinden, sodass die hohen Spannungen zur Überschreitung der Bruchgrenze im Material führen.

Überblick über Einflussgrößen auf den Zerkleinerungsprozess

Ein Ziel der Zerkleinerung ist die Herstellung eines möglichst homogenen Mahlguts mit enger Partikelgrößenverteilung bei hohem Anlagendurchsatz und geringem Energieeinsatz. Die Wahl der passenden Maschine erfolgt je nach Material, Größe des Aufgabeguts und zu erzielender Partikelgröße. Allgemein lassen sich folgende, grobe Tendenzen über stoffbedingte, betriebsbedingte und konstruktive Einflussgrößen auf den Zerkleinerungsprozess aufzeigen.

Stoffbedingte Einflussgrößen

Duktiles Material benötigt tendenziell mehr Energie zur Zerkleinerung als sprödes Material, weil ein wesentlicher Anteil der eingebrachten Energie für die Verformung aufgebracht werden muss. Für spröde Materialien wird hingegen weniger Energie benötigt, weil sich die Rissfront schlagartig ohne weiteren Energieeintrag ausbreitet. Bei Wahl der passenden Zerkleinerungsmaschine werden bei duktilen Materialien tendenziell engere Partikelgrößenverteilungen erreicht, weil das Material definiert getrennt wird und nicht unkontrolliert in unterschiedlich große Bruchstücke mit hohem Feinanteil zerfällt, wie dies bei spröden Materialien der Fall ist [Höf86, S. 47 f.].

Betriebsbedingte Einflussgrößen

Wie bereits beschrieben, führen hohe Umfangsgeschwindigkeiten zu einem spröden Materialverhalten. Dabei wird tendenziell mehr Energie benötigt, weil die Bruchspannung des Materials höher ausfällt. Bei einer Prall- bzw. Schlagbeanspruchung sinkt jedoch die benötigte Energie, weil die sehr hohen Beanspruchungsgeschwindigkeiten von spröden Materialien zu einem Bruch mit instabiler Rissausbreitung führen. Es entsteht dabei eine eher breite Partikelgrößenverteilung aus den gleichen Gründen wie bei den von vornherein spröden Materialien. Die höhere Geschwindigkeit führt zu einer schnelleren Zerkleinerung und damit zu höheren Durchsätzen der Anlage [Höf86, S. 47].

Konstruktive Einflussgrößen

Generell steigt die benötigte Antriebsleistung mit der Anzahl der Rotoren und der Breite der Rotoren, gleichzeitig steigt aber auch der Durchsatz. Eine höhere Anzahl an Rotor- und Statormessern führt zu einer häufigeren Beanspruchung des Materials und damit zu höheren Durchsätzen. Geringere Keilwinkel bei scherender und schneidender Beanspruchung führen zu tendenziell geringerem Energieverbrauch, allerdings zu hohem Verschleiß der Messerschneiden. Durch größere Spaltweiten entstehen höhere Biegespannungen. Bei duktilen Materialien führt dies zu größeren plastischen Verformungen und damit zu einer höheren benötigten Energie. Bei Anlagen mit Siebboden wird bei Verringerung der Sieblochgröße das Material häufiger beansprucht, bis es den Mahlraum verlassen kann. Dies reduziert den Durchsatz und erhöht die benötigte Energie [Bau01, S. 37; Höf86, S. 48].

Zerkleinerung von faserverstärkten thermoplastischen Kunststoffen

Faserverstärkte Kunststoffe erfreuen sich aufgrund ihrer guten gewichtsspezifischen mechanischen Eigenschaften seit vielen Jahren steigender Nachfrage. Insbesondere endlosfaserverstärkte thermoplastische Halbzeuge, sogenannte Organobleche, werden vermehrt im Automobilsektor eingesetzt, um Gewicht einzusparen. Demzufolge ist davon auszugehen, dass in Zukunft vermehrt Kunststoffabfälle mit enthaltenen

Glas- oder Kohlenstofffasern anfallen. Aufgrund des ursprünglichen Einsatzes der Endlosfasern als Gewebe kann daraus zerkleinerter Abfall nicht mehr in diesen Zustand zurückversetzt werden. Daher können diese Materialien im Sinne eines werkstofflichen Recyclings nur noch zu kurzfaserverstärktem Rezyklat aufbereitet werden. Zu beachten ist dabei, dass die Zerkleinerung der Fasern zu einer Reduktion der mechanischen Eigenschaften führt.

Bei dem Zerkleinerungsprozess muss besonderes Augenmerk auf die Faserstaubentstehung gelegt werden. Entstehende Faserbruchstücke stellen ein potenzielles Gesundheitsrisiko dar, weil sie einatembar und alveolengängig sein können. Als besonders gesundheitsgefährdend gelten sogenannte WHO-Fasern, deren Länge > 5 mm, deren Durchmesser <3 mm und deren Länge-Durchmesser-Verhältnis > 3:1 beträgt.

Im Folgenden werden Untersuchungsergebnisse der Kunststofftechnik Paderborn an der Universität Paderborn vorgestellt, welche durch Tölle und Hopp et al. erstellt und publiziert wurden [THB+22; TH21; TH22a; TH22b; THH21; TMR+22]. Bisherige Studien beschäftigen sich mit dem Einfluss des Zerkleinerungsvorgangs auf die mechanischen Eigenschaften des aus dem Mahlgut hergestellten Rezyklats oder aber mit der Durchsatzerhöhung oder Energieminimierung des Zerkleinerungsvorgangs. Untersuchungen zu den Einflussfaktoren auf die Faserstaubentstehung sind jedoch bislang in dieser Form nicht durchgeführt worden.

Bild 3.16 zeigt die Partikelgrößenverteilung des Faserstaubs (Partikel <1 mm) zerkleinerter Organobleche mit unterschiedlichen Materialkombinationen in Abhängigkeit der Rotordrehzahl der verwendeten Schneidmühle (SM300 der Fa. Retsch GmbH). Dabei sind glasfaserverstärkte Organobleche aus Polypropylen (PP, Tepex® dynalite 104-RG600(x)/47 %, 1 mm Dicke) und aus Polyamid 6 (PA6, Tepex® dynalite 102-RG600(x)/47 %, 2 mm Dicke) und carbonfaserverstärkte Organobleche aus Polycarbonat (Tepex® dynalite 210fr-C221(x)/45 %, 1 mm Dicke) und aus Polyamid 66 (Tepex® dynalite 201-C200[x]/50 %, 7 mm Dicke) der Fa. Bond Laminates GmbH verwendet worden. Für den Zerkleinerungsvorgang beträgt die Aufgabegröße 30 x 30 mm, die Siebmaschenweite 10 mm und der Durchsatz 50 g/1x. Die Ergebnisse zeigen, dass eine Erhöhung der Drehzahl für alle Materialien einen größeren Anteil kleinerer Partikel hervorruft. Wie zuvor ausgeführt, liegt dies an dem zeitabhängigen viskoelastischen Materialverhalten der Kunststoffe, bei dem eine Erhöhung der Beanspruchungsgeschwindigkeit zu einem spröderen Bruchverhalten führt. Weiterhin zeigen auch die Organobleche untereinander ein unterschiedliches Zerkleinerungsergebnis, was insbesondere die Partikelfraktion <0,125 mm betrifft. Bei dem Polycarbonat-Material mit Carbonfasern sind am meisten Partikel dieser Größe vorzufinden, während das Mahlgut des Polypropylen-Organoblechs keine Partikel in dieser Fraktion aufweist. Dies liegt an dem duktileren Materialverhalten des PP im Vergleich zum PC. Das PC bricht spröde, was zur Bildung von unterschiedlich großen Bruchstücken und insbesondere zu einem größeren

Feinanteil führt. Für die Polyamid-Materialien mit der Faserverstärkung ist ebenfalls von einem spröden Bruchverhalten auszugehen, was hier auch in der Detektion von Partikeln <125 µm gezeigt wird. Die Ergebnisse stützen somit die in diesem Kapitel vorgestellten Einflussfaktoren auf das Zerkleinerungsergebnis.

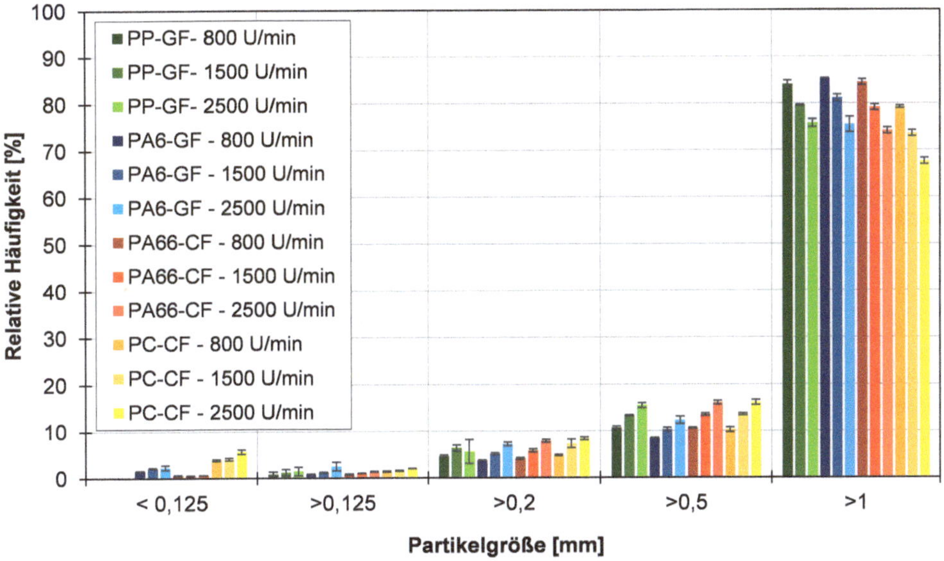

Bild 3.16 Partikelgrößenverteilung des Staubs zerkleinerter, endlosfaserverstärkter thermoplastischer Halbzeuge durch eine Schneidmühle in Abhängigkeit des Materials und der Drehzahl

Durch Pyrolyse des Matrixmaterials erfolgt die Auswertung der Faserlängenverteilung für die jeweils geringste Staubfraktion mittels eines Scanners und der Auswertungssoftware FiVer (SKZ – KFE gGmbH). In Bild 3.17 ist die kumulierte Häufigkeit von Faserlängen <150 µm für die Organoblech-Proben in Abhängigkeit der Aufgabegröße und der Rotordrehzahl dargestellt. Zunächst wird deutlich, dass die Drehzahl keinen erkennbaren Einfluss auf die Entstehung von Faserstücken dieser Faserlängenfraktion hat. Somit entstehen zwar bei hoher Drehzahl kleinere Partikel im Mahlgut, es erfolgt im Rahmen der untersuchten Größenklassen aber keine weitere Verkürzung der in den Partikeln enthaltenen Fasern. Anhand der Ergebnisse für Polypropylen und Polyamid 66 ist zu erkennen, dass die Verringerung der Aufgabegröße bei diesen Materialien zu einer deutlichen Zunahme kurzer Fasern führt. Bei gleicher massebezogener Aufgabemenge (50 g/1x) kommt es bei kleinerer Aufgabegröße zu einer größeren Anzahl von Kollisionen zwischen den zugeführten Teilen und der Wandung des Mahlraums, was diesen Effekt erklären kann.

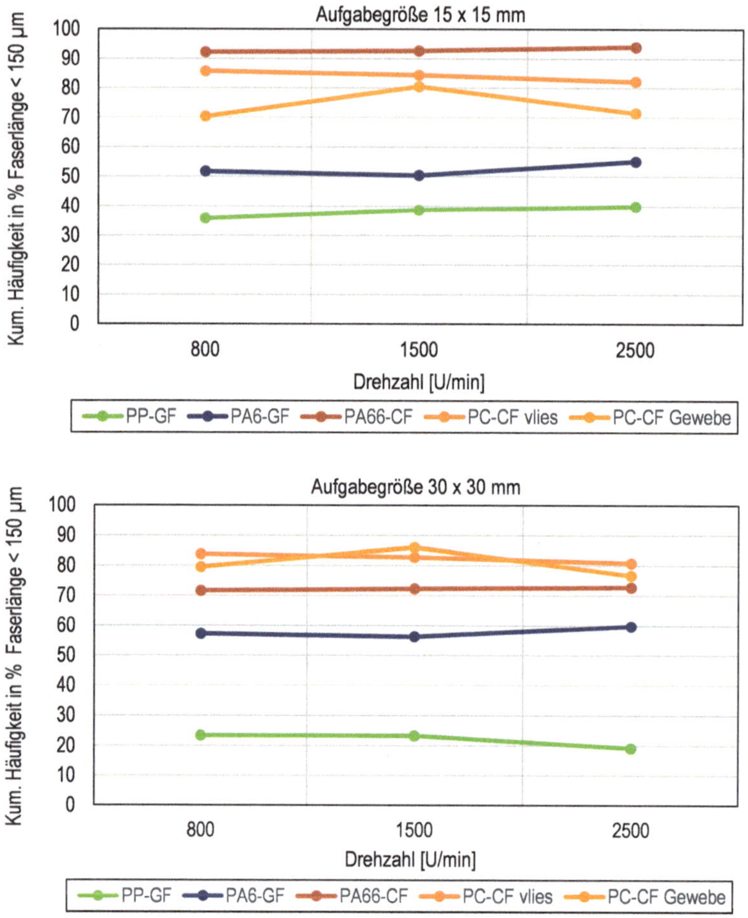

Bild 3.17 Faserlängenverteilung der Staubfraktion <125 µm in Abhängigkeit des Materials, der Aufgabegröße und der Drehzahl

Mit einem Einwellenschredder vom Typ Weima Smart Cutter WSC 250–400 der Fa. Weima Maschinenbau GmbH wurden weitere Untersuchungen zur Entstehung luftgetragener Stäube durchgeführt. Luftgetragener einatembarer Faserstaub (E-Staub, <100 µm) wurde dabei mit einem VC25-Sammler auf einem Cellulosenitratfilter abgeschieden. Bei einer Aufgabegröße von 250 x 250 mm wurden Organobleche mit einem Durchsatz von 1 kg/100 s in einem Zeitraum von 120 min zerkleinert. Der auf dem Filter abgeschiedene Staub wurde gewogen und zwecks Vergleichbarkeit mit der Aufgabemenge in kg und der Menge der in dem Zeitraum gefilterten Luft in m^3 normiert.

Es lassen sich auch für die luftgetragenen Stäube ähnliche Zusammenhänge herstellen, wie dies bei der Siebanalyse gezeigt wurde. Mit höherer Drehzahl steigt auch die Staubkonzentration der luftgetragenen einatembaren Stäube, was für die PP-, PA6- und PC-Organobleche in Bild 3.18 dargestellt ist. Die Verringerung der Siebmaschenweite führt im Fall der spröden Polycarbonat-Organobleche mit Carbonfaserverstärkung zu einer 4,5-fachen Steigerung der normierten E-Staubmasse. Dies lässt sich durch die höhere Anzahl an Schneidvorgängen erklären, die notwendig sind, bis das Material den Mahlraum verlassen kann. Dieser Effekt erhöht den Feinanteil im Mahlgut und auch die luftgetragene Staubmenge.

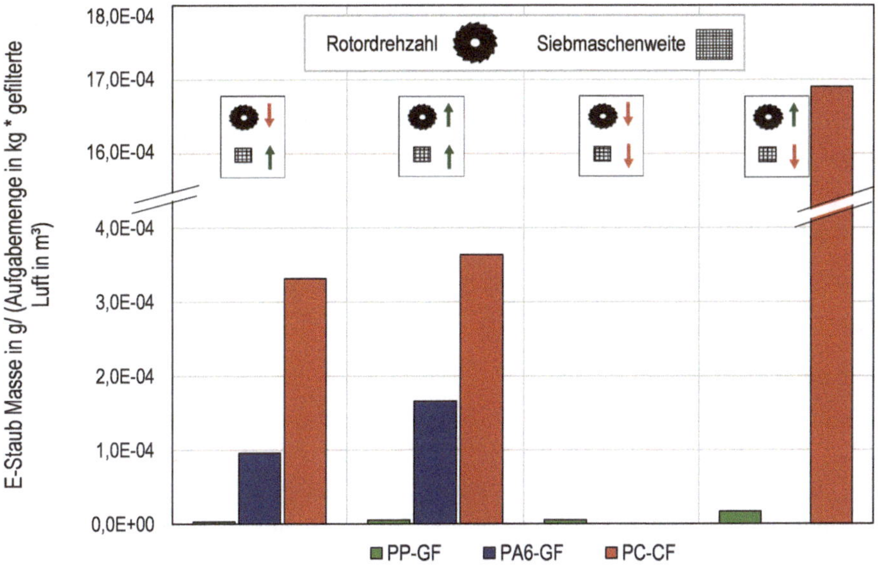

Bild 3.18 Normierte E-Staubmasse des luftgetragenen Staubs nach Zerkleinerung in einem Einwellenschredder in Abhängigkeit des Materials und der Siebmaschenweite

In Zusammenarbeit mit dem Institut für Prävention und Arbeitsmedizin IPA der Deutschen Gesetzlichen Unfallversicherung sind auf Basis der Zerkleinerungsuntersuchungen und der aufgefangenen Faserstäube erste Einschätzungen zur Gesundheitsgefährdung erfolgt. Im Faserstaub der carbonfaserverstärkten Organobleche sind Carbonfaser-Fragmente detektierbar, die der WHO-Charakteristik genügen. Hier ist auf entsprechenden Atemschutz zu achten. Die durchgeführten Tests zeigen allerdings nur geringe zelltoxische Wirkungen, weshalb das Gesundheitsrisiko nicht höher einzustufen ist als bei biobeständigen, nicht faserförmigen Stäuben [TMR+22].

3.2.2 Waschen, Trennen und Trocknen

Durch die Zerkleinerung entsteht eine Mahlgutschüttung mit einer mehr oder weniger engen Partikelgrößenverteilung. Häufig ist noch ein nicht geringer Feinanteil enthalten. Ziel der weiteren Prozessschritte ist nun, das Mahlgut von Fremdstoffen wie Metall, Steinen und Sand, von weiteren Verunreinigungen wie organischen Substanzen und Klebeetiketten und von dem Feinanteil zu befreien. Dazu wird die zerkleinerte Partikelschüttung gewaschen und im Nachgang getrocknet. Zwischengeschaltete Trennstufen sorgen für die weitere Trennung von Fremdstoffen und insbesondere für die Sortierung nach einer bestimmten Kunststofffraktion.

Waschen

An den Zerkleinerungsvorgang schließt sich in den meisten Fällen ein mehrstufiger Waschprozess an. Der Kunststoffabfall wird dabei von anhaftenden Fremdstoffen und Verunreinigungen gereinigt. Fremdstoffe können Metallpartikel, Glas, Sand oder Steine sein und bei den Verunreinigungen lassen sich anhaftende biogene Bestandteile, Klebstoffe, Etiketten, Restmonomere und flüchtige Bestandteile nennen, die vom Kunststoff entfernt werden müssen.

Die wesentlichen Teilschritte bei der Wäsche sind nach [MBW+92]:

- Einweichen oder Anlösen
- Ablösen der Verschmutzung
- Abscheiden der Verschmutzung

Die Waschanlagen unterscheiden sich je nach Reinigungsaufgabe deutlich voneinander. Die benötigten Waschanlagen, häufig als Waschmodule bezeichnet, werden in eine Recyclinglinie passend eingeplant und lösen die oben genannten Teilschritte entweder in einem Waschmodul oder in hintereinander geschalteten Anlagen.

Folgende Anlagen werden heutzutage häufig zur Reinigung der Kunststoffabfälle eingesetzt:

- Vorwascheinheit mit mehreren Abscheidekammern
- Nassschneidmühle
- Friktionswäscher
- Heißwäsche

Andere Bauformen sind:

- Waschtrommel
- Rührbehälter
- Schneckenförderer

Diese Anlagen werden mit zwischengeschalteten Trennstufen, Absinkbehältern, Störstoffabscheidern und einer aufwendigen Prozesswasseraufbereitung kombiniert. Im Folgenden soll auf die vier erstgenannten Einzelanlagen näher eingegangen werden.

In Vorwascheinheiten werden vorzerkleinerte Kunststoffabfälle von Störstoffen wie Metall, Stein, Glas oder Sand befreit, um nachfolgende Maschinen vor Schäden zu schützen. Zusätzlich finden ein Einweichen der sonstigen Verunreinigungen und eine erste Wäsche des Abfalls statt. Deshalb wird diese Art von Waschmodul an den Beginn des Reinigungsprozesses gestellt. Bild 3.19 zeigt schematisch den Aufbau einer solchen Vorwascheinheit nach der Bauart der Fa. Herbold Meckesheim GmbH.

Bild 3.19 Schematischer Aufbau einer Vorwascheinheit mit hintereinander geschalteten Abscheidekammern, leicht verändert nach [NN06]

Grundsätzlich besteht die Anlage aus mehreren Abscheidekammern, in denen schwere Störstoffe abgeschieden werden können. Das Material wird über Förderschnecken jeweils in die Abscheidekammern befördert und gelangt am Ende über eine Austragsschnecke in eine nächste Wascheinheit. In der ersten Verfahrensstufe gelangt das Aufgabegut über ein Förderband oder eine Förderschnecke in den Aufgabeschacht, der über dem ersten Vorwaschbehälter angeordnet ist. Schwere Fremdstoffe wie Steine sinken ab, während das vergleichsweise leichte Gutmaterial aufschwimmt und in die nächste Abscheidekammer gefördert wird. Um zu verhindern, dass mit Verunreinigungen behaftetes Gutmaterial absinkt, sorgt eine entgegengerichtete Strömung für den nötigen Auftrieb. In der zweiten Stufe sind Waschdüsen angeordnet, die leicht anhaftende Verunreinigungen wie Sand, Dreck, Papier oder biogene Verunreinigungen lösen. Ein Teil der Verschmutzung wird durch den unterhalb des Aufgabeguts angeordneten Siebboden gespült. Der andere Teil wird in die nächste Abscheidekammer zusammen mit dem Gutmaterial gefördert. Dort sinken die Fremdstoffe ab, während das Gutmaterial über die Austragsschnecke in ein nächstes Anlagenmodul gefördert wird. Das Sinkgut wird über Doppelschleusen oder über Schneckensysteme aus der Anlage ausgetragen [NN08].

Die Nassschneidmühle sorgt nach der Vorzerkleinerung beispielsweise in einem Ein- oder Mehrwellenschredder für die Feinzerkleinerung von Folienabfall zu Folienflakes oder von vorzerkleinerten PET-Flaschen zu PET-Flakes. Während des Zerkleinerungsvorgangs, der im Prinzip wie in einer trocken betriebenen Schneidmühle funktioniert, werden der Zerkleinerungskammer große Mengen an Wasser hinzugegeben. Die in der Schneidmühle herrschenden Beanspruchungen bewirken in Verbindung mit dem Wasser eine intensive Reinigung der Oberflächen. Zusätzlich wird das Kunststoffmaterial geschont und entstehende Wärme abgeführt. Typische Nassschneidmühlen arbeiten bei Rotorumdrehungen zwischen 450 und 600 U/min und Durchsatzleistungen bis zu 3000 kg/h [NN09-ol].

Der Friktionswäscher wird zur Reinigung und Entwässerung von Kunststoffabfällen verwendet. Teilweise wird er als Nachfolge-Einheit einer Nassschneidmühle eingesetzt.

Bild 3.20 Friktionswäscher FA-60–300 der Firma Herbold Meckesheim GmbH [NN10]

Ein schräg stehender Paddelrotor ist von einem Sieb umschlossen und befindet sich in einem geschlossenen Gehäuse. Das Aufgabegut mit Wasser wird unten zugeführt und über die schräg auf der Welle angebrachten Paddel nach oben gefördert (siehe Bild 3.20). Dabei findet durch den Schereintrag der Paddel eine Reinigung des Kunststoff-Mahlguts statt, während das Wasser mit den Fremdstoffen durch das Sieb über die durch die Rotation entstehenden Zentrifugalkräfte entweicht. Die Entwässerung des Friktionswäschers wird auch dafür verwendet, das Prozesswasser auszutauschen und das Material in eine weitere Reinigungs- oder Trennstufe zu geben [NN11].

Um stark anhaftende Rückstände, aufgeklebte Etiketten, organische Verunreinigungen (z. B. Speiseöl) oder Geruchsstoffe zu entfernen, wird häufig die Heißwäsche eingesetzt. Je nach Anforderung werden unterschiedliche Waschmedien unter Einsatz von Tensiden eingesetzt. Da durch die erhöhte Temperatur des Waschmediums und durch den Einsatz von Laugen die Betriebskosten von Heißwaschanlagen vergleichsweise hoch sind, werden sie für die Herstellung von höherwertigen Rezyklaten, z. B. für den Lebensmittelbereich, eingesetzt. So finden sie in Recycling-Linien für das PET-Flaschenrecycling Anwendung als Vorstufe für noch intensivere Reinigungsschritte (z. B. das URRC-Verfahren). Mittlerweile sind die Anlagen auch für weitere Stoffströme, wie Polyolefin-Fraktionen, etabliert, die durch fettige Verunreinigungen, wie Bodylotion oder Sonnencreme, verunreinigt sind [NN12-ol; NN13-ol].

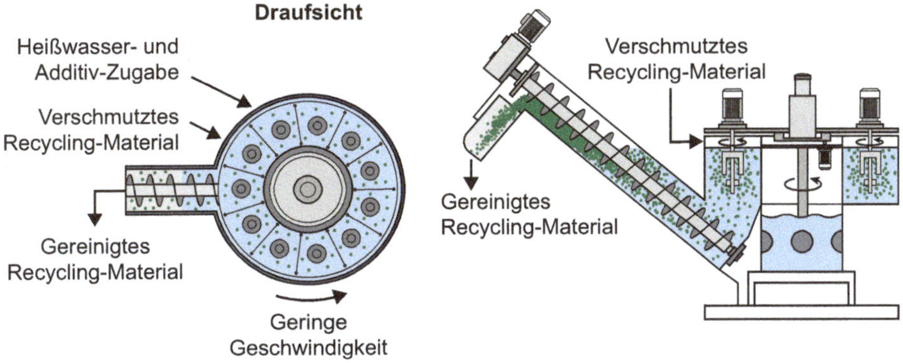

Bild 3.21 Schematischer Aufbau einer Heißwäsche, leicht verändert nach [NN07-ol]

Wie aus Bild 3.21 ersichtlich, besteht eine solche Anlage aus einem Waschbehälter, der drehend gelagert ist und sich langsam dreht. Um die Achse des Behälters sind einzeln angetriebene, schnell drehende Rotorwäscher angeordnet, die die Bewegung des zu waschenden Mahlguts im Waschmedium und ein Ablösen von starken Verschmutzungen gewährleisten. Eine Austragschnecke fördert das Gutmaterial aus der Heißwäsche heraus. Der Hersteller von Recyclinganlagen Lindner Washtech hat ein dreistufiges Heißwäscheverfahren entwickelt, welches neben dem mit Mischarmen versehenen Heißwaschbehälter und einem Friktionswäscher eine Wascheinheit dazwischen eingebunden hat, die ähnlich der Vorwäscheeinheit aufgebaut ist. Hier wird das Material ständiger Reibung ausgesetzt und Anhaftungen werden schonend gelöst [NN14-ol].

Trennen

Nachdem die zerkleinerten Kunststoffabfälle gereinigt sind, erfolgt die Trennung nach Kunststofftyp oder nach Farbe, wobei es zusätzlich zur Abtrennung von Fremdstoffen kommen kann, die immer noch in der Materialschüttung vorhanden sein können. Hierzu werden verschiedene physikalische oder optische Verfahren eingesetzt, die auch bereits bei der Sortierung des Abfalls in einer LVP-Sortieranlage Anwendung finden, wie beispielsweise die NIR-Sortierung. Im Gegensatz zu der Sortierung von nicht zerkleinerten Abfallstücken kann die Sortierung des Aufgabeguts nach der Zerkleinerung und nach dem Waschprozess deutlich genauer erfolgen. Sich überdeckende Abfallstücke, anhaftende Verunreinigungen oder noch nicht aufgeschlossene Verbunde spielen nun keine Rolle mehr. Jedes einzelne Partikel kann, je nach Grad der Zerkleinerung und der Möglichkeit der Vereinzelung der Partikel, nach der jeweiligen Kunststoffsorte erfasst und separiert werden.

Prinzipiell eignen sich die folgenden Trenntechniken für die Trennung des Mahlguts:

- Dichtetrennung
  - Schwimm-Sink-Trennung
  - Setzprozess, Herdsortierung
  - Hydrostromsortierer
  - Aerostromsortierer
- sensorgestützte Trennung
  - NIR-Spektroskopie
  - optoelektronische Sensorik, beispielsweise durch Farbzeilenkamera
  - Röntgenfluoreszenz-Sensoren
- elektrostatische Trennung

Diese Liste erhebt keinen Anspruch auf Vollständigkeit, sondern soll nur einen Überblick geben über häufig bei Kunststoffabfällen zur Anwendung kommende Verfahren. Weitere Methoden sind beispielsweise durch Martens et al. beschrieben [MG16, S. 286 ff.].

Die Dichtetrennung

Die Trennung bzw. Sortierung des Mahlguts unter Nutzung der Dichteunterschiede ist eine Methode, welche sehr gut für die Trennung von schweren Fremdstoffen funktioniert, aber auch bei der Trennung nach der Kunststoffsorte aufgrund der Dichteunterschiede eine große Rolle spielt. Die Trennung erfolgt durch das unterschiedliche Verhalten der Teilchen im Mahlgut in Zusammenspiel mit dem umgebenden Fluid (Flüssigkeit oder Luft). Wenn das Fluid nicht ruht, sondern im Apparat strömt, dann spielen auch die Größe und die Form der Teilchen eine Rolle. Daher ist die Herstellung eines Mahlguts mit einer engen Partikelgrößenverteilung vorteilhaft für derartige Apparate [MG16, S. 45].

Wie aus Bild 3.22 ersichtlich, ergeben sich für bestimmte Gemischt-Fraktionen, wie beispielsweise für die PET-Flaschen-Fraktion mit HDPE- bzw. PP-Schraubverschluss, deutliche Unterschiede in der Dichte. Auch die Trennung von PA von den Polyolefinen PE oder PP ist unter Zuhilfenahme von Wasser als Trennflüssigkeit möglich. Für andere Fraktionen, wie Polyamid und PET, kann die Dichtetrennung mit Trennflüssigkeiten höherer Dichte erfolgen, für PE und PP ist eine Trennung voneinander nach der Dichte wiederum nicht möglich.

In der Praxis ergeben sich Herausforderungen durch die Additivierung der Kunststoffe. Dichteverändernde Füllstoffe können dazu führen, dass die Dichte ansteigt und so eine Separierung nicht möglich ist. Auf der anderen Seite sinkt die Dichte durch das Schäumen von Kunststoffen deutlich, sodass beispielsweise Polystyrol mit einer höheren Kompakt-Dichte als Wasser als geschäumte Variante aufschwimmt.

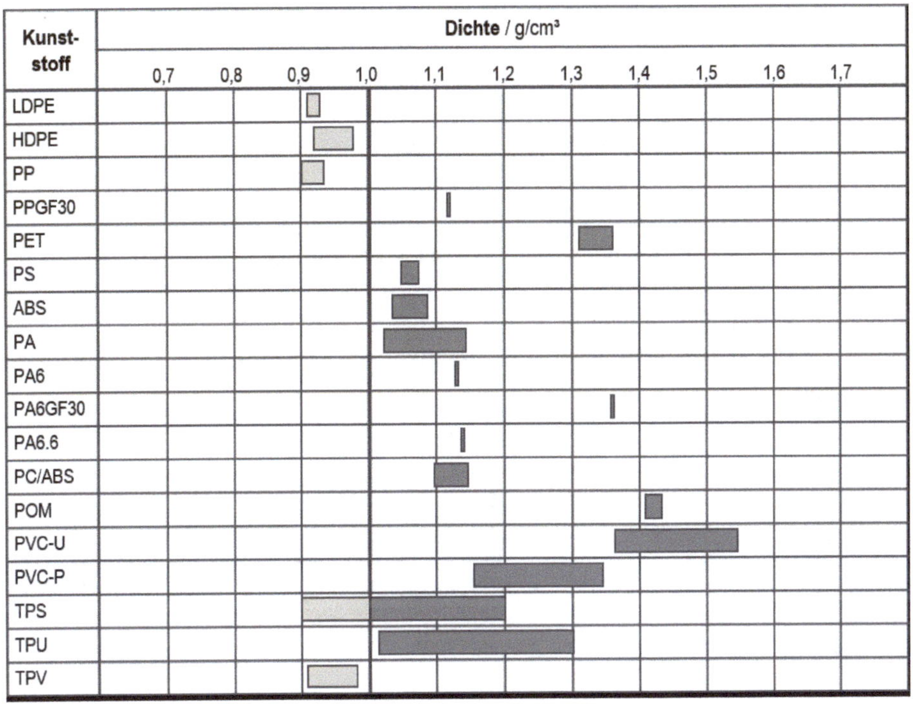

Bild 3.22 Dichtebereiche für verschiedene Kunststoffe [BBO+13; Eng15; NN15-ol]

Das Prinzip der Dichtetrennung in einem Schwerkraft-Scheider beruht auf einem einfachen physikalischen Prinzip. Die Teilchen werden in eine Flüssigkeit bestimmter Dichte gegeben, im Fall von Wasser beträgt diese bei einer Temperatur von 20 °C etwa 0,998 g/cm^3. Die im Wasser befindlichen Teilchen mit einer geringeren Dichte bleiben an der Wasseroberfläche (Schwimmgut), weil die Auftriebskraft, die der Gewichtskraft des verdrängten Wasservolumens entspricht, größer ist als die entgegengerichtete Gewichtskraft der Teilchen. Die Teilchen mit einer höheren Dichte sinken entsprechend im Wasser nach unten (Sinkgut). Neben Wasser können zur Einstellung der Dichte eine Salzlösung oder ein Wasser-Alkohol-Gemisch verwendet werden. Die zu trennenden Teilchen sollten zwischen 5 und 10 mm groß und benetzbar sein (keine Luftblasenanhaftung). In Bild 3.23 links ist ein Schwerkraft-Scheider schematisch dargestellt. Durch Paddelbewegungen erfolgt eine leichte, oberflächliche Strömung, um das Schwimmgut kontinuierlich abschöpfen zu können. Das Sinkgut wird am Boden des Beckens über Schleusen oder Entwässerungsschnecken ausgetragen. Weitere Bauarten sind in [Sch96, S. 18–26] beschrieben. Um das Sinkgut nicht aufschwemmen zu lassen, sind Turbulenzen unbedingt zu vermeiden. Diese Gefahr begrenzt allerdings erheblich den Durchsatz dieser Anlagen. Schwerkraft-Scheider arbeiten nur mit der Gravitationskraft, also mit einer mittleren Beschleunigung von 9,81 m/s^2, und der Einfluss durch die Korngröße und die Form ist nicht zu vernachlässigen [MG16, S. 47; BH13, S. 518; BLS+17, S. 450].

Für höhere Durchsätze und eine bessere Trennschärfe können Sortierzentrifugen eingesetzt werden (siehe Bild 3.23 rechts). Diese bestehen aus einer Trommel, die an beiden Enden konisch zuläuft. Im Inneren der Trommel ist eine der Kontur folgende Schnecke angeordnet, deren Wendel zweigeteilt ist und eine Förderwirkung zu den jeweiligen Enden erlaubt. Die zuvor homogen aufgemischte Suspension aus Trennflüssigkeit und Kunststoffpartikeln gelangt über eine Hohlwelle in den mittleren Bereich der Zentrifuge. Durch die Zentrifugalkraft wird die Suspension an die Trommelwand gedrückt. Partikel mit einer höheren Dichte als das Trennmedium werden stärker an die Wand gedrückt als leichtere Partikel, die von innen auf der Oberfläche der Flüssigkeit aufschwimmen.

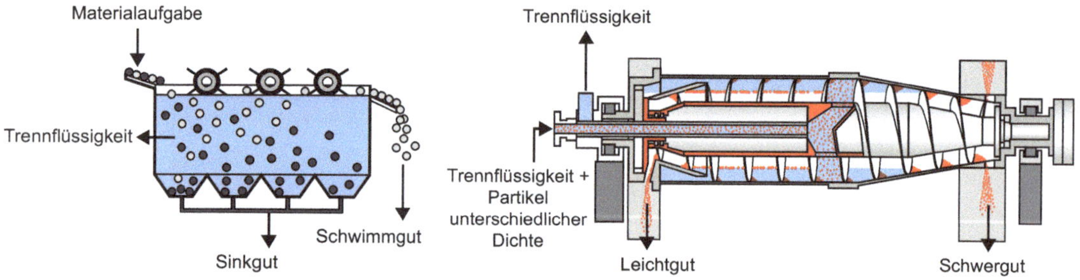

Bild 3.23 Schematischer Aufbau eines Schwerkraft-Scheiders und einer Sortierzentrifuge, verändert nach [MG16, S. 48]

Die Schnecken sorgen jeweils für eine Förderwirkung des Schwer- bzw. des Leichtguts aus der Zentrifuge heraus. Durch den konischen Auslauf der Trommel an den Enden erfolgt die Entwässerung der Suspension. Die Trennflüssigkeit gelangt an dem Ende, an dem das Leichtgut ausgetragen wird, aus der Zentrifuge und wird wieder dem Kreislauf zugeführt. Mit einer solchen Anlage lassen sich Kunststoffe voneinander trennen, die in ihrer Dichte eng zusammenliegen. Durch die hohen Umfangsgeschwindigkeiten von bis zu 4000 U/min entstehen hohe Beschleunigungswerte von bis zu 1100 g, die auf die Teilchen wirken. Zudem liegen hohe Scherkräfte zwischen den Teilchen und der Flüssigkeit vor, die eine gute Reinigungswirkung hervorrufen. Die Nachteile dieser Anlage bestehen in der Komplexität der Verfahrenstechnik und den hohen Betriebs- und Investitionskosten [KC10, S. 173, BLS+17].

Eine preisgünstigere Alternative ohne große Wartungserfordernisse stellt der Hydrozyklon dar. Hier finden sich keine bewegten Anlagenteile, die im Betrieb zu Verschleiß und folglich zu engen Wartungs- und Instandhaltungsintervallen führen. Wie aus Bild 3.24 ersichtlich, wird das Aufgabegut, bestehend aus Flüssigkeit und den zu trennenden Partikeln, tangential mit einer hohen Geschwindigkeit in den Zyklon eingeleitet. Durch die Schwerkraft und die Form des Zyklons bildet sich ein nach unten gerichteter sogenannter Primärwirbel aus. Im Zentrifugalfeld werden die schweren Teilchen an die Zyklonwand gedrückt, während die leichten Teilchen zur Mitte des Zyklons getragen werden. Durch den konischen Zulauf des Zyklons wirkt die untere Öffnung als Drossel und lässt nur die wandnahen schweren Partikel hindurch.

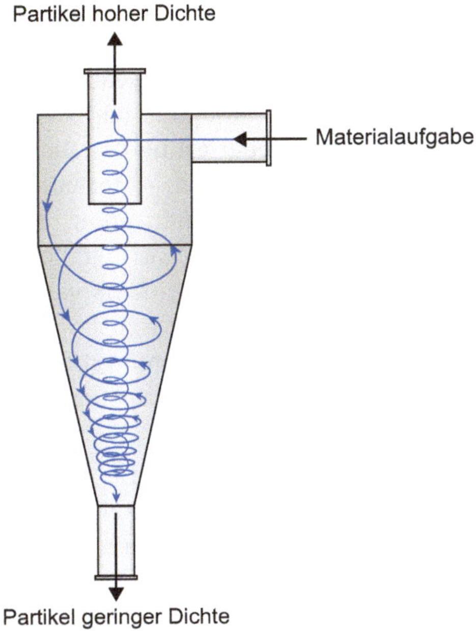

Bild 3.24
Schematischer Aufbau eines Hydrozyklons (links) und eines zylindrischen Zentrifugalkraftscheiders (rechts), verändert nach [MG16, S. 48; SBL21, S. 8]

Die Teilchen und die Flüssigkeit in der Mitte des Zyklons werden durch die Strömungsverhältnisse zur Umlenkung gezwungen, wodurch sich ein aufwärtsgerichteter sogenannter Sekundärwirbel ausbildet, der in den oberen Auslass des Zyklons mündet und zur Austragung des Leichtguts führt. Auf die Partikel wirkt eine Beschleunigung von bis zu 100 g. Mithilfe eines Hydrozyklons kann die Polyolefinfraktion (PP/PE) mit einer Trenngüte von ca. 95–98 % gewonnen werden.

Um das Trennergebnis zu verbessern, können Hydrozyklone in Reihe geschaltet werden, wobei nachgelagerte Trennstufen mit einer Salzlösung betrieben werden können, um beispielsweise Polystyrol mit einer Dichte von 1,05 g/cm^3 als Leichtgut abführen zu können [KC10, S. 171, BH13, S. 519, BLS+17, S. 450].

Neuere Entwicklungen zielen auf die Verwendung zylindrischer Zentrifugalkraftscheider ab, deren Achse schräg im Raum angeordnet ist (siehe Bild 3.24 rechts). Diese bisher nur aus der Kohle- oder Mineralrohstoffaufbereitung bekannten Apparate haben den Vorteil, dass das Aufgabegut nicht mit dem Trennmedium zusammen in den Scheider geführt werden muss. Dadurch können Verstopfungen und der Verschleiß an den Pumpen vermieden werden. Das Trennmedium wird am unteren Ende tangential in den Scheider geführt und am oberen Ende tangential wieder abgeführt. Dadurch entsteht ein Zentrifugalfeld mit einer Luftsäule im Inneren. Das Aufgabegut gelangt oben in das Zentrum des Wirbels und wird durch diesen erfasst. Teilchen mit einer höheren Dichte als das Trennmedium werden nach außen gedrückt und über den oberen Auslass mit dem Trennmedium aus dem Scheider ausgetragen. Die leichten Partikel bleiben im Inneren an der Grenzfläche zur Luftsäule und gelangen durch die Neigung des Scheiders über das untere Ende aus dem Scheider heraus.

Der Vorteil der zylindrischen Bauweise ergibt sich durch die bessere Realisierung einer höheren Verweilzeit im Zentrifugalfeld, was in Verbindung mit der Absetzzeit des Aufgabeguts im Schwerefeld vorteilhaft für die Separierung der Dichteklassen ist. Bei den konisch zulaufenden Sortierzyklonen ist zur Aufrechterhaltung des Zentrifugalkraftfeldes eine hohe Einströmgeschwindigkeit notwendig. Dies geht allerdings zulasten der Verweilzeit. Bei den zylindrischen Zentrifugalkraftscheidern lässt sich die Verweilzeit einfach über die Länge des Zylinders vergrößern. Ein weiterer Vorteil ergibt sich durch einen geringeren Druckverlust bei dieser Bauart. Bei der konischen Variante kommt es zu einer starken Strömungsumkehr im Zyklon, die bei Steigerung der Durchsätze zu hohen Druckverlusten führt [BLS+17, S. 451].

Eine trockene Variante der Dichtetrennung stellen die Aerostromsortierer dar, von denen ein Vertreter, der sogenannte Zick-Zack-Sichter, in Bild 3.25 dargestellt ist. Der Sichter arbeitet nach dem Gegenstromprinzip, bei dem die Luft von unten nach oben strömt und das Aufgabegut aus Teilchen unterschiedlicher Dichte von oben in den Sichter gegeben wird. Das Schwergut wird nach unten abgeschieden, während das Leichtgut durch die Luftströmung nach oben ausgetragen werden kann. Durch die Bauart des Sichters gelangt das Aufgabegut mehrfach in den Eingriff des Luftstroms, wodurch eine Querstrom-Sichtung erfolgen kann. Jedes Teilstück stellt somit eine Trennstufe dar, in der durch die Luftströmung in Zusammenspiel mit der begrenzenden Sichtergeometrie ein Luftwirbel entsteht.

Das Grobgut lagert sich jeweils an der Innenkante auf der liegenden Flanke ab. Das Leichtgut wird von Stufe zu Stufe nach oben getragen und über einen Zyklon und eine Zellenradschleuse abgeschieden. Zur Durchsatzerhöhung können Mehrkanalsichter eingesetzt werden, die eine einfache Parallelschaltung mehrerer Sichterkanäle nebeneinander darstellen [MG16, S. 49; Sti09, S. 314 f.; NN16-ol; NN17-ol].

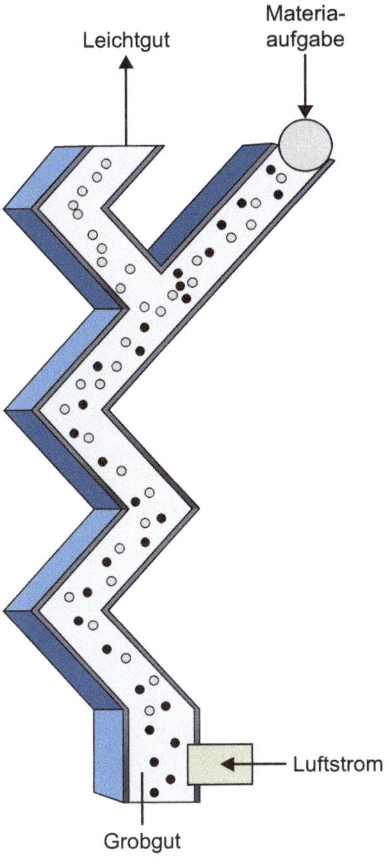

Bild 3.25
Schematischer Aufbau eines Zick-Zack-Windsichters, nach [MG16, S. 49]

Die sensorgestützte Trennung

Lassen sich Kunststoffe über die Dichte nicht oder nur mit hohem Aufwand trennen, können sensorgestützte Anlagen zur Trennung nach Kunststofftyp oder auch nach Farbe eingesetzt werden. Hierzu eignet sich die bereits in Abschnitt 3.1.7 vorgestellte NIR-Spektroskopie, die nach der Zerkleinerung und dem Waschprozess deutlich feiner eine Trennung des Aufgabeguts erreichen kann, als in einer LVP-Sortieranlage möglich ist. Weiterhin werden optoelektronische Sensoren, wie Farbzeilenkameras, zur Farberkennung oder Röntgenfluoreszenz-Sensoren zur Erkennung chloridhaltiger Kunststoffe wie PVC verwendet [MG16, S. 59].

Die elektrostatische Trennung

Die Sortierung von Teilchen im elektrischen Feld zielt auf eine sich unterschiedlich ergebende Ablenkungskraft derselben im elektrischen Feld ab. Diese ist im Wesentlichen von der Coulombkraft und der Schwerkraft abhängig. Zur Erzielung einer Coulombkraft im elektrischen Feld müssen die Teilchen Ladungen in bestimmter Höhe und Polarität aufweisen. Bei Kunststoffen geschieht dies durch triboelektrische Aufladung in

Mischtrommeln oder in Wirbelschichten (siehe Bild 3.26). Durch Reibung findet ein Ladungsaustausch statt, wodurch eine der zu trennenden Kunststoffsorten positiv und die andere negativ geladen ist. Fallen die Teilchen daraufhin in einem Freifallscheider zwischen zwei Plattenelektroden, wirkt die Coulomb'sche Kraft auf die Teilchen und es kommt zur Ablenkung der Teilchen zu einer der Elektroden. Auf diese Weise erfolgt die Trennung der zwei Kunststoffsorten [Sch96, S. 222; MG16, S. 54].

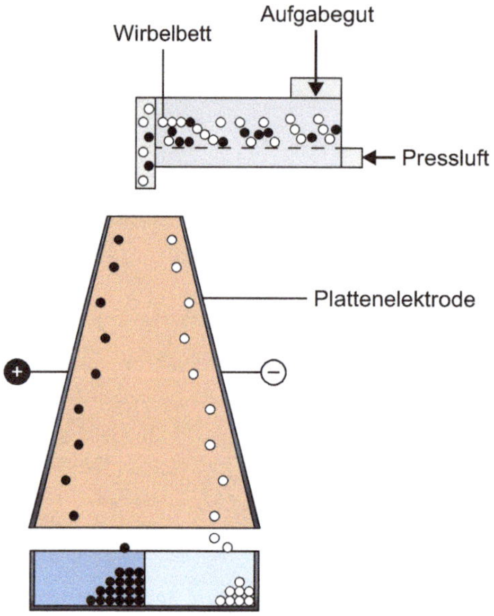

Bild 3.26
Schematischer Aufbau eines elektrostatischen Freifallscheiders mit Triboaufladung, nach [MG16, S. 53]

Entsprechend ihrem molekularen Aufbau laden sich Kunststoffe unterschiedlich auf. Funktionelle Gruppen dienen dabei als Elektronenpaardonator oder -akzeptor. Sogenannte Ladungsreihen geben Aufschluss darüber, ob unterschiedliche Polaritäten bei der Triboaufladung erzielt werden können oder nicht. Einen Ausschnitt aus einer solchen Ladungsreihe zeigt Bild 3.27. Ein weiter unten in der Tabelle stehender Kunststoff würde sich durch Reibung mit einem weiter oben stehenden Kunststoff negativ aufladen.

Ladungstendenz	Kunststoff	Funktionelle Gruppe
+	PUR	$-N-CO_2$
↑	PC	$-O-CO_2$
	PA	-N-CO
	PS	
	PE	
↓	PP	
	PET	
-	PVC	-Cl

Bild 3.27
Ladungsreihe, nach [MG16, S. 54]

Die Separierung von PVC von Polyolefinfraktionen oder PET ist ein Beispiel für die Anwendung dieser Technologie. Die Trennung von PP und PE lässt sich über die Zugabe von oberflächenaktiven Substanzen, wie Nigrosion [Sch00, SNS+04], durch Elektronenbestrahlung [HPS+09] oder durch Plasmavorbehandlung [HPS+09, SNS+04] realisieren. Auch für die Trennung von ABS und PS lassen sich gute Trennergebnisse erzielen [PS13].

Bei den Kunststoffabfällen muss berücksichtigt werden, dass es sich nicht allein um das jeweilige Polymer handelt, welches aufgrund der molekularen Struktur spezifische triboelektrische Eigenschaften besitzt. Je nach vorheriger Anwendung weisen die Kunststoffe eine Vielzahl von Füllstoffen auf. Dabei haben Farbstoffe, Ruße und Kreide kaum Einfluss auf die elektrostatische Aufladung der Kunststoffe, während Talkum stets zu einer negativen Aufladung führt, wie Ergebnisse aus entsprechenden Untersuchungen im Rahmen eines Forschungsprojekts der TU Freiberg in Kooperation mit dem Leibniz-Institut für Polymerforschung Dresden e. V. zeigen [PS13].

Trocknen

Je nach aufzubereitendem Stoffstrom werden die zerkleinerten Kunststoffteilchen nach dem Waschen direkt getrocknet und weiterverarbeitet oder es erfolgt die Trennung nach Kunststoffsorte (Dichtesortierung mit Trennmedium Wasser) im nassen Zustand. Danach erfolgt dann der Trocknungsvorgang, welcher für die anschließende Lagerung und insbesondere für die weitere Verarbeitung in Schneckenmaschinen (Extruder, Plastifizieraggregat) dringend erforderlich ist. Wenn Feuchtigkeit bei der Verarbeitung über die Schmelze im Prozess enthalten ist, kommt es z. B. bei PET oder PA zum unerwünschten hydrolytischen Materialabbau und, wenn die Feuchtigkeit über eine Entgasung nicht entweichen kann, zu Lunkern im Bauteil.

Bei nicht hygroskopischen Kunststoffen wie PE oder PP haftet die Flüssigkeit nur an der Oberfläche, während hygroskopische Kunststoffe wie PET oder PA das Wasser in ihrer molekularen Struktur aufnehmen können. Bezogen auf die Anhaftung an der Oberfläche spielt die Geometrie, also die Form und Größe der zu trocknenden Teilchen, eine wesentliche Rolle bei der Menge der insgesamt anhaftenden Flüssigkeit. So weisen sehr dünne Verpackungsfolien als zerkleinerte Folienflakes ein sehr hohes Oberflächen-zu-Volumen-Verhältnis auf, während dies bei zerkleinerten Shampoo- oder Getränkeflaschen geringer ausfällt. Dies ist bei der Auslegung der Trocknungsstrecke zu berücksichtigen.

Zur Verfügung stehen die mechanische Trocknung, bei der durch äußere Krafteinwirkung in Verbindung mit zurückhaltenden Sieben die Trennung von der Flüssigphase erfolgt, und die thermische Trocknung, bei der ein Heißluftstrom für die notwendige Entfeuchtung sorgt.

Die rein mechanische Trocknung erfolgt über Trägheitskräfte oder über induzierte Feldkräfte in Verbindung mit Sieben. Zur Grobabscheidung werden Entwässerungsschnecken eingesetzt, die die Kunststoffteilchen beispielsweise aus den Waschprozessen herausfördern. Ein schräg gestelltes, nach oben zumeist offenes Aggregat weist im Innern eine Förderschnecke auf. Die Förderrinne besteht aus einem Siebboden, wodurch das Entwässerungsgut abtropfen kann. Einen ähnlichen Aufbau weisen die Friktionswäscher auf, die aber in erster Linie eine Waschaufgabe erfüllen müssen. Dafür laufen diese mit höheren Drehzahlen und die Entwässerung erfolgt aufgrund der Fliehkräfte über die gesamte Mantelfläche [BBM+95, S. 226].

Nach der Grobabscheidung können als zweite Trocknungsstufe Zentrifugen unterschiedlicher Bauformen eingesetzt werden. Durch das Restwasser im Aufgabegut und durch die hohe Umfangsgeschwindigkeit zeigen diese Trockner neben der Entwässerung auch noch eine gewisse Reinigungswirkung. Staub und andere, noch anhaftende Fremdstoffe können mit dem Wasser den Kunststoffpartikeln entzogen werden. Horizontal-Zentrifugentrockner enthalten in ihrem Inneren einen den Rotor umgebenden Siebkorb, über den die Entwässerung vollzogen wird. Je nach Typ sind auf dem Rotor am Materialeinlass und am Auslass sogenannte Ventilatorräder verbaut, die ein Ansaugen am Einlass und ein Ausstoßen am Auslass bewirken und Verstopfungen verhindern sollen.

Eine andere Bauart stellen Stufentrockner dar, welche vertikal aufgebaut sind und über mehrere Trocknungsstufen verfügen. Das Aufgabegut gelangt unten in den Trockner und wird über Transportschaufeln in vertikaler Richtung nach oben transportiert. Dabei nimmt der Rotordurchmesser von unten nach oben zu, sodass auch die Umfangsgeschwindigkeiten zunehmen. In der obersten Stufe sorgt die maximale Umfangsgeschwindigkeit für Restfeuchten im Material von 0,4 bis 0,06 Gew.-% [BBM+95, S. 227; NN19, S. 1].

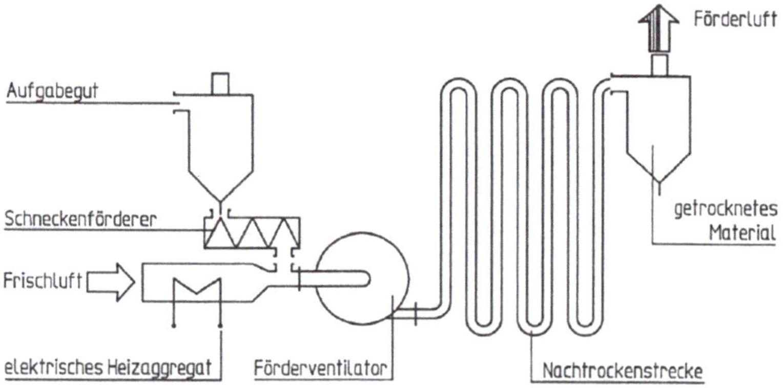

Bild 3.28 Schematische Darstellung der thermischen Trocknung [BBM+95, S. 228]

In thermischen Trocknern wird ein Heißluftstrom dazu genutzt, die im Aufgabegut enthaltene Feuchtigkeit zu entfernen. Dabei wird das Aufgabegut zum Beispiel über einen Schneckenförderer dem aufgeheizten Luftstrom zugeführt und durch eine Trockenstrecke in einer Rohrwendel geführt, in der die warme Luft die dem Aufgabegut anhaftende Feuchtigkeit entzieht (siehe Bild 3.28). Über einen Zyklon erfolgt am Ende dieser Trockenstrecke die Abscheidung des Aufgabeguts. Die Rohrwendel kann eine Länge von ca. 30 m aufweisen, um die benötigte Verweilzeit sicherzustellen. Auf diese Weise werden Restfeuchten von weniger als 1 % erreicht, was für die Weiterverarbeitung im Extruder oder einer Spritzgießmaschine nicht ausreichend ist. Die weitere Trocknung kann dann über in der Kunststoffverarbeitung übliche Trockenlufttrockner erfolgen.

3.2.3 Regranulieren und Agglomerieren

Am Ende des Aufbereitungsprozesses erfolgt die Herstellung eines rieselfähigen Rezyklat-Schüttguts, entweder in Granulatform oder als sogenanntes Agglomerat. Für das Granulieren oder, im Fall der Herstellung von Rezyklat, das Regranulieren wird das zerkleinerte Mahlgut bzw. werden die Folienflakes zunächst in einer Schneckenmaschine aufplastifiziert. Dies geschieht häufig durch einen gleichläufigen Doppelschneckenextruder, in dem gleichzeitig das Material durch Hinzugabe von Additiven aufbereitet werden kann. Die Erzeugung von Granulat erfolgt dann durch die zwei folgenden Verfahrensvarianten:

- Heißabschlagverfahren
- Kaltgranulierung

Bei dem Heißabschlagverfahren wird die Kunststoffschmelze durch eine Lochplatte gedrückt, welche je nach Durchsatz und Extrudergröße eine unterschiedliche Anzahl von Löchern aufweist. Am Austritt der Löcher ist ein rotierendes Messer angeordnet, welches das Material von der Lochplatte herunterschabt (siehe Bild 3.29 links). Die Kühlung der konfektionierten, noch schmelzeförmigen Kunststoffpartikel erfolgt entweder über Luft oder über einen Wasserstrom, der das rotierende Messer umströmt und neben der Kühlung die Aufgabe hat, das Granulat vom Messer weg zu transportieren. Die Kunststoffpartikel streben durch die gespeicherte Wärme und die damit verbundene Möglichkeit, sich noch zu verformen, in Kontakt mit dem Wasser eine Kugelform an. Die Kugel- bzw. Linsenform der so entstehenden Granulate (siehe Bild 3.29 rechts) hat hinsichtlich der Rieselfähigkeit Vorteile gegenüber der zylindrischen Granulatform, die bei der Kaltgranulierung entsteht.

Die zweite Verfahrensvariante der Kaltgranulierung oder auch Stranggranulierung, läuft in zwei Schritten ab. Auch hier durchläuft die Schmelze zunächst eine Lochplatte, allerdings werden die Stränge danach durch ein Wasserbad geführt, in dem sie dann abkühlen. Anschließend werden die Stränge in einem Granulator in die typische zylindrische Granulatform zerkleinert (siehe Bild 3.30). Durch das Schneiden entstehen an den Schnittkanten Grate, die zum Verkeilen der Granulatkörner bei Rieselvorgängen führen können.

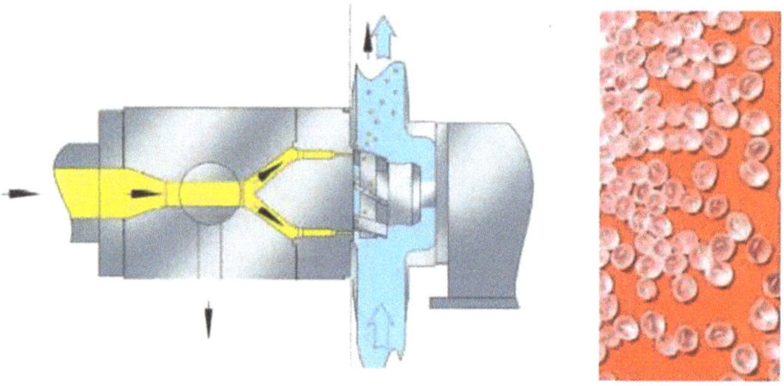

Bild 3.29 Prinzip der Unterwassergranulierung (links) und Granulat in Linsenform (rechts) [Sch11, S. 95]

Bild 3.30
Granulat in zylindrischer Form [Sch11, S. 96]

Neben der Herstellung eines Granulats wird auch das Agglomerieren eingesetzt, um die Rieselfähigkeit des Mahlguts, insbesondere für Aufgabegüter mit einer geringen Schüttdichte wie Folien, Schaumstoffe oder Fasern, herzustellen. Es gibt verschiedene Bauformen der Agglomeratoren für Kunststoffrezyklate, von denen stellvertretend im Folgenden die Anlage der Fa. Wipa Werkzeuge & Maschinenbau GmbH vorgestellt wird (siehe Bild 3.31). Die gezeigte Anlage besteht aus der über einen Trichter gespeisten Zuführschnecke links, dem in einem Gehäuse befindlichen Scheibenpaar (mittig in Rot zu sehen) und dem Gebläse mit dem im Hintergrund zu sehenden Abscheidezyklon. Für einen störungsfreien kontinuierlichen Betrieb wird statt des Trichters ein Pufferbehälter eingesetzt, der ein Rührwerk zu Vermeidung von Brückenbildung enthält.

Über eine Zuführschnecke erfolgt die Verdichtung und Förderung des Aufgabeguts zwischen das Scheibenpaar. Dieses setzt sich aus einer feststehenden Statorscheibe, durch deren Mitte das Material gefördert wird, und einer Rotorscheibe zusammen, die radial in einem Winkel angeordnete Riefen und aufgeschraubte Knetleisten aufweisen. Im Scheibenspalt kommt es zu knetenden und rollenden Belastungen auf das Material, welche zur Erwärmung durch Friktion führen.

Der Kunststoff wird angeschmolzen und es kommt zur Formung von fingergroßen Agglomeraten (siehe Bild 3.32). Diese werden durch Zentrifugalkräfte und durch den nachrückenden Stofffluss nach außen aus dem Scheibenpaar gedrückt und über das Gebläse und den Zyklon abgeschieden. Eine nachgeschaltete Schneidmühle bringt das Agglomerat auf die gewünschte Korngröße.

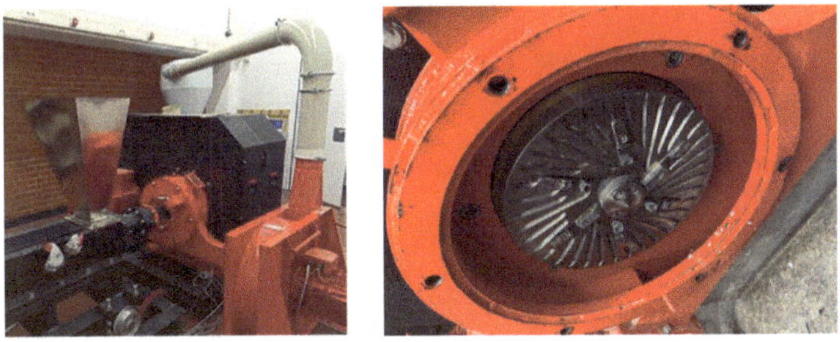

Bild 3.31 Agglomerator (links) und Ansicht der Rotorscheibe (rechts) eines Agglomerators der Fa. Wipa Werkzeuge & Maschinenbau GmbH

Bild 3.32 Herstellung von Agglomerat aus zerkleinertem LDPE-Folienmaterial

Literatur

[Bau01] Bauer, W.: „Untersuchung des Einzelzerkleinerungsvorganges in Schneidmühlen am Beispiel von Polypropylen". Fortschrittsreihe VDI-Reihe 3, Nr. 694, VDI-Verlag, Düsseldorf 2001

[BBM+95] Brandrup, J.; Bittner, M.; Michaeli, W.; Menges, G.: „Die Wiederverwertung von Kunststoffen". Carl Hanser Verlag, München, Berlin, 1995

[BBO+13] Baur, E.; Brinkmann, S.; Osswald, T.; Rudolph, N.; Schmachtenberg, E.: „Saechtling Kunststoff Taschenbuch". Carl Hanser Verlag, 31. Ausgabe, München 2013

[Bee17] Beel, H.: „Sortierung von schwarzen Kunststoffen nach ihrer Polymerklasse mit Hyperspectral-Imaging-Technologie". In: Recycling und Rohstoffe, Hrsg. Thomé-Kozmiensky, K. J.; Goldmann, D., Band 10, TK-Verlag, Neuruppin, 2017

[BH13] Bilitewski, B.; Härdtle, G.: „Abfallwirtschaft". Springer-Verlag, Berlin, Heidelberg, 2013

[BLS+17] Bauer, M.; Lehner, M.; Schwabl, D.; Flachberger, H.; Kranzinger, L.; Pomberger, R.; Hofer, W.: „Bestandsaufnahme und mögliche Perspektiven der nass-mechanischen Aufbereitung von Altkunststoffen für das rohstoffliche Recycling". In: Österreichische Wasser- und Abfallwirtschaft, Vol. 69, pp. 446–459, 2017

[BMW97] Bittner, M.; Marwick, J. von; Wolters, L.: „Aufbereitung von Kunststoffresten". In: Wolters, L.; Marvick, J. von; Regel, K.; Lackner, V.; Schäfer, B. (Hg.): „Kunststoff-Recycling. Grundlagen Verfahren – Praxisbeispiele". Hanser-Verlag, München, 1997

[CKF+20] Chen, K.; Kroell, N.; Feil, A.; Pretz, T.: „Determination of the composition of multilayer plastic packaging with NIR spectroscopy". Multidisciplinary Journal for Waste Resources & Residues, Vol. 13, pp. 62–66, 2020

[CKW+21] Chen, K.; Kroell, N.; Wickel, J.; Feil, A.: „Determining the composition of post-consumer flexible multilayer plastic packaging with near-infrared spectroscopy". Waste Management, Vol. 123, pp. 33–41, 2021

[DHM22] Dahlmann, R.; Haberstroh, E.; Menges, G.: „Menges Werkstoffkunde Kunststoffe". 7. vollständig neu bearbeitete Auflage, Carl Hanser Verlag, München, 2022

[Eng15] Engelke, N.: „Kunststoffrecycling: Effizient getrennt". In: Umweltmagazin, April-Mai, Springer VDI-Verlag, Düsseldorf, 2015

[GV18] Günther, S.; Vogt, M.: „Europas modernste LVP-Sortieranlage". Umweltmagazin, Juli-August, Springer-VDI-Verlag, Düsseldorf, 2018

[Hin71] Hinzpeter, A.: „Physik als Hilfswissenschaft – Teil 4: Elektrik". Vandenhoeck & Ruprecht, Göttingen, 1971

[Höf86] Höffl, Karl: „Zerkleinerungs- und Klassiermaschinen". Springer-Verlag, 1. Auflage, Berlin/Heidelberg/New York/Tokio, 1986

[HPS+09] Husemann, K.; Peuker, A.; Simon, F.; Reinsch, E.; Albrecht, V.: „Entwicklung und Optimierung von Verfahren zur Elektrosortierung praxisrelevanter Kunststoffabfallgemische". Schlussbericht zum AiF-Projekt, Vorhabennummer 14980 BR, 2009

[Jun04] Jungbauer, A.: „Recycling von Kunststoffen". Vogel Verlag und Druck KG, Würzburg, 1994

[KC10] Kranert, M.; Cord-Landwehr, K.: „Einführung in die Abfallwirtschaft". Wiesbaden, Vieweg+Teubner-Verlag, 2010

[KC10a] Kranert, M.; Cord-Landwehr, K.: „Einführung in die Abfallwirtschaft". Wiesbaden, Vieweg+Teubner-Verlag, 2010, dort verwiesen auf: Anonym: Firmenschrift „Abfall-Trennungsanlagen". Nihot Luchttechnieken, Amsterdam

[KPB+17] Kreibe, S.; Pitschke, T.; Berkmüller, R.; Bokelmann, M.; Förster, A.; Stramm, C.; Pant, A.: „Umweltbezogene Bilanzierung von „intelligenten" und „aktiven" Verpackungen hinsichtlich der Recyclingfähigkeit und Durchführung eines Dialogs mit Akteuren der Entsorgungs- und Herstellungsbranchen". Umweltbundesamt, 2017

[LMK95] Löhr, K.; Melchiorre, M.; Kettemann, B.: „Aufbereitungstechnik. Recycling von Produktionsabfällen und Altprodukten". Hanser-Verlag, München, Wien, 1995

[MBW93] Michaeli, W.; Bittner, M.; Wolters, L.: „Stoffliches Kunststoff Recycling – Anlagen, Komponenten, Hersteller". Carl Hanser Verlag, München, 1993

[MG16] Martens, H.; Goldmann, G.: „Recyclingtechnik". Springer Fachmedien, Wiesbaden, 2016

[MBW+92] Michaeli, W.; Bittner, M.; Wolters, L.; Krebs, S.: „Materielles Recycling von Kunststoffen". Carl Hanser Verlag, München, Wien, 1992

[NGB+16] Nübler, D.; Gruna, R.; Brandt, C.; Küter, A.; Längle, T.; Kieninger, M.; Pohl, N.: „Innovative Technologies as Enabler for Sorting of Black Plastics". 19th World Conference on Non-Destructive Testing, 2016

[Nic96] Nickel, Werner (Hrsg.): „Recycling-Handbuch – Strategien – Technologien – Produkte". VDI Verlag, 1. Auflage, Düsseldorf, 1996

[NN01-ol] Thyssenkrupp Rassenstein GmbH: „Weißblechverpackungen mit 90,4 % Recyclingrate". Pressemitteilung vom 13.01.2020, *https://www.thyssenkrupp-steel.com/media/content_1/presse/dokumente/2020_1/january_1/20200113 pm_weissblechverpackungen_mit.pdf*, abgerufen am 09.08.2022

[NN02-ol] Tomra Systems GmbH: „Mehr Intelligenz mit GAIN – Deep Learning basierende Add-On Lösung". *https://www.tomra.com/en/sorting/recycling/tomra-technology/deep-learning*, abgerufen am 11.03.2022

[NN03-ol] Steinert GmbH: „UniSort Black". Broschüre, *https://steinertglobal.com/fileadmin/user_upload/_steinert/_downloads/_magnete-sensorsortierer/_sensorsortierung/UniSort_Black/UNI_black_DE_web.pdf*, abgerufen am 11.03.2022

[NN04-ol] Inno-spec GmbH: „Hyperspectral Imaging in der Recyclingindustrie". *https://inno-spec.de/recycling-industry/* abgerufen am 11.03.2022

[NN05-ol] UNTHA shredding technology: „RS Klasse – 4-Wellen-Zerkleinerer für industrielle Recyclinganwendungen". Produktbroschüre, 11/20, *https://assets.ctfassets.net/ke8zgcubcfkc/6nEG3RFEd9mfDITys QIUqp/a3c20556ba17a60d6d3a49a0b334d9c4/RS50–150_12s_de_Web.pdf*, abgerufen am 22.04.2022

[NN06] Herbold Mechesheim GmbH: „Vorwascheinheit VWE-Herbold-Meckesheim". Mit freundlicher Genehmigung zur Nutzung, 12.2025

[NN07-ol] B+B Anlagenbau GmbH: *https://www.bub-anlagenbau.de/wp-content/uploads/2017/06/pet-hot-washer1.jpg* und *https://www.bub-anlagenbau.de/wp-content/uploads/2017/06/pet-hot-washer2.jpg*, abgerufen am 25.04.2022

[NN08] Herbold Meckesheim GmbH: „Herbold Vorwascheinheit VWE". Infoblatt 58, Oktober 2019

[NN09-ol] Lindner Washtech GmbH: *https://www.lindner-washtech.com/de/systemloesungen*. abgerufen am 04.05.2022

[NN10] Herbold Meckesheim GmbH: „Friktionswäscher FA-60–300-Herbold-Meckesheim". Mit freundlicher Genehmigung zur Nutzung, 12.2025

[NN11] Herbold Meckesheim GmbH: „Friktionswäscher Baureihe FA". Infoblatt 46, Oktober 2019

[NN12-ol] „Massenanwendungen von Recyclaten ermöglichen". Kunststoff Magazin, Pressemitteilung vom 24.05.2019, *https://www.kunststoff-magazin.de/automatisierung/kunststoffrecycling---massenanwendungen-von-recyclaten-ermoeglichen.htm*, abgerufen am 04.05.2022

[NN13-ol] „Heißwaschanlagen". Kuhn Fachverlag, Pressemitteilung vom 03. November 2019, *https://kunststoff.kuhn-fachmedien.de/wp-content/themes/kuhn-magazin/pdf/mpdf/kuhn/print-post.php?postid=1889*, abgerufen am 04.05.2022

[NN14-ol] Lindner Washtech GmbH, Pressemitteilung: „Lindner Washtech bringt neues Heißwaschsystem zur effektiven Kunststoffaufbereitung auf den Markt". *https://www.lindner.com/de/hotwashsystem*, abgerufen am 04.05.2022

[NN15-ol] Kern GmbH Kunststoffwerke, Technische Datenblätter, *https://www.kern.de/de/technische-datenblaetter-kunststoffe*, abgerufen am 06.05.2022

[NN16-ol] JÖST GmbH + Co. KG: Produktbroschüre Zick-Zack-Windsichter, *https://www.joest.com/wp-content/uploads/2022/05/2022_zick-zack-wind-sichter-de.pdf*, abgerufen am 20.05.2022

[NN17-ol] Neue Herbold Maschinen- und Anlagenbau GmbH: Produktbroschüre Zick-Zack-Windsichter, *https://neue-herbold.com/wp-content/uploads/2014/12/Zick-Zack-Sichter_ZS.pdf*, abgerufen am 20.05.2022

[NN19] Herbold Meckesheim GmbH: „Mechanischer Trockner/Zentrifugaltrockner", Infoblatt 49, Oktober 2019

[PS13] Peuker, A.; Simon, F.: „Elektrosortierung von Kunststoffen als kontinuierlich arbeitender Prozess am Beispiel der Trennung von PS/ABS". Schlussbericht zum AiF-Projekt, Vorhabennummer 16531 BR, 2013

[SBL21] Schwabl, D.; Bauer, M.; Lehner, M.: „Advancing plastic recycling by wet-mechanical processing of mixed waste fractions". In: Processes, Vol. 9, p. 493, 2021

[Sch96] Schubert, H.: „Aufbereitung fester Stoffe, Band II: Sortierprozesse", Deutscher Verlag für Grundstoffindustrie, Stuttgart, 1996

[Sch00] Schultz, T.: „Untersuchungen zur elektrostatischen Sortierung der Kunststoffe Polypropylen und Polyethylen auf einem Freifallscheider unter besonderer Berücksichtigung chemischer Konditionierung". Dissertation, Shaker Verlag, Aachen, 2000

[Sch02] Schubert, G.: „Zerkleinerungstechnik für nicht-spröde Abfälle und Schrotte". In: Aufbereitungstechnik, Vol. 43 (9), pp. 6–23, 2002

[Sch11] Schöppner, V.: „Grundlagen der Kunststoffverarbeitung". Vorlesungsskript, Universität Paderborn, Kunststofftechnik Paderborn (KTP), 2011

[SNS+04] Schubert, G.; Németh, E.; Simon, F.; Albrecht, V.: „Beeinflussung der Kontaktaufladung von Kunststoffen durch Modifizierung ihrer Oberfläche". In: Partikelwechselwirkung bei Prozessen der Mechanischen Verfahrenstechnik, Husemann, K.; Graichen, K. (Herausgeber), Shaker-Verlag, Reihe: Berichte aus der Verfahrenstechnik, 183, Aachen, 2004

[Sti97] Stieß, M.: „Mechanische Verfahrenstechnik 2". Springer-Verlag, Berlin, Heidelberg, 1997

[Sti09] Stieß, M.: „Mechanische Verfahrenstechnik – Partikeltechnologie 1". Springer-Verlag, Berlin, Heidelberg, 2009

[THB+22] Tölle, L.; Hopp, M.; Bünger, J.; Westphal, G.; Rosenkranz, N.; Monsé, C.: „Faserstäube beim FVK-Recycling“. In: Kunststoffe, Vol. 5, Carl Hanser Verlag, München, 2022

[TH21] Tölle, L.; Hopp, M.: „Influence of Fiber Content on the Fiber Dust Formation During Shredding for Mechanical Recycling of Different Glass and Carbon Fiber Reinforced Thermoplastics“. 36th International Conference of Polymer Processing Society (PPS), 2021

[TH22a] Tölle, L.; Hopp, M.: „Influence of process parameters on the formation of inhalable fiber dust during shredding for mechanical recycling of fiber-reinforced organo sheets“. In: Journal of Applied Polymer Science, Vol. 139 (29), e52646, DOI:10.1002/app.52646, 2022

[TH22b] Tölle, L.; Hopp, M.: „Effect of shredding parameters on the formation of airborne fiber dust during mechanical recycling of fiber reinforced thermoplastics“. 20th European Conference on Composite Materials, Lausanne, Switzerland, 2022

[THH21] Tölle, L.; Hopp, M.; Hoemann, T.: „Reduzierung der Faserstaubentstehung beim mechanischen Recycling – Zerkleinern von carbonfaserverstärkten Polycarbonaten mit unterschiedlichen Verstärkungsformen“. In: GAK Gummi, Fasern, Kunststoffe, Dr. Gupta Verlag, Vol. 11, pp. 478–483, Ratingen, 2021

[TMR+22] Tölle, L.; Monsé, C.; Rosenkranz, N.; Haibel, N.; Walter, D.; Bünger, J.; Hopp, M.; Westphal, G.: „Characterization of fiber dust resulting from recycling of Carbon fiber-reinforced thermoplastics (CFRP) and their cell toxicity“. In: Journal of Materials Science and Chemical Engineering, Vol. 10, pp. 1–16 2022

[TPK+19] Tschachtli, S.; Pitschke, T.; Kreibe, S.; Martin, A.: „Recyclingfähigkeit von Verpackungen – Konkretisierung Untersuchungsrahmen und Kriterienkatalog“. Bericht im Auftrag der Interseroh Dienstleistungs-GmbH, Augsburg, März 2019

[UB97] Uhlig, D.; Bremerstein, I.: „Handbuch der Sortiertechnik“. Hrsg.: Duales System Deutschland, Verlag TÜV Rheinland, 1997

[Wol04] Woldt, D.: „Zerkleinerung nicht-spröder Stoffe in Rotorscheren und -reißern“. Dissertation, Technische Universität Bergakademie Freiberg, 2004

4 Werkstoffliches Recycling

Neben dem rohstofflichen Recycling wird das werkstoffliche Recycling gemäß der Abfallhierarchie der Abfallrahmenrichtlinie der EU der Kategorie Recycling zugezählt. Mit knapp über 46 % (nach bisherigem Berechnungspunkt (1), siehe Abschnitt 2.4) ist es neben der energetischen Verwertung der wichtigste Verwertungsweg für Kunststoffabfälle in Deutschland. Hinzu kommen Nebenprodukte mit einer Menge von 639 000 Tonnen, die ebenfalls eine werkstoffliche Aufbereitung erfahren. Die durchschnittliche Steigerung des werkstofflichen Recyclings in Bezug auf die jeweiligen Vorjahreswerte beträgt im Zeitraum von 1994–2021 3,6 % [Con21, S. 106].

Nach einem kurzen Überblick soll im Folgenden zunächst auf das dem Verbraucher am augenscheinlichsten vorkommende Recyclingprodukt, die PET-Flasche und deren Recyclingweg eingegangen werden. Um in Zukunft den Anteil des werkstofflichen Recyclings zu erhöhen, ist es erforderlich, bereits im Produktentstehungsprozess das Design der Produkte recyclingfähig zu gestalten, was Gegenstand von Abschnitt 4.3 ist. In Abschnitt 1.3.1 wurden bereits grundlegende Voraussetzungen zur Gewinnung von Rezyklat thematisiert und auch kurz angerissen, dass für verschiedene Anwendungsbereiche spezifische Anforderungen an das einzusetzende Material bestehen. An dieser Stelle soll in Abschnitt 4.4 auf zwei spezielle Branchen und die sich ergebenden Anforderungen an die Rezyklate eingegangen werden. Recyclingfähige Produkte führen im End-of-Life-Zustand im besten Fall zu einem Abfallstrom, dessen Aufbereitung ökonomisch und technisch umsetzbar ist. Zudem besteht die Möglichkeit, dass die daraus hergestellten Rezyklate auch die Anforderungen für bislang schwierig zu besetzende Branchen erfüllen.

Auf einige Aspekte bei der Verarbeitung von Rezyklat wird im Anschluss eingegangen. Darauf folgen Ausführungen zur Verbundtrennung von mehrkomponentigen Bauteilen, die zum einem den aktuellen Stand der Forschung betreffen und des Weiteren eigene, grundlegende Untersuchungen zur Auftrennung stoffschlüssiger Verbunde zeigen.

4.1 Überblick und Definitionen

Bei dem werkstofflichen Recycling werden die Kunststoffe aus dem Abfallstrom derart extrahiert, dass deren Polymerstruktur erhalten bleibt und nach der Aufbereitung als Rezyklat für die Herstellung neuer Produkte zur Verfügung steht. Daher leitet sich auch der Begriff des werkstofflichen Recyclings ab: Der Kunststoff bleibt als Werkstoff im Kreislauf und wird nach einer Aufbereitung wiederverwendet.

Die Verfahren zum werkstofflichen Recycling lassen sich prinzipiell in mechanische und lösungsmittelbasierte Verfahren unterscheiden. Das häufig auch synonym zum werkstofflichen Recycling benutzte mechanische Recycling umfasst die in Kapitel 3 beschriebenen, klassischen Prozesse der Aufbereitung durch die Sortierung, die Zerkleinerung, die Reinigung, die Trennung nach Kunststoffsorten, die Trocknung und die Regranulierung. Lösungsmittelbasierte Verfahren arbeiten nach dem Prinzip der Inlösungnahme der Kunststoffe. Dabei dringen die für die jeweiligen Kunststoffsorten passenden Lösungsmittel in die Polymerstruktur ein und setzen die Nebenvalenzkräfte zwischen den Polymerketten herab. Es findet keine chemische Reaktion statt und die Polymerketten bleiben in ihrer Struktur erhalten. Durch Filtrationsschritte und Ausschleusen der Lösungsmittel entsteht letztendlich wieder der polymere Verbund durch Wirken der Nebenvalenzbindungen. Verwendet werden diese Verfahren zur Auftrennung von stoffschlüssigen Verbunden (selektives Lösen), worauf in Abschnitt 4.6.5 näher eingegangen wird, oder zur Ausschleusung von Additiven aus dem polymeren Verbund. Auch wenn bei den Verfahren des werkstofflichen Recyclings die Polymerketten prinzipiell in ihrer Struktur erhalten bleiben, findet bei den Prozessen ungewollt Materialabbau, also eine Verkürzung der Polymerketten statt. Dies ist insbesondere auf die thermisch-mechanischen, thermisch-oxidativen und, im Falle der Polykondensate wie PET, auf hydrolytische Einflussfaktoren zurückzuführen.

Bild 4.1 zeigt schematisch die Stationen des Kunststoffkreislaufs, wie er sich beim werkstofflichen Recycling darstellt.

In der Produktionsphase werden Produkte entwickelt und hergestellt, die im Idealfall recyclingfähig sind. Dies geschieht, wenn möglich, mit einem hohen Anteil an Rezyklat, zu dem gegebenenfalls ein Teil Neuware hinzugemischt wird.

Die Produkte werden verkauft und gelangen durch den Kauf durch einen Konsumenten in die Nutzungsphase. Im Idealfall wird das Produkt zur Abfallvermeidung mehrfach wiederverwendet und gelangt letztendlich nach dem Gebrauch in die Entsorgung. Es folgt die Aufbereitungsphase, die in diesem Fall durch werkstoffliches Recycling gekennzeichnet ist. Dabei treten bei den Sortier-, Wasch- und Trennprozessen Materialverluste auf, die der energetischen Verwertung zugeführt werden.

Insgesamt lässt sich sagen, dass folgenden Stellen entlang des Kreislaufs in den nächsten Jahren Schlüsselrollen zukommen werden, damit das werkstoffliche Recycling gemäß den politisch ausgedrückten Zielen weiter ausgebaut werden kann:

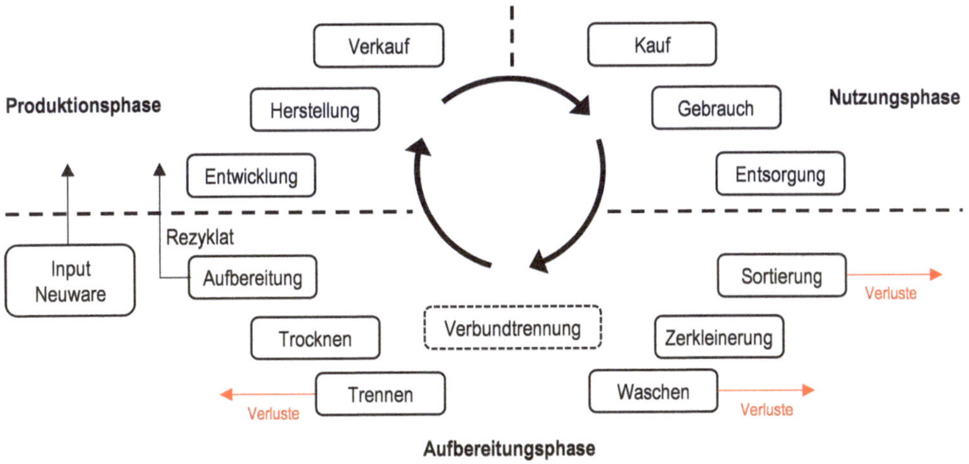

Bild 4.1 Überblick über die kreislaufwirtschaftlichen Prozesse beim werkstofflichen Recycling

Entwicklung in der Produktionsphase: Das Design for Recycling wird deutlich an Bedeutung gewinnen, damit mehr Kunststoffe aus dem Abfall wiedergewonnen werden können. Dies gilt nicht nur für Verpackungen, sondern auch für technische Bauteile.

Entsorgung am Ende der Nutzungsphase: Die Trennung durch den Verbraucher entscheidet über die Wege, die der Abfall in den Sortier- und Aufbereitungsanlagen nimmt. Hier wird der Verbraucher in Zukunft wieder stärker in die Pflicht genommen. Zudem wird über weitere Sammelwege, zum Beispiel über den Ausbau von Pfandsystemen oder durch andere Formen von Rücknahmesystemen, auch für den Industriebereich nachgedacht werden müssen. Die Logistik entlang des gesamten Entsorgungspfades bis zur Sortieranlage oder zum Recycler ist entscheidend für die Güte des zu behandelnden Abfallstroms.

Verbundtrennung in der Aufbereitungsphase: Durch die Trennung von Werkstoffverbunden lassen sich deutlich mehr Kunststoffe aus dem Abfallstrom extrahieren und hochwertige Rezyklate herstellen. In den letzten Jahrzenten wurde der Trend verfolgt, Multi-Material-Mix bei Kunststoffbauteilen als Funktionsintegration zu realisieren. Dies sollte nun recyclingfähig gemacht werden, indem entsprechende Prozesse entwickelt, verbessert und wirtschaftlich betreibbar umgesetzt werden (siehe hierzu die Ausführungen in Abschnitt 4.6.5).

Im Folgenden werden einige Begriffe kurz erläutert, die im deutschen Sprachgebrauch häufig für ein werkstofflich aufgearbeitetes Kunststoffmaterial verwendet werden, nach [HHB10, S.55].

- Rezyklat: Oberbegriff für aufbereitetes Kunststoffmaterial mit definierten Eigenschaften, welches bereits einen Verarbeitungsprozess durchlaufen hat; Rezyklat kann Mahlgut, Agglomerat bzw. Kompaktat, Regranulat und Regenerat sein.

- Regranulat: Im Aufbereitungsverfahren vollständig aufplastifiziertes und homogenisiertes Kunststoffmaterial in Form von Granulat ohne weitere Zugabe von Additiven
- Regenerat: Im Aufbereitungsverfahren vollständig aufplastifiziertes und homogenisiertes Kunststoffmaterial, welches in einem Compoundierverfahren mit Additiven aufgewertet wird und in Granulatform vorliegt
- Agglomerat: Teilplastifiziertes, bedingt homogenisiertes Kunststoffmaterial, welches bereits einen Verarbeitungsprozess durchlaufen hat und häufig als Mischkunststofffraktion in den Agglomerationsprozess gelangt
- Mahlgut: Rezyklat, welches durch starkes Zerkleinern, das Mahlen, erzeugt wird. Die Partikelgrößenverteilung ist breit gestreut; Mahlgut enthält häufig einen Staubanteil.

Häufig wird jedoch das Wort Rezyklat allgemein für alle möglichen Formen von aufbereitetem Material verwendet und nicht weiter unterschieden.

4.2 Best Practice: Bottle-to-Bottle

Seit vielen Jahren gilt die PET-Flasche als ein Musterbeispiel für das Prinzip einer echten Produkt-Kreislaufführung mit einer geordneten Sammlung und hoher Rücklaufquote. Von allen Lebensmittelverpackungen ist das aus den PET-Flaschen unter strengen Auflagen gewonnene PET-Rezyklat bislang das einzige Material, welches als PET-Flasche wieder dem direkten Lebensmittelkontakt zugeführt werden darf. Auch wenn das PET-Rezyklat u. a. aus Kostengründen noch immer zu einem unerwartet niedrigen Anteil von 44,7 % tatsächlich für die Flaschenherstellung verwendet wird, so besteht das Potenzial, diesen Anteil bezogen auf die technischen Eigenschaften auf 93–97 % zu erhöhen. Daher lohnt ein Blick auf diesen besonderen Stoffstrom, der im Folgenden vorgestellt werden soll [NN07-ol].

Im Jahr 2019 wurden in Deutschland 467400 Tonnen PET-Getränkeflaschen verbraucht, was einer Menge von 18 Milliarden PET-Flaschen entspricht. Ca. 87 % dieser Menge entfallen auf Einwegflaschen mit Pfandpflicht, deren Rücklaufquote über das Pfandsystem mit 98 % sehr hoch ausfällt. Hier zeigt sich, dass die Pfandauslösung durch die geordnete Rückgabe für Verbraucher einen hohen Anreiz darstellt und dieses Regelungsinstrument gut funktioniert. Nicht bepfandete PET-Getränkeflaschen gelangen zum überwiegenden Anteil in die Wertstoffsammlung und damit in die dualen Systeme. Es verbleiben Sortierverluste von ca. 9400 Tonnen, die neben Verlusten aus der Aufbereitung der energetischen Verwertung zugeführt werden. Die im Jahr 2021 produzierte PET-Recyclingmenge aus PET-Getränkeflaschen betrug ca. 446000 Tonnen, von denen 44,7 % zu Flaschen, 26,8 % zu Folien und 11,3 % zu Fasern für die

Textilindustrie verarbeitet wurden. Der restliche Anteil entfällt auf PET-Produkte aus unterschiedlichen Anwendungen. In Bezug auf die Neuproduktion von PET-Flaschen lag der Rezyklateinsatz im Jahr 2021 bei 44,8 % (Zahlen aus [NN07-ol]).

Bild 4.2 zeigt einen Überblick über die einzelnen Prozessschritte bei der Aufbereitung der PET-Flaschen aus dem Pfand-Rücknahmesystem. Die grau hinterlegten Felder zeigen die in dem Prozessschritt jeweils abgeschiedenen Bestandteile des Abfallstroms. Nach der Ballenauflösung erfolgt die Abtrennung von metallischen Bestandteilen. Ballistische Separatoren sorgen für die Abtrennung von losen Etiketten oder Folien. Eine anschließende erste Farbsortierung sortiert die eingefärbten PET-Flaschen aus. Nach der folgenden Zerkleinerung werden die PET-Flakes in einer Heißwäsche von Etiketten, Papier und Klebstoffen befreit. Durch die Schwimm-Sink-Trennung können anschließend die Schraubdeckel aus PP oder HDPE von dem PET-Strom getrennt werden. Es folgt die Trocknung und Windsichtung, um für das URRC-Verfahren die PET-Flakes von oberflächlich anhaftenden Fremdstoffen zu befreien.

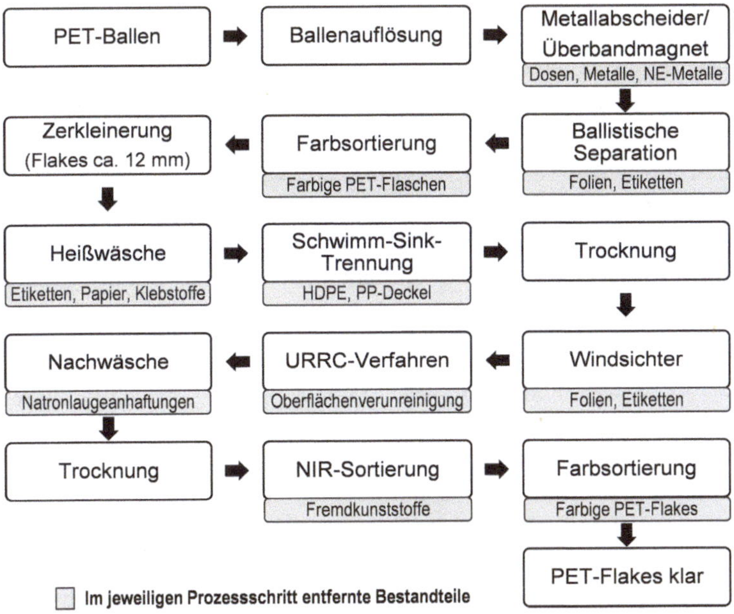

Bild 4.2 Überblick über die Prozessschritte bei der Aufbereitung von PET für den erneuten Einsatz für Flaschen mit Lebensmittelkontakt

URRC steht für „United Resource Recovery Cooperation" und ist ein mit der Coca-Cola Company zur Marktreife entwickeltes patentiertes Verfahren zur Aufbereitung von Kunststoffen mit heißer Natronlauge. Dieser Prozess qualifiziert die PET-Flakes zur Wiederverwendung in Verpackungen mit direktem Lebensmittelkontakt und ist somit einer der Prozesse, die zur Erlangung einer Zulassung eines Recyclingprozesses bei der EFSA (European Food Safety Authority) notwendig sind. Die Flakes werden in dem Verfahren mit verdünnter Natronlauge benetzt und getrocknet. Dann erfolgt die Oberflächenreinigung in einem Drehrohrofen bei verschiedenen Temperaturstufen, bei der die oberste Polymerschicht abgespalten wird. In der anschließenden Nachwäsche erfolgt die Neutralisation des Materials durch Abwaschen der Anhaftungen durch die Natronlauge. Nach einem weiteren Trocknungsschritt werden die Flakes zunächst nach Kunststofftyp und dann die reine PET-Fraktion nach Farben sortiert [NN09-ol].

Der durch das Pfandsystem bei dem Recycler ankommende hochreine Inputstrom ermöglicht ein effizientes Recycling. Das URRC-Verfahren dient der Aufwertung des Materials für den erneuten Einsatz als Lebensmittelverpackung. Aufgrund der im Vergleich zu LDPE höheren Preise für PET-Neuware lohnt sich der vergleichsweise teure Aufbereitungsprozess für das PET.

4.3 Design for Recycling

Um die langfristige Verfügbarkeit hochwertiger Rezyklate in ausreichender Menge sicherzustellen, ist die Beeinflussung des Input-Abfallstroms in Bezug auf ein recyclingfähiges Design der Produkte unerlässlich. Nur wenn Kunststoffprodukte aufgrund ihrer Materialzusammensetzung, der äußeren Gestalt, der Etikettierung und weiteren Faktoren bestimmten Anforderungen genügen, ist das stoffliche Recycling in Bezug auf die aktuell im Betrieb befindlichen Sortier- und Aufbereitungsanlagen möglich. Auf die Anforderungen zur Recyclingfähigkeit, die daraus resultierenden Gestaltungsrichtlinien im Hinblick auf den Bereich Verpackungen und die notwendige Zertifizierung soll im Folgenden eingegangen werden.

Generell sollte in jedem Produktentstehungsprozess das Design for Recycling eingebunden werden. Allerdings stehen bislang hauptsächlich Verpackungen im Fokus der Diskussion, weil sie zum einen mengenmäßig den größten Anteil bei der Produktion und dem Abfallaufkommen von Kunststoffen darstellen und auf der anderen Seite seit langer Zeit in der öffentlichen Diskussion im Zusammenhang mit der Umweltverschmutzung stehen. Aus diesem Grund werden in vielen Fällen lediglich für Verpackungen Gestaltungsrichtlinien diskutiert und konkret weiterentwickelt, die ein werkstoffliches Recycling ermöglichen. Um auch die EU-Gesetzgebung und die Priorisierung der Abfallhierarchie aufzugreifen, gehören streng genommen auch Richtlinien zum Design für die Wieder- und Weiterverwendung zu dieser Thematik dazu. Da es in diesem Buch aber stärker um das tatsächliche Recycling als um die Wiederverwertung geht, wird auf Ausführungen hierzu verzichtet.

Obwohl der Hauptfokus bei der Diskussion um ein recyclingfähiges Design auf dem Verpackungsbereich liegt, sei zumindest auf zwei Richtlinien hingewiesen, die allgemein das Thema Design for Recycling betreffen. Im Jahr 2002 wurde die VDI-Richtlinie 2243

„Recyclingorientierte Produktentwicklung“ veröffentlicht, die dem Entwickler bzw. Konstrukteur Richtlinien an die Hand gibt, für technische Produkte die Recyclingfähigkeit zu erhöhen. Mit einer legislativen Tragweite versehen ist die Ökodesign-Verordnung (Verordnung 2024/1781 des Europäischen Parlaments und des Rates vom 13. Juni 2024 zur Schaffung eines Rahmens für die Festlegung von Ökodesign-Anforderungen für nachhaltige Produkte). Sie greift die Ansätze aus der Ökodesign-Richtlinie auf und legt für eine breite Produktpalette Mindestkriterien für

- Energie- und Ressourceneffizienz,
- Rezyklatanteil,
- leichte Demontage, Reparierbarkeit, Haltbarkeit,
- Wiederverwendbarkeit und Recyclingfähigkeit

fest.

Zudem sollen alle unter die Verordnung fallenden Produkte über einen digitalen Produktpass verfügen, der für die Verbraucher Informationen zur Kreislauffähigkeit und Nachhaltigkeit (CO_2- und Umweltfußabdruck) bereithalten soll.

4.3.1 Recyclingfähigkeit

Nach dem Verpackungsgesetz sind die dualen Systeme im Rahmen der Festsetzung der Beteiligungsentgelte verpflichtet, Anreize zur Herstellung von Verpackungen zu schaffen, die zu einem großen Teil recycelt werden können. Die Mindeststandards zur Bemessung der Recyclingfähigkeit legt die Stiftung Zentrale Stelle Verpackungsregister mit Sitz in Osnabrück fest. Sie definiert den Begriff Recyclingfähigkeit wie folgt: „Die[se] Recyclingfähigkeit ist die grundsätzliche und graduelle Eignung einer Verpackung, nach Durchlaufen industriell verfügbarer Rückgewinnungsprozesse Neuware in werkstofftypischen Anwendungen zu substituieren“ [NN08-ol, S. 7]. Es geht also grundsätzlich erstens um die Beschaffenheit der Verpackung als solche und zweitens um den realen Verwertungsweg nach der Gebrauchsphase für die konkrete Verpackung. Weitere anerkannte Vorgaben bezüglich der stofflichen Verwertbarkeit sind in der Norm DIN EN 13430: „Anforderungen an Verpackungen für die stoffliche Verwertung“ enthalten.

Nach den Mindeststandards der Zentralen Stelle Verpackungsregister ist für Verpackungen grundsätzlich zu prüfen,

- ob eine geeignete Sortier- und Verwertungsinfrastruktur vorhanden ist,
- wie gut sie sortier- und trennbar sind und
- ob Recyclingunverträglichkeiten (z. B. PET-Sleeves auf HDPE-Flasche) vorliegen.

Die Systeme können weitere Kriterien hinzufügen, um die Recyclingfähigkeit zu beurteilen.

Abzugrenzen von dem Begriff der Recyclingfähigkeit ist die Ökobilanzierung. Diese umfasst die Bilanzierung aller Prozesse von der Produktion bis zur Verwertung, während die Recyclingfähigkeit nur die Nachgebrauchsphase im Blick hat. Bei dem Vergleich zweier gleichartiger Produkte kann die Ökobilanz des einen Produkts positiver ausfallen als bei dem anderen Produkt, während das erste eine schlechtere Recyclingfähigkeit aufweist. Die Recyclingfähigkeit bildet somit eine eigene Bewertungsgröße.

4.3.2 Gestaltungsrichtlinien für Verpackungen

Im Folgenden sollen beispielhaft einige Gestaltungsrichtlinien gezeigt werden, die zur Recyclingfähigkeit von Verpackungen führen. Daneben werden auch solche Merkmale gezeigt, die ein Recycling verhindern. Die folgende Aufstellung hat keinen Anspruch auf Vollständigkeit und die Hinderungsgründe für ein Recycling können auch durch die Weiterentwicklung des Stands der Technik in der Sortier- und Aufbereitungstechnik zeitnah überholt werden. Zudem sind es häufig Details, die über die Recyclingfähigkeit entscheiden, daher können an dieser Stelle nur beispielhaft wesentliche Merkmale genannt werden.

Multilayer/Monolayer

Prinzipiell sollten Verpackungen nur aus einem Kunststoffmaterial bestehen, um einen sortenreinen Abfallstrom erzeugen zu können. Wie in Abschnitt 4.6.2 erläutert, bestehen bei stoffschlüssigen Kunststoff/Kunststoff-Verbindungen große Herausforderungen in der Trennbarkeit der Komponenten. Teilweise kann durch Aufschlusszerkleinerung eine Trennung erfolgen, jedoch gilt dies nicht für die typischen Multilayer-Folien, die bei Lebensmittelverpackungen häufig zum Einsatz kommen, um die Haltbarkeit zu erhöhen. Neben der Aufbereitungstechnik spielt aber zunächst die Sortiertechnik eine wesentliche Rolle. Multilayer-Folien lassen sich aktuell noch unzureichend durch NIR-Spektroskopie in ihren Zusammensetzungen detektieren, sodass sie in die Mischkunststofffraktion aussortiert werden. Daher ist eine Monolayer-Verpackung anzustreben, wo immer dies möglich ist. Barriereeffekte können auch über SiO_x-Plasma-Beschichtungen [PSW+11] oder durch biaxial orientierte Folien erzeugt werden.

Eine Ausnahme für einen tolerierbaren Multilayer-Aufbau besteht bei PP-/PP-EVOH. Das EVOH hat nach Untersuchungen durch RecyClass nur geringe Auswirkungen auf einen erneuten Einsatz, wenn der EVOH-Anteil weniger als 5 % beträgt [NN10-ol].

Kunststoffauswahl mit etabliertem Recyclingsystem

In aktuell betriebenen LVP-Sortieranlagen werden die Abfallstücke in die sortenreinen Kunststofffraktionen PP, PE, PS, PET oder in die Mischkunststofffraktion separiert. Letztere steht für ein hochwertiges Recycling nicht zur Verfügung. Daher sollten Verpackungen aus einer der genannten Kunststoffsorten bestehen. Anteile aus PVC, POM,

PA oder anderen Kunststoffen dürfen daher nicht in der Verpackung enthalten sein bzw. müssen als untergeordneter, abtrennbarer Störstoff klassifiziert werden können.

Modifikation der Kunststoffe

Kunststoffe werden für die Verarbeitungsphase und für die Gebrauchsphase auf unterschiedliche Art und Weise modifiziert, um die Eigenschaften an die Anwendung anzupassen. Auch hier ist zu beachten, dass die Modifikation die Einsortierung in die Fraktionen oder die anschließende Aufbereitung verhindern kann.

Treibmittel können zum Beispiel dafür sorgen, dass Kunststoffe in einer Schwimm-Sink-Trennung nicht mehr getrennt werden können, da die Dichte des Kunststoffs durch das Aufschäumen der Verpackungen künstlich herabgesetzt wird. Dichteerhöhende Füllstoffe führen zu den gleichen Herausforderungen bezüglich der Trennbarkeit. Füllstoffe sollten daher nur in geringen Konzentrationen eingesetzt werden.

Einfärbungen, die eine vollständige Absorption des Lichts hervorrufen, wie dies bei der Verwendung von Ruß der Fall ist, sind zu vermeiden. Diese können durch die NIR-Spektroskopie anderenfalls nicht erkannt werden. Schwarze Verpackungen lassen sich mittlerweile mit sogenannten NIR-detectable Black Masterbatches realisieren. Generell sind helle Farben zu bevorzugen.

Etiketten und Sleeves

Bestehen Etiketten nicht aus dem gleichen Material wie die Verpackung selbst, dann dürfen sie nicht mehr als die Hälfte der Oberfläche bedecken. Für PET-Flaschen gilt weiterhin, dass die Dichte des Etikettenmaterials nicht größer sein darf als $1\,g/cm^3$, damit die Dichtetrennung mit Wasser als Trennmittel funktioniert.

Druckfarben und Klebstoffe

Druckfarben sollen keine gefährlichen Inhaltsstoffe enthalten, die auf der Ausschlussliste der European Printing Ink Association (EuPIA) aufgeführt sind. Klebstoffe für Etiketten müssen wasserlöslich oder bei PET zumindest in alkalischer Umgebung bei 80 °C löslich sein.

4.3.3 Zertifizierung der Recyclingfähigkeit

Auf Basis der bereits genannten Mindeststandards der Zentralen Stelle Verpackungsregister und auf Basis von DIN-Normen für Anforderungen an die stoffliche Verwertung und entsprechende Kennzeichnung lassen sich Verpackungen objektiv bewerten. Die grundlegenden Kriterien bzw. Schritte der Bewertung lauten:

- Zuordnung zu Gutmaterial nach Fraktions-Nr.
- Recyclingfähigkeit in etablierten Erfassungs- und Verwertungsstrukturen

- Vorhandensein von Sortierinfrastruktur
- Identifizierbarkeit über sensorgestützte Sortierung
- Trennbarkeit
- Recyclingunverträglichkeiten

Zu den einzelnen Schritten haben die verschiedenen Anbieter konkrete Prüfschemata aufgestellt, nach denen eine kleinschrittige Bewertung erfolgen kann. Ausgewiesen wird in vielen Fällen ein Prozentwert zur Einstufung der Recyclingfähigkeit der Verpackung. Beispielhaft sind in Bild 4.3 einige Zertifikate abgebildet, die von Inverkehrbringern der Verpackungen angefordert werden können.

Bild 4.3 Zertifikate zur Deklarierung der Recyclingfähigkeit

4.4 Anforderungen an Rezyklate

Der Markt für Rezyklate ist seit vielen Jahren als schwierig zu bewerten, da die Neuware in vielen Fällen günstiger ist als das Rezyklat. Dazu kommen aus den verschiedenen Anwendungen unterschiedlichste Anforderungen an das Material, denen sich auch die Rezyklat-Hersteller stellen müssen. In Abschnitt 1.3.3 wird aus Sicht eines Produktentwicklers hergeleitet, welche Voraussetzungen gegeben sein müssen, um einen gewünschten Kunststoff als Rezyklat aus dem Abfall gewinnen zu können. In Abgrenzung davon geht es bei den folgenden Ausführungen um spezifische Anforderungen, die an Rezyklate gestellt werden.

Wichtig für die Aufbereitung hochwertiger Rezyklate ist das Vorhandensein eines sortenreinen Inputstroms und ein abgestimmtes Aufbereitungsverfahren. Für den ersten Punkt ist das Design for Recycling wesentlich, da nur durch recyclingfähige Produkte überhaupt erst das Material vorhanden sein kann, um hochwertiges Rezyklat zu erzeugen. Die Technologien zur Aufbereitung sind für zahlreiche Anwendungsfälle vorhanden, jedoch spielt die Wirtschaftlichkeit bei der Aufbereitungsgüte aufgrund der Konkurrenz zur Neuware eine wesentliche Rolle.

Die Anforderungen an Rezyklate sind vielfältig und können unter anderem

- vom Staat durch Gesetze und Verordnungen,
- von Branchenverbänden,
- von Produzenten oder
- von Maschinenherstellern

vorgegeben werden. Dabei ist zu unterscheiden, ob es sich um rein technische Anforderungen wie Festigkeit, E-Modul, MFI-Wert oder chemische Beständigkeit handelt oder um speziell für Rezyklate ausgewiesene spezifische Anforderungen wie das Vorhandensein von Fremdstoffen im ppm-Bereich oder der Nachweis der gesundheitlichen Unbedenklichkeit. Die generelle Vorgabe „Nur Einsatz von Neuware" in Lastenheften von Produzenten an ihre Zulieferer tritt immer weniger auf. Vielmehr wird verlangt, dass die technischen Anforderungen wie bei Neuware erfüllt sein müssen. Zudem werden höhere Standards in Bezug auf das Qualitätsmanagement vorausgesetzt. Im Folgenden sollen zunächst die Vorgaben beleuchtet werden, die sich aus der REACH-Verordnung ergeben, und dann beispielhaft die Anforderungen aus zwei Industriefeldern kurz skizziert werden.

4.4.1 REACH und Rezyklate

REACH steht für Registration, Evaluation, Authorisation and Restriction of Chemicals und stellt eine europäische Verordnung (1907/2006) dar, die 2007 in Kraft getreten ist und seitdem zahlreichen Änderungen unterliegt. Gemäß dieser Chemikalienverordnung sind Hersteller, Importeure und nachgeschaltete Anwender von chemischen Stoffen dazu verpflichtet, für die Stoffe eine Sicherheitsbewertung durchzuführen und die Informationen hierzu in der Lieferkette weiterzuleiten. Dabei geht es um die Sicherheit für die menschliche Gesundheit und die Umwelt. Zudem müssen Inverkehrbringer der Stoffe diese registrieren lassen oder nachweisen, dass diese bereits registriert sind. Diese Regelungen gelten bei einer betreffenden Stoffmenge von mindestens einer Tonne pro Jahr.

Auch Produkte aus der Kunststoffindustrie fallen unter die REACH-Verordnung, somit auch Rezyklate. Abfälle hingegen sind in der REACH-Verordnung nicht geregelt. Für die Kunststoffindustrie gilt somit allgemein, dass das Inverkehrbringen der Neuware in dem Verantwortungsbereich des Herstellers liegt. Wird der Kunststoff zwischenzeitlich zum Abfall, gelten die Regelungen der Abfallverordnungen und -gesetze, wobei das durch den Hersteller auszuliefernde Sicherheitsdatenblatt auch Informationen zur Entsorgung enthalten muss. Verlässt das Kunststoffmaterial den Abfallstatus wiederum als Rezyklat, liegt die Verantwortung für die Registrierung und die Ausgabe eines Sicherheitsdatenblatts grundsätzlich bei dem jeweiligen Recycler und nicht mehr bei dem Hersteller der ursprünglichen Neuware. Wann Abfall wieder zu einem Stoff im Sinne der REACH-Verordnung wird, ist dabei teilweise nicht ganz einfach zu beantworten. Die Rechtsbegriffe der Abfallrahmenrichtlinie und der REACH-Verordnung berühren sich an dieser Stelle. Nach REACH wird der Abfall erst wieder zu einem Stoff der REACH-Verordnung, wenn der Besitzübergang vom Recycler an den Abnehmer [GKH21, S. 14] bzw. wenn die „endgültige Wiedergewinnung“ stattfindet [JRS+11]. Eine fallweise Unterscheidung abhängig davon, ob es sich um einen Stoff, ein Gemisch oder ein Erzeugnis nach REACH handelt, ist dabei notwendig. Das sogenannte Recycling-Privileg, das den Recycler unter gewissen Umständen von der Registrierungspflicht befreit, ist vor diesem Hintergrund ebenfalls zu beachten. Nach Artikel 2 Absatz 7d der REACH-Verordnung sind Voraussetzungen für die Befreiung, dass der zurückgewonnene Stoff mit einem bereits registrierten Stoff identisch ist und dass die relevanten Informationen zur Gefährlichkeit aus dem Sicherheitsdatenblatt vorliegen.

Der Recycler muss im ersten Schritt in Erfahrung bringen, ob das Rezyklat mit einem bereits registrierten Stoff identisch ist. Er muss dabei nicht darauf achten, von wem der Ausgangsstoff hergestellt wurde, da die Lieferkette ja ohnehin unterbrochen wurde, als der ursprüngliche Stoff zum Abfall wurde. Stoffe sind nach REACH gleich, wenn der Hauptbestandteil, also zum Beispiel Propylen als Monomer des PP, zu 80 % im Stoff enthalten ist. Das Rezyklat kann also Zusatzstoffe und Verunreinigungen bis zu einem Anteil von 20 % enthalten. Sollen diese allerdings in dem Stoff bzw. Gemisch eine definierte Funktion erfüllen, so gilt auch hier grundsätzlich die Registrierungspflicht, es sei denn, Artikel 2 Absatz 7d kommt auch hier zur Anwendung. Wenn das Recycling-Privileg zur Anwendung kommt, müssen Stoffe nicht registriert und auch kein erweitertes Sicherheitsdatenblatt erstellt werden. Handhabungshinweise an Abnehmer weiterzugeben ist jedoch dennoch sinnvoll. Zudem müssen sämtliche Informationen beim Recycler vorliegen, die die Anwendung des Artikels 2 Absatz 7d rechtfertigen. Sind in dem zurückgewonnenen Stoff jedoch sogenannte besonders besorgniserregende Stoffe (SVHC) enthalten, muss hier eine Zulassung erfolgen, falls diese nicht bereits vorliegt [GKH21].

Kommt das Recyclingprivileg nicht zur Anwendung, müssen die enthaltenen Stoffe analysiert und geprüft werden, ob diese bereits als Stoff registriert sind. Ist dies nicht der Fall, muss die Registrierung erfolgen und ein Sicherheitsdatenblatt mit Einschätzung des Gefährdungspotenzials der Fremdstoffe und Verunreinigungen erstellt werden.

Die Informationspflichten gemäß REACH erfordern den Aufbau eines geeigneten QS-Systems, welches nicht notwendigerweise einer standardisierten Norm entsprechen muss. Nach [JRS+11] sollten jedoch folgende Elemente enthalten sein:

- Eingangskontrolle des Abfall-Inputstroms
- Sichtkontrolle, Analytik, Abnahmeprüfzeugnisse, Rückstellproben

- innerbetriebliche Weiterverfolgbarkeit des Materials
  → geeignete Kennzeichnung, getrennte Lagerhaltung, bewusste Zusammenführung mit Kopplung der Informationen
- Prozesskontrolle
  → Prozessüberwachung über gesamten Aufbereitungsprozess
- Ausgangskontrolle
  → Prüfung innerbetrieblich festgelegter Spezifikationen, Rückstellproben
- vollständige Dokumentation
  → Zuordenbarkeit von Messdaten, Protokollen, Prozessdaten

Die Anwendung der REACH-Verordnung für Recyclingunternehmen erfordert einen erweiterten Einstieg in die Thematik. Hier konnten nur Grundzüge thematisiert werden, da Einzelfallbetrachtungen notwendig sind. Hilfestellung für Recycler sind beispielsweise in [JRS+11] und [GKH21] zu finden.

4.4.2 Rezyklate für Lebensmittelkontakt

Für den direkten Kontakt zu Lebensmitteln gibt es strenge Vorgaben, die durch die European Food Safety Authority (EFSA) geregelt werden. Das deutsche Bundesamt für Verbraucherschutz und Lebensmittelsicherheit (BVL) ist für Kunststoff- und Rezyklathersteller die Schnittstelle zur EFSA. Grundsätzlich werden keine Verpackungen bzw. Fertigprodukte zertifiziert, sondern es erfolgt die Prüfung und Zulassung der im Produkt enthaltenen Grundsubstanzen. Für den Bereich Recycling regelt die „Verordnung (EG) NR. 282/2008 über Materialien und Gegenstände aus recyceltem Kunststoff, die dazu bestimmt sind, mit Lebensmitteln in Berührung zu kommen […]“ die besonderen Bestimmungen für diesen Einsatzzweck.

Folgende Regeln gelten für den Betrieb eines Recyclingverfahrens für Rezyklat, welches in Kontakt mit Lebensmitteln kommen soll:

- Das Recyclingverfahren muss zugelassen werden.
- Der Zulassungsinhaber muss ein geeignetes QS-System einsetzen.
- Der Zulassungsinhaber muss die jeweiligen Produktionsstandorte der EFSA über das BVL melden.

Die im recycelten Kunststoff enthaltenen Grundsubstanzen müssen in der sogenannten „Unionsliste“ (Anhang 1 oben genannter Verordnung) aufgeführt sein. Ist die Substanz dort nicht gelistet, ist ein Zulassungsverfahren einzuleiten, worüber die Europäische Kommission entscheidet. Das Rezyklat muss ferner von Kontaminationen derart befreit worden sein, dass keine Gefahr für die menschliche Gesundheit besteht, was durch Analysen belegt werden muss. Alternativ stammt das Material aus einer

Produktion von Produkten, die bereits für den Lebensmittelkontakt bestimmt sind und bei denen jegliche Kontamination durch einen überwachten Prozess ausgeschlossen werden kann. Außerdem sind die Kriterien zur Qualitätsüberwachung und die Verwendungsbedingungen festzulegen, damit keine Bestandteile an Lebensmittel abgegeben werden können.

4.4.3 Rezyklate für die Elektronikbranche

In der Elektronikindustrie spielen spezielle Anforderungen wie z. B. die elektrische Durchschlagfestigkeit, die Kriechstromfestigkeit, das Flamm- und Brandverhalten oder die Entzündbarkeit der Kunststoffe eine große Rolle. Die hierzu über Additive gezielt eingestellten Eigenschaften müssen auch unter kritischen Einsatzbedingungen bestehen bleiben (Temperatur, Klima). Hierfür ist die Materialreinheit entscheidend, da Fehlstellen zu erhöhter Migration von Additiven neigen. Dies wiederum kann lokal zu geringeren Anteilen der Funktionsadditive und zum Versagen der Bauteile insbesondere bei einem elektrischen Durchschlag führen.

Es gibt zahlreiche Prüfvorschriften für die Anwendung in der Elektronikindustrie, die in der EU zwar nicht vorgeschrieben sind, jedoch insbesondere in den USA die Voraussetzung zur Einfuhr von Produkten darstellen. Häufig wird in diesem Zusammenhang die UL-Zertifizierung gefordert. Dabei sind für Kunststoffe insbesondere folgende Normen wichtig:

- UL 746 A – Polymeric Materials – Short Term Property Evaluations
- UL 746 B – Polymeric Materials – Long Term Property Evaluations
- UL 746 C – Polymeric Materials – Use in Electrical Equipment Evaluations
- UL 746 D – Polymeric Materials – Fabricated Parts
- UL 94 Tests for flammability of Plastic Materials for Parts in devices and Appliances

Für Rezyklate wird in der UL 746 D festgelegt, dass für Rezyklate mit einer lückenlosen Rückverfolgbarkeit des Materials alle Tests gemäß UL 94 und UL 746 A an drei Chargen durchgeführt werden. Lässt sich die Herkunft des Materials nicht zurückverfolgen, müssen an fünf Chargen die Tests durchgeführt werden. Zusätzlich besteht die Pflicht ein geeignetes QS-System einzurichten.

4.5 Verarbeitung von Rezyklat

Grundsätzlich lassen sich Rezyklate mit den gleichen Verarbeitungsmaschinen und mit den in der Kunststofftechnik üblichen Prozessbedingungen verarbeiten. Es werden keine grundlegend anderen Maschinen benötigt, um das Rezyklat zu Rohren, Folien oder Spritzgießbauteilen zu verarbeiten. Bei der Materialvorbehandlung und -aufgabe müssen teilweise Aggregate vorgeschaltet werden, je nachdem, in welchem Zustand das Rezyklat verarbeitet werden soll.

Trotzdem ergeben sich Herausforderungen bei der Verarbeitung. Auf einige von diesen soll im Folgenden eingegangen werden.

4.5.1 Herausforderungen bei der Verarbeitung von Rezyklat

Wie bereits in diesem Buch ausgeführt, ergibt sich je nach Materialherkunft und zur Verfügung stehender Sammel-, Sortier- und Aufbereitungstechnik eine unterschiedlich hohe Qualität der Rezyklate. Für das Bottle-to-Bottle-Recycling aufbereitetes PET-Rezyklat unterscheidet sich nur marginal von der entsprechenden Neuware, während die Verarbeitung von Rezyklat aus der Mischkunststofffraktion einer LVP-Sortieranlage mit einer überschaubaren Anzahl von Aufbereitungsschritten zu einigen Herausforderungen bei der Verarbeitung führt.

Die Güte der Aufbereitung ist prinzipiell abhängig vom Preisgefüge auf dem Markt und von technischen Anforderungen, die potenzielle Kunden dem Recycler vorgeben. Wird der Abfall unzureichend aufbereitet, kann es zu Schwankungen in der Zusammensetzung des Materials kommen. Beispielsweise können stark anhaftende Verunreinigungen von Teilen der Charge zu einer Beeinflussung der Fließfähigkeit des Materials führen. Auch eine unzureichende Ausschleusung von Fremdkunststoffen beeinflusst direkt die Viskosität und die Schmelzedichte des Materials. Liegen diese Einflüsse nicht zeitlich konstant in einer Charge vor, kommt es während des Verarbeitungsprozesses zu Schwankungen. Sind diese so stark, dass für einige Merkmale die Spezifikation nicht mehr erreicht wird, führt dies zum Ausschuss. Ist es während der Rezyklat-Aufbereitung zu einer guten Durchmischung der Schmelze gekommen, kann es trotz der Verunreinigungen zu einem innerhalb einer Charge konstanten Prozess kommen. Hier sind gegebenenfalls lediglich die Prozessparameter von Charge zu Charge anzupassen.

Um auf Prozessschwankungen zu reagieren, lassen sich zwei grundlegende Strategien unterscheiden:

- Verwendung einer robusten Anlagentechnik und Erzielung eines moderaten Durchsatzes

  Beim Spritzgießen können Pufferzeiten während der Restkühlzeit genutzt werden, um den Dosiervorgang und anschließende thermische Ausgleichsprozesse zeitlich zu verlängern und hierdurch in jedem Fall eine thermisch und stofflich homogene Schmelze zu erzeugen. Bei der Extrusion sollte bei der Auswahl des Extruders bzw. der Auslegung der Schnecke auf Reserven in der Plastifizierleistung geachtet werden. Schmelzefilter und Entgasungsstellen sorgen für eine höhere Prozesskonstanz.

- Aufwendige Inline-Messtechnik und Echtzeit-Regelung

  Eine andere Herangehensweise ist die aufwendige Erfassung und Überwachung relevanter Prozessgrößen wie Druck und Temperatur oder die Einbindung weiterer Zielgrößen wie der automatisierten Erfassung des Bauteilgewichts oder der Geometrieabweichung. Durch neuere Methoden können Prognosen z. B. aus dem Fließverhalten der Schmelze über Methoden des maschinellen Lernens entwickelt werden, indem eine Vielzahl von Prozess- und Maschinendaten als sogenannter Softsensor verwendet wird. Auf diese Weise können Wirkzusammenhänge zwischen Kenngrößen und Zielgrößen gefunden werden. Beispielsweise kann eine während der Aufplastifizierung prognostizierte Materialeigenschaft beim Spritzgießen eine entsprechende Echtzeitregelung der Einspritzgeschwindigkeit bewirken und zu einer Beibehaltung der gewünschten Qualität führen [MDK+20].

Mit der ersten Strategie lassen sich Rezyklate häufig ohne größere Auswirkungen auf die fertigungsbedingte Qualität der Teile verarbeiten. Die zweite Strategie ist aufwendig und kostenintensiv. Zudem muss eruiert werden, ob die Erfassung der Schwankungen ausreichend genau detektiert werden kann, damit möglichst zeitnah eine Regelung erfolgen kann.

4.5.2 Schmelzefiltration

Schmelzefilter sind ein eigenständiger Bestandteil einer Extrusionsanlage und dienen der Entfernung von Störstoffen aus der Kunststoffschmelze. Bei der Extrusion von Neuware können dies beispielsweise Verunreinigungen aus der Peripherie der Granulatversorgung aufgrund von Verschleiß oder aus der Umgebung sein. Bei der Rezyklatverarbeitung können Verunreinigungen darüber hinaus im Granulat enthalten sein, die bei der Aufbereitung nicht vollständig abgetrennt werden können. Sie spielen daher bei Anlagen, auf denen hauptsächlich Rezyklat verarbeitet wird, eine wesentliche Rolle.

Die Filter werden meistens zwischen Extruder und Extrusionswerkzeug in entsprechenden Gehäusen eingesetzt und mit den angrenzenden Anlagenteilen durch Flansche verbunden. Bei der Auslegung der Filter sind die benötigte Feinheit des Filtermediums und die Filterfläche relevante, zu bestimmende Größen. Hohe Verschmutzungen führen bei geringen Filterflächen und hoher Filterfeinheit zu einer geringen Standzeit des Filtermediums, das dann getauscht werden muss. Der Zustand des Filters wird über den Differenzdruck vor und hinter dem Filter über entsprechende in der Filterleitung eingesetzte Drucksensoren überwacht. In Bild 4.4 links ist der schematische Aufbau der Druckmessung in der Anlage gezeigt. Überschreitet der Differenzdruck einen bestimmten Schwellenwert, muss der Filtereinsatz getauscht werden.

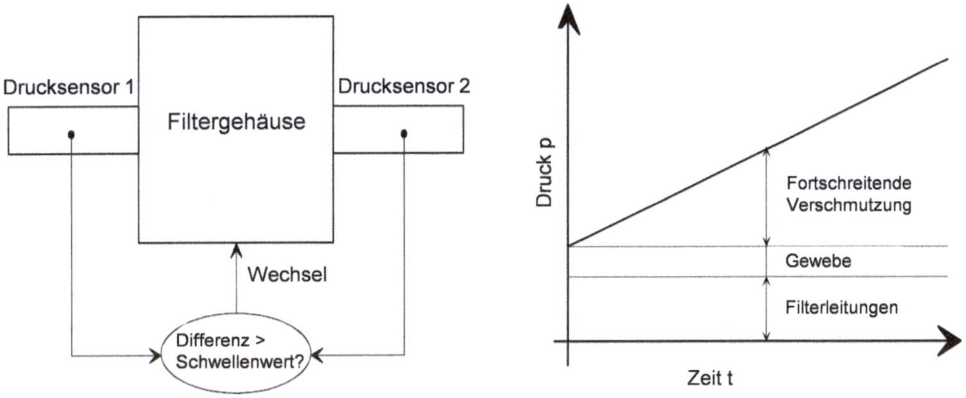

Bild 4.4 Aufbau der Druckmessung (links) und Druckprofil bei fortschreitender Filterverschmutzung (rechts) [Sch20, S. 75]

Im rechten Diagramm ist der Gesamtdruckverlust im Filter qualitativ zu sehen. Er setzt sich aus den beiden konstanten Druckanteilen, verursacht durch die Filterleitungen und das nicht verschmutzte Filtermedium, und aus dem linear mit der Zeit ansteigenden Druckanteil zusammen, der durch die Verschmutzung hervorgerufen wird [Sch20].

Es gibt verschiedene Bauformen der Filter, deren Unterschiede im Wesentlichen darin liegen, inwiefern die Produktion durch den Wechsel des Filtermediums gestört wird. Beispielsweise muss bei der einfachsten Bauform, bei der ein Filtermedium vor eine fest eingebaute Lochplatte gesetzt wird, die Produktion vollständig unterbrochen werden, wenn der Filter getauscht werden soll (siehe Bild 4.5, links).

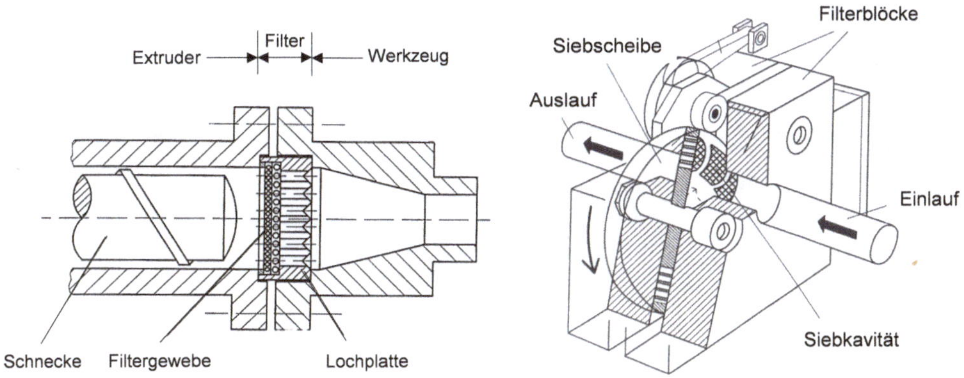

Bild 4.5 Einfacher, fest eingebauter Filter vor einer Lochplatte (links) [BMW97, S. 109] und Siebradfilter nach Gneuß (rechts) [BMW97, S. 110]

Dies ist nur bei häufigen Produktwechseln oder bei Großflächenfiltern sinnvoll, deren Standzeit entsprechend lang ausgelegt ist. Daneben gibt es kontinuierliche Filter, die einen Wechsel des Filtermediums im Produktionsbetrieb erlauben. Die Bauarten reichen von sogenannten Siebrad- oder Rotationsfiltern (siehe Bild 4.5, rechts) über Kolbensiebwechsler bis hin zu Filtertrommeln. Rückspülsysteme oder kontinuierliche Abstreifer stellen bei aufwendigen Systemen einen druckkonstanten Betrieb sicher. Erstere sorgen durch die Umlenkung eines Teils des bereits gefilterten Schmelzestroms für eine Rückspülung eines der Siebe, wodurch die Verschmutzungen aus dem Sieb entfernt werden können. Hierdurch werden die Standzeit der Filter und die Intervalle zum Filterwechsel erhöht und damit die Siebkosten verringert. In anderen Systemen sorgen rotierende Abstreifer vor dem Filter kontinuierlich für ein Abtragen der Verunreinigungen. Bei einfacheren Bauarten wird die Produktion zwar nicht unterbrochen, aber der Druckabfall führt zum Ausschuss während des Filterwechsels [NN11-ol].

Ein im Recyclingbereich bei hohen Verschmutzungsgraden eingesetzter Filter ist in Bild 4.6 schematisch am Beispiel des Typs BKG® HiConTM R-Type 250 des Herstellers Nordson BKG GmbH dargestellt. Der verschmutzte Schmelzestrom gelangt in den Zwischenraum zwischen dem zylindrischen Trennkopf und dem umlaufend angeordneten Filterkorb. Die auf dem Trennkopf schräg angeordneten Messer schaben die Verunreinigungen von dem Filter ab und fördern diese zur nachgelagert angeordneten Austragsschnecke. Die stark mit den Verschmutzungen kontaminierte Schmelze wird auf diese Weise aus dem Prozess herausgefahren, während die saubere Schmelze den Filter passiert und in das formgebende Werkzeug gelangt. Nach Unternehmensangaben können Durchsätze zwischen 500 und 1500 kg/h und Filterfeinheiten bis 80 µm bei einem maximalen Druck von 350 bar gefahren werden [NN12-ol].

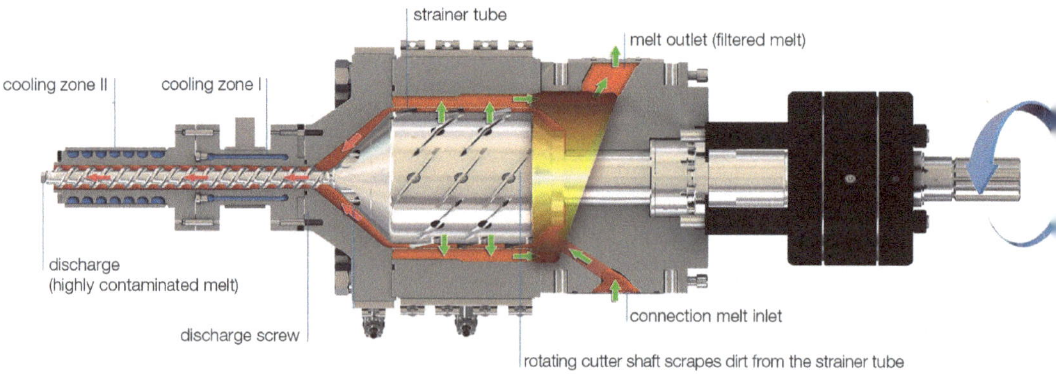

Bild 4.6 Funktionsprinzip des Trommelfilters BKG® HiConTM R-Type 250 des Herstellers Nordson BKG GmbH [NN12-ol]

4.5.3 Geruchsabsorption

Um hochwertiges Rezyklat herstellen zu können, ist in einigen Fällen die Entfernung störender Gerüche eine wichtige Voraussetzung. Durch einfache Waschprozesse nicht zu entfernende, im Kunststoff verbleibende Substanzen, die zu störenden Gerüchen führen, resultieren aus Diffusionsprozessen von nieder- oder auch hochmolekularen Stoffen in den Kunststoff hinein. Die Substanzen haben ihren Ursprung in Nahrungsmitteln, Kosmetika oder Reinigungsmitteln. Es können jedoch auch Zersetzungsprodukte z. B. aus Oxidations- oder Hydrolyseprozessen zu unerwünschten Gerüchen führen.

Leicht flüchtige niedermolekulare Stoffe lassen sich über einen Entgasungsprozess in einem gleichsinnig drehenden Doppelschneckenextruder aus der Schmelze entfernen. Über ein zweistufiges Schneckenkonzept wird nach dem Aufschmelzen des Kunststoffs eine Dekompression durch eine stark zunehmende Gangtiefe der Schnecken installiert, die eine hohe Austauschoberfläche zwischen der Umgebungsluft und der Schmelze erlaubt. Zudem wird durch den dort herrschenden Umgebungsdruck der Austritt der Schmelze verhindert (siehe Bild 4.7). Niedermolekulare Stoffe können auf diese Weise aus der Schmelze gelangen und in die Gasphase übergehen. Neben der atmosphärischen Entgasung lässt sich mit einer Vakuumentgasung eine höhere Entgasungsleistung erzielen. Recyclinghersteller wählen je nach Inputstrom unterschiedliche Technologien und Verfahrensschritte, um eine effektive Geruchsreduktion zu erreichen.

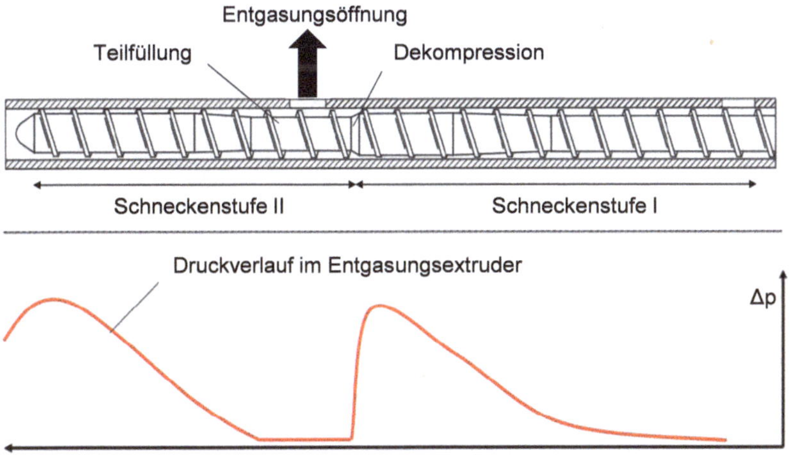

Bild 4.7 Aufbau einer Entgasungsschnecke mit zugehörigem Druckprofil [Sch20, S. 60]

Die Entfernung von Gerüchen lässt sich im Compoundierprozess zusätzlich mit sogenannten Schleppmitteln verbessern. Hierzu wird ein geeignetes Schleppmittel, wie z. B. überkritisches CO_2, der Schmelze unter hohem Druck zugegeben. Das CO_2 weist ein gutes Lösungsvermögen in der Schmelze auf und nimmt die flüchtigen Bestandteile auf. In der im Prozess befindlichen Vakuumentgasung erfolgt die Ausleitung des Schleppmittels mit den flüchtigen, Gerüche verursachenden Substanzen [JD14].

Gerüche lassen sich auch materialschonend aus einem Schüttgut entfernen, indem es zunächst auf eine Temperatur von je nach Kunststoff ab ca. 60 °C aufgewärmt wird und dann in einem Silo mit heißem Gas umspült wird. Die höhere Temperatur lässt Diffusionsprozesse schneller ablaufen und das heiße Gas nimmt die flüchtigen Bestandteile auf. Der Prozess kann mehrere Stunden dauern, bis das gewünschte Ergebnis erzielt wird. Daher müssen die Silos entsprechend groß ausgelegt bzw. redundant aufgestellt werden [NN13-ol; SS22-ol].

4.6 Verbundtrennung von mehrkomponentigen Produkten

Bei der Herstellung von Produkten aus Kunststoff wird im einfachsten Fall nur eine Kunststoffsorte verwendet, wodurch ein einkomponentiges, stofflich homogenes und im End-of-Life-Zustand sortenreines Bauteil der Nutzungs- und Aufbereitungsphase zugeführt wird. Das verwendete Material kann dabei Füll- oder Verstärkungsstoffe enthalten. Die meisten Bauteile müssen jedoch an verschiedenen Orten unterschiedliche Eigenschaften aufweisen, die durch den ausgewählten Kunststoff erfüllt werden müssen. Dies können mechanische, optische oder haptische Eigenschaften sein oder aber solche, die die Wärmeformbeständigkeit oder die Chemikalienbeständigkeit betreffen. An Orten des Bauteils mit hohen mechanischen Anforderungen sind daher gegebenenfalls Hochleistungskunststoffe notwendig, während dies an anderen Orten nicht der Fall ist. Durch die Kombination mehrerer Kunststoffsorten besteht dabei Einsparpotenzial. Weitere Merkmale, die auch nur einen kleinen Teil des Bauteils, nämlich die Oberfläche, betreffen, sind die dekorative Qualität, die Haptik und das Reibverhalten. Die Eigenschaften der unterschiedlichen Kunststoffsorten können durch Parallel- oder Reihenschaltung kombiniert werden, damit ein für die jeweilige Anwendung angepasstes Bauteil im Multi-Material-Design entsteht. Neben Kunststoffen können auch Metalle, Keramiken, Textilien oder Papier als Verbundpartner eingesetzt werden.

Beispielhaft sind in Bild 4.8 mehrkomponentige Produkte gezeigt, bei denen unterschiedliche Anforderungen zu der Notwendigkeit eines mehrkomponentigen Aufbaus geführt haben. In der Anwendung als Mehrschichtrohr werden geschäumte Mittelschichten als Schallschutz und zur Gewichtsreduktion für Abflussrohre, EVOH-Schichten als Sauerstoffbarriere oder PA-Schichten als Wasserstoffbarriere für gasgeführte Rohre oder verstärkte PP-Außenschichten für den Einsatz im Erdreich im Co-Extrusionsverfahren hergestellt. Das zweite Beispiel zeigt einen umspritzten Partikelschaum, der als dämpfendes Element fungiert. Die Kombination aus einem Gehäuse mit einer direkt angespritzten Dichtung findet mittlerweile verbreitet Anwendung, wie beispielhaft im Bild oben rechts zu sehen ist. Gerade im

Bereich der Automobilindustrie besteht nicht zuletzt durch die Elektromobilität die Notwendigkeit, konstruktiven Leichtbau zu betreiben. Hierzu werden vielfach faserverstärkte Kunststoffe, spezielle gewebeverstärkte, sogenannte Organobleche eingesetzt, die sehr gute gewichtsspezifische mechanische Eigenschaften aufweisen. Für die Kombination dieser mit anderen Bauteilen sind Fügetechnologien notwendig, wie die im Bild links unten gezeigte Nietverbindung. Das Bild unten in der Mitte zeigt eine in einem Sonderspritzgießprozess hergestellte Baugruppe, die aus einem zugeschnittenen, vorgewärmten und im Spritzgießwerkzeug umgeformten Organoblech und einer aufgespritzten Medienleitung besteht. Diese wird während des Spritzgießvorgangs durch zwei nacheinander geschaltete Gasinjektionen auf einen definierten Innendurchmesser aufgeblasen. Das dafür verwendete Verfahren ist in der Literatur als GITBlow-Verfahren beschrieben und wurde an der Kunststofftechnik Paderborn der Universität Paderborn entwickelt. Die Kombination aus einem steif ausgeführten Trägerelement in Verbindung mit einer Medienleitung ist ein Beispiel für Funktionsintegration und für die Zusammenfassung von Fertigungsschritten in einem Gesamtprozess. Das letzte Produktbeispiel betrifft die vielfach diskutierte Mehrschichtfolie, die im Bereich der Lebensmittelverpackung zur Sicherstellung der Haltbarkeit eingesetzt wird. Sie besteht aus einer Kombination mehrerer Kunststoffe, die jeweils unterschiedliche Funktionen wie Gas- oder Wasserdampfbarriere oder Bedruckbarkeit erfüllen.

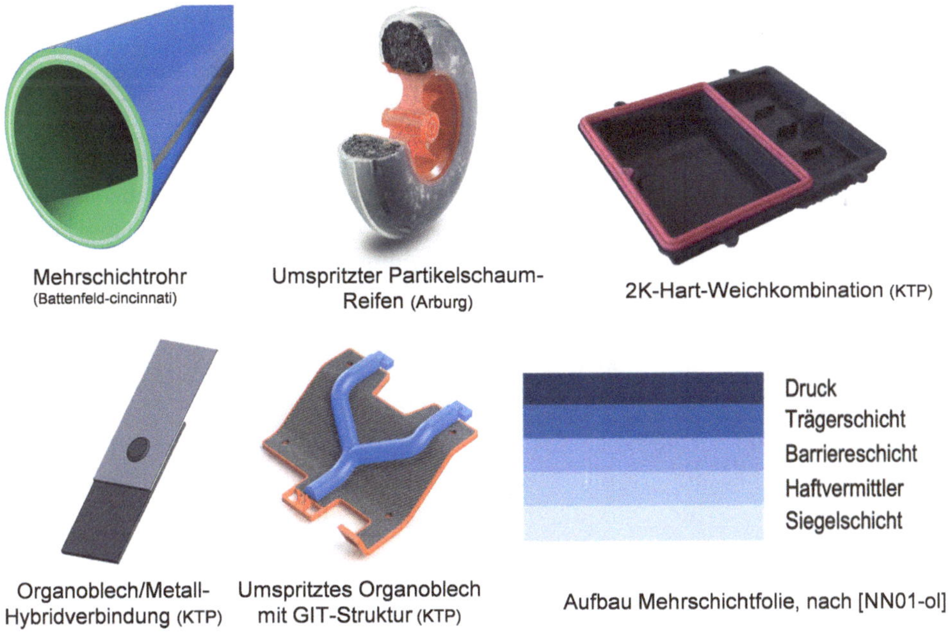

Bild 4.8 Beispiele für mehrkomponentige Produkte

Aus Sicht des Kunststofftechnikers sind die Möglichkeiten der Mehrkomponententechnik und der damit verbundenen, in den letzten Jahrzehnten entstandenen Innovationen die Basis zur Herstellung komplexer hybrider Baugruppen oder intelligent aufgebauter Verbundstrukturen. Diese ingenieurstechnischen Errungenschaften laufen allerdings konträr zu der Forderung, für ein werkstoffliches Recycling sortenreine Stoffströme am Ende des Lebenszyklus bereitzustellen. Insbesondere stoffschlüssige Verbunde werden in Sortieranlagen der Mischkunststofffraktion zugeführt, die zumeist energetisch verwertet wird. Der Trennprozess dieser Gemischtfraktionen ist aufwendig und bislang nur in gewissen Grenzen möglich. Im Folgenden werden die Verbundarten und deren Herausforderungen beim Recycling vorgestellt. Zudem werden in Bezug auf den stoffschlüssigen Verbund aktuelle Forschungsansätze gezeigt, die die Verbundtrennung der mehrkomponentigen Bauteile zum Ziel haben.

4.6.1 Verbundarten

Prinzipiell lassen sich in Bezug auf den Mechanismus des Zusammenhalts drei Kategorien von Verbunden unterscheiden [Sch22]:

Formschlüssige Verbindungen erzielen ihren Zusammenhalt darüber, dass in Kraftrichtung ein Hinterschnitt die Trennung der beiden Verbundpartner verhindert. Beispiele für formschlüssige Verbindungsverfahren sind Nageln, Rasten, Schnappen und Umfassen. Diese Verbunde sind nicht mediendicht, können lösbar oder nicht lösbar gestaltet werden und sind werkstoffunabhängig realisierbar. Typische Anwendungen finden sich bei Gehäuseabdeckungen, Kunststoffdosen aus dem Haushaltsbereich oder bei Autointerieur-Teilen.

Kraft- oder reibschlüssige Verbindungen sind durch die in die Kontaktfläche der Fügepartner eingebrachte Normalspannung charakterisiert, über die durch Reibung Schubspannungen übertragen werden können. Schraub- oder Pressverbindungen sind Beispiele für diese Verbundart, wobei beim Schrauben immer auch ein Formschluss besteht. Da Kunststoffe viskoelastische Eigenschaften aufweisen, besteht die Gefahr des Kriechens, was einen Spannungsabbau und damit das Versagen der Verbindung hervorrufen kann. Die Verbindungen sind prinzipiell wieder lösbar.

Bei stoffschlüssigen Verbindungen entsteht der Verbund durch molekulare Wechselwirkungen zwischen den Verbundpartnern. Hierzu ist ein enger Kontakt der Verbundpartner erforderlich, was durch Verflüssigung eines Partners erreicht wird. Beim Kleben stellt der Klebstoff die flüssige Komponente dar, beim Schweißen, Coextrudieren oder dem Mehrkomponentenspritzgießen liegt mindestens einer der Verbundpartner als Schmelze vor. Eine Voraussetzung für die Ausbildung des Verbunds ist die Verträglichkeit der Verbundpartner. Die Verbindungen sind nicht zerstörungsfrei lösbar und sind häufig flächig ausgeführt.

Aufgrund des starken Zusammenhalts sind stoffschlüssige Verbindungen in der Kunststofftechnik beliebt. Der dabei entstehende molekulare Verbund kann neben der Übertragbarkeit von Kräften auch besonders gut den Wärme- und Stofftransport über die verbundenen Komponenten sicherstellen. Die Verbundflächen reichen von punktuellen Schweiß- oder Klebpunkten bis hin zu flächig verbundenen Folienschichten.

4.6.2 Herausforderungen beim Recycling

In Bezug auf die sortenreine Trennung von Kunststoffen stellen Verbunde aus mehreren Kunststoffen oder aber aus Kunststoffen mit Metall, Keramik, Textil oder Papier eine Herausforderung dar. Je nach Verbundart und Ausführung der Verbunde lassen sich die Komponenten jedoch teilweise auch voneinander trennen und ein werkstoffliches Recycling sicherstellen. Dabei ist eine Einteilung der drei in Abschnitt 4.6.1 genannten Verbundarten in lösbare und nicht lösbare Verbunde sinnvoll. Zu den lösbaren Verbindungen zählen z. B. Schraub- und teilweise Schnappverbindungen. Nichtlösbare Verbindungen sind generell die stoffschlüssigen Verbindungen und teilweise auch Schnapp- und Nietverbindungen.

Die Vorbehandlung und Demontage ist nach der Abfallsammlung und vor der eigentlichen Aufbereitung ein Zwischenschritt bei der Abfallbehandlung. Durch Demontage erfolgt neben der Schadstoffentfrachtung die Ausschleusung von Komponenten, die gesondert recycelt oder verwertet werden sollen. In einigen Fällen ist dies vorgeschrieben, wie z. B. bei der Verschrottung von Fahrzeugen, bei denen große Kunststoffbauteile, wie das Armaturenbrett oder die Mittelkonsole, demontiert werden. Ansonsten beschränken sich Demontagevorgänge mit anschließender gezielter Aufbereitung auf besonders werthaltige Komponenten, die häufig metallischen Ursprungs sind [MG16, S. 29].

Neben der zerstörungsfreien Demontage, beispielsweise durch das Lösen von Verschraubungen, werden teilzerstörende und zerstörende Demontagevorgänge angewendet. Bei der gezielten Zerstörung von einzelnen Verbindungsstellen kann von einer teilzerstörenden Demontage gesprochen werden, bei der das Bauteil selbst noch intakt bleibt. Die zerstörende Demontage dient der Trennung von nicht lösbaren Verbindungen mit Zerstörung des gesamten Bauteils [Ehr04, S. 35].

Die gezielte Demontage von Bauteilen ist gekennzeichnet durch individuell zugeschnittene Zerlegetechniken mit hierfür benötigter spezifischer Anlagentechnik. Auf diese Weise lässt sich in einer Demontagelinie beispielsweise die Trennung von Kleb- oder Nietverbindungen realisieren, was bereits seit über dreißig Jahren Stand der Technik ist, z. B. [Käu87, Rot09, S. 59 ff.]. Voraussetzung für einen wirtschaftlichen Betrieb einer solchen Linie ist das Vorhandensein von entsprechend hohen Abfallmengen des gleichen Bauteils bzw. Bauteiltyps, damit sich die Investitionen amortisieren

[MG16, S. 30 f.]. Viele mehrkomponentige Produkte fallen allerdings nicht in der benötigten Häufigkeit bei den Entsorgungsbetrieben an, sodass sich eine gezielte Demontage nicht lohnt. Stattdessen werden diese Abfallfraktionen im Zuge der Aufbereitungsschritte zerkleinert und für die weitere Behandlung vorbereitet, welches in vielen Fällen die energetische Verwertung ist.

Damit stattdessen ein werkstoffliches Recycling gelingen kann, ist die Trennung der Verbunde notwendig, was, je nach Verbundart, auf unterschiedlichen Mechanismen beruht. Bei formschlüssigen Kunststoff-Kunststoff-Verbindungen kann der Verbund durch den Zerkleinerungsprozess gelöst werden. Sobald die den Hinterschnitt ausbildende Flanke des Bauteils weicht, wird die Verbindung getrennt. Im Anschluss erfolgt die Sortierung mittels der üblichen Trenntechniken (siehe Abschnitt 3.2.2). Das Gleiche gilt für reibschlüssige Verbindungen mit Kunststoffpartnern, bei denen durch die Zerkleinerung der verspannte Zustand durchtrennt wird und damit die Verbindung ihren Halt verliert. Besteht einer der Verbundpartner aus Metall, erfolgt entweder gesondert die Demontage oder aber auch der Zerkleinerungsprozess. Im weiteren Sortierverfahren wird das Metall durch entsprechende Abscheider aus dem Abfallstrom entfernt.

Da der stoffschlüssige Verbund auch ohne Hinterschnitt oder verspannten Zustand seine Verbundfestigkeit behält, kann durch die Zerkleinerung nur bedingt der Trennerfolg sichergestellt werden. Bei der Zerkleinerung von großvolumigen Teilen mit wenigen stoffschlüssigen, kleinflächigen Verbindungsstellen enthält nur ein kleiner Anteil der Bruchstücke beide Komponenten. Diese können aussortiert und gesondert verwertet werden. Bei großflächigen Verbindungen wie Mehrschichtfolien hingegen enthält jedes Bruchstück alle in dem Bauteil verwendeten Kunststoffe, sodass mit der Zerkleinerung keine Verbundtrennung erfolgen kann. Damit verbleibt für diese Abfallfraktionen entweder nur die energetische Verwertung oder aber die gemeinsame Verarbeitung der Verbundpartner als eine Art Polymerblend zu neuen Produkten. Hier sind in vielen Fällen allerdings schlechtere Materialeigenschaften zu erwarten, insbesondere wenn es sich um eine Vielzahl an unterschiedlichen Kunststoffen handelt, deren chemische Verträglichkeit nur bedingt oder gar nicht gegeben ist.

Durch Forschungsaktivitäten und Unternehmensentwicklungen sind in den letzten Jahren Prozesse entstanden, die dazu dienen, den stoffschlüssigen Verbund zu lösen. Auf diese Aktivitäten und eigene Untersuchungen zur Verbundtrennung wird im weiteren Verlauf des Kapitels eingegangen. Dabei ist zu bemerken, dass durch die Etablierung derartiger Prozesse die Recyclingfähigkeit von mehrkomponentigen Bauteilen gewährleistet werden kann. Daher ist es von großer Bedeutung, dass die Anforderungen zur Zertifizierung der Recyclingfähigkeit stets an den aktuellen Stand der Technik im Bereich der Sortierung und Aufbereitung angepasst werden müssen. Allerdings sollte die Wirtschaftlichkeit der Prozesse im Auge behalten werden, anderenfalls wäre lediglich eine theoretische oder technische Recyclingfähigkeit gegeben (siehe hierzu die Ausführungen in Abschnitt 4.3).

4.6.3 Grundlagen zum stoffschlüssigen Verbund

Der stoffschlüssige Verbund basiert auf atomaren bzw. molekularen Wechselwirkungen zwischen zwei Phasen. Der Bereich, in dem diese Wechselwirkungen zum Tragen kommen, wird Grenzfläche bzw. Grenzschicht genannt. Die Gesamtheit der vorkommenden Wechselwirkungen wird mit dem Begriff der Adhäsion beschrieben, wobei es trotz zahlreicher Versuche keine allgemeingültige Erklärung für dieses Phänomen gibt. Nach [VP91] beschreibt die Adhäsion das Phänomen des Zusammenhalts zweier Oberflächen, die miteinander in Kontakt gebracht wurden. Diese allgemeine und nicht ursachenbezogene Definition ist der Tatsache geschuldet, dass die prinzipiellen Ursachen der Adhäsion in der Literatur über unterschiedliche Theorien abgeleitet werden. Jede dieser Theorien betrachtet einen Teil der in experimentellen Untersuchungen gefundenen Phänomene, jedoch erklärt keine diese vollumfänglich. Eine Übersicht der Modelle, die die Adhäsion jeweils anteilig beschreiben, ist in Bild 4.9 dargestellt. Zunächst erfolgt die Unterteilung in die mechanische und in die spezifische Adhäsion. Letztere teilt sich nochmals in die chemischen und die physikalischen Wechselwirkungen auf. Im Folgenden sollen für die Theorien jeweils die grundlegenden Annahmen und Herleitungen zur Beschreibung der Adhäsion vorgestellt werden.

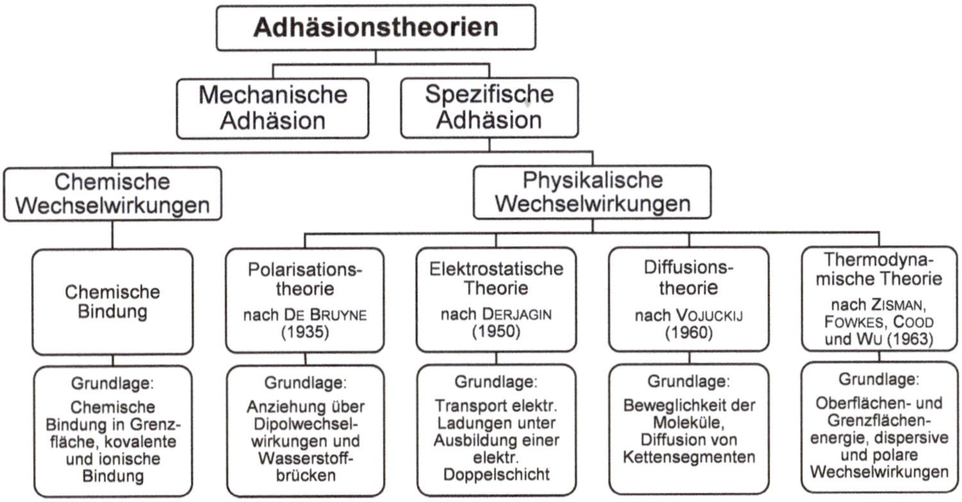

Bild 4.9 Überblick über die Adhäsionstheorien, nach [BP83, S. 27]

Mechanische Adhäsion

Unter dieser Art von Adhäsion wird die mechanische Verklammerung der Verbundpartner in der Grenzschicht verstanden. Dies geschieht durch Strukturen auf den Oberflächen wie Poren oder Erhebungen, die im besten Fall einen Hinterschnitt im Verbund und somit eine Art mikroskopischen Formschluss hervorrufen.

Genutzt wird die mechanische Adhäsion z. B. bei der Metallisierung von ABS. Die für das Galvanisieren vorbereitete Oberfläche eines ABS-Bauteils weist eine stark porige, kavernenartige Oberfläche auf. Dies geschieht durch einen Beizvorgang, bei dem die Butadien-Komponente aus der Oberfläche des ABS entfernt wird. Die Metallschicht lagert sich in den Poren ab und sorgt für eine Verankerung des Metalls im ABS-Bauteil, die auch „Druckknopf-Verankerung" genannt wird. Auf dieselbe Weise können auch Klebstoffe in die Poren eindringen und den gleichen Effekt hervorrufen. Eine wirksame Trennung der Komponenten ist durch Verflüssigung einer der Komponenten möglich [Pot04, S. 74].

Teilweise wird auch ein starkes Aufrauen der Oberflächen als Vorbehandlung für Klebungen zur vermeintlichen Verstärkung der mechanischen Adhäsion eingesetzt. Dies ist jedoch umstritten, weil ein Aufrauen gleichzeitig auch eine Vergrößerung und Funktionalisierung der Oberfläche bewirken kann [Bis88, S. 10].

Spezifische Adhäsion

Unter dem Begriff der spezifischen Adhäsion werden die Theorien zusammengefasst, die als Erklärungsansätze die physikalischen und chemischen Gegebenheiten in der Grenzschicht in den Blick nehmen. Wechselwirkungen auf atomarer bzw. molekularer Ebene lassen sich als Bindungskraft in der Grenzfläche zwischen zwei Verbundpartnern beschreiben.

Die auftretenden Bindungskräfte lassen sich in chemische und physikalische Bindungen unterteilen. Chemische Bindungen sind Hauptvalenzbindungen und können Ionen-, metallische oder kovalente Bindungen sein. Im Fall der Polymere finden sich kovalente Bindungen in den Molekülketten. Die Hauptvalenzbindungen zeichnen sich im Vergleich zu den Nebenvalenzbindungen durch eine kurze Reichweite und hohe Bindungsenergie aus (siehe Bild 4.10). Die zwischenmolekularen Nebenvalenzbindungen lassen sich in Wasserstoffbrückenbindungen und Van-der-Waals-Bindungen unterteilen.

Letztere wiederum umfassen die Dipol-Dipol-Bindungen (Keesom-Wechselwirkung), die induzierten Dipol-Bindungen (Debye-Wechselwirkung) und die Dispersionskräfte (London-Wechselwirkung). Zwischen Molekülen mit permanentem Dipolmoment treten die richtungsabhängigen Dipol-Dipol-Bindungskräfte auf. Polare Moleküle können in einem polarisierbaren Molekül ein Dipolmoment induzieren, wodurch im Vergleich zur Keesom-Wechselwirkung geringere Bindungskräfte auftreten. Dispersionskräfte entstehen durch eine statistisch sich verändernde Elektronendichte in den Molekülen. Dies kann temporär zu Dipolmomenten und damit zur Ausbildung von Bindungskräften führen. Im Vergleich zu den Van-der-Waals-Bindungen stellen die Wasserstoffbrücken-Bindungen eine zwischenmolekulare Bindungsart mit den am höchsten zu erreichenden Bindungskräften dar. Sie werden durch die polare Bindung zwischen einem Wasserstoffatom und einem elektronegativeren Atom erzeugt. Die hierdurch entstandene positive Teilladung des Wasserstoffatoms geht Bindungen mit freien Elektronen benachbarter Atome ein [Mon16, S. 11 ff.].

Bindungsart			Reichweite der Bindungskraft [nm]	Bindungsenergie [kJ/mol]
Chemische Bindungen	Ionenbindung		0,15 – 0,24	335 – 1050
	Kovalente Bindungen		0,15 – 0,24	63 – 920
	Metallische Bindungen		0,26 – 0,3	110 – 350
Zwischen-molekulare Bindungen	Wasserstoffbrücken-Bindungen		0,3 – 0,5	< 50
	Van-der-Waals-Bindungen	Dipol-Dipol-Bindungen Keesom-Energie	0,3 – 0,5	4 – 21
		Dipolinduzierter Dipol Debye-Energie	0,3 – 0,5	2
		Dispersionskräfte London-Energie	0,3 – 0,5	4 – 42

☐ Kommen selten als zwischenmolekulare Bindung im Verbund vor, liegen als Hauptvalenzbindung in Polymerkette vor

☐ Bei Kunststoffverbunden vorkommende Bindungsarten

Bild 4.10 Zwischenmolekulare Wechselwirkungen [BP83, S. 24; Dut00, S. 31; Hab09; S. 316; Nik05, S. 12]

Chemische Adhäsionstheorie

Beim Kleben von Metallen mit Kunststoffen können kovalente Bindungen nachgewiesen werden. Dabei finden reaktive Klebstoffe und spezielle Vorbehandlungsprozesse ihre Anwendung [Mon16, S. 23]. Chemisch reagierende Klebstoffe wie Epoxidharz- oder PUR-Klebstoffe reagieren mit funktionellen Gruppen an der Oberfläche von Metallen, wodurch ein starker Verbund entsteht. Derartige Verbunde lassen sich nicht durch lösungsmittelbasierte Verfahren trennen, da sich die ausgehärteten Klebstoffe nicht lösen lassen. Für das Ziel der Verbundtrennung sind derartige Verbunde wenig geeignet.

Polarisationstheorie

De Bruyne postulierte, dass die Haftung zwischen zwei Bindungspartnern nur bei Vorliegen entgegengesetzter Polarität möglich ist. Für den Verbund sind daher polare funktionelle Molekülabschnitte notwendig, durch die sich Dipolkräfte ausbilden und Wasserstoffbrücken-Bindungen entstehen. Die Haftung unpolarer Verbundpartner lässt sich jedoch über diese Theorie nicht erklären [Mon16, S. 17].

Elektrostatische Theorie

Beginnend mit den Arbeiten von Derjaguin ist die Theorie entstanden, dass beim Kontakt zwischen zwei Materialien mit einer anfangs bestehenden Potenzialdifferenz eine Ladungsträgerdiffusion stattfindet. In der Folge bildet sich eine elektrische Doppelschicht aus. Die Wanderung der Ladungsträger erfolgt vom Donator zum Akzeptor gemäß der thermodynamischen Potenzialdifferenz. Aufgrund der sich anziehenden, gegenüberliegenden Ladungen besteht in der Folge eine Anziehungskraft der beiden Komponenten. Insbesondere für Kombinationen aus Metall und Polymer wird diese Theorie in Betracht gezogen [Dut00, S. 34 ff.; Mon16, S. 18].

Diffusionstheorie

Eine auf den Verbund zweier Polymere beschränkte Theorie geht von einer sich im Kontaktbereich bildenden Grenzschicht aus, in welcher Molekülkettensegmente der beiden Verbundpartner ineinander diffundieren. Dies setzt eine ausreichend hohe Beweglichkeit der Molekülketten voraus, was im Schmelzezustand gegeben ist. Die Verschlaufungen der Moleküle in der Grenzschicht können als mechanische Verklammerung auf molekularer Ebene angesehen werden. Die Theorie kann die Haftung zwischen unpolaren Kunststoffen erklären. Da Diffusionsvorgänge stets temperaturabhängig sind, kann die Interdiffusion der Moleküle bei Erhöhung der Temperatur schneller ablaufen. Insbesondere beim Schweißen von Kunststoffen wird mit der Diffusionstheorie in Verbindung mit Relaxationsvorgängen benachbarter Moleküle nach dem Fügen argumentiert. Beim Verbundspritzgießen ist hingegen die Diffusion der Moleküle nur eingeschränkt möglich, da die zuerst eingespritzte Komponente bereits erstarrt ist, wenn die zweite Komponente aufgespritzt wird. Durch Wärmeleitung können bei Vorliegen einer hohen Schmelzetemperatur jedoch die oberflächennahen Bereiche der ersten Komponente derart erwärmt werden, dass Diffusionsvorgänge dennoch stattfinden können [Mon16, S. 17; Pot04, S. 73].

Thermodynamische Theorie

Grundlage dieser Theorie ist die Benetzung als eine Voraussetzung für die Adhäsion zwischen zwei Phasen. Das Benetzungsverhalten ist von der sogenannten Oberflächenenergie der Werkstoffe abhängig, die anschaulich wie folgt erklärt werden kann: Im Inneren eines homogenen Stoffes sind alle Bindungskräfte durch benachbarte Moleküle abgesättigt, während dies für die an der Oberfläche befindlichen Moleküle nicht gilt. Sie besitzen somit eine freie Oberflächenspannung bzw. Oberflächenenergie [BP83, S. 16, Pot04, S. 44]. Die Oberflächen-Moleküle können in der Folge durch Ausübung von Anziehungskräften auf molekularer Ebene eine Haftung mit anderen Stoffen aufbauen. Sind zwei Verbundpartner adhäsiv miteinander verbunden, muss die sogenannte Trennarbeit, oder Adhäsionsarbeit W_A zur Verbundtrennung aufgewendet werden, die mittels der Dupré-Gleichung berechnet werden kann.

$$W_A = \gamma_s + \gamma_l - \gamma_{sl}$$

wobei γ_s die Oberflächenspannung des Festkörpers, γ_l die Oberflächenspannung der Flüssigkeit und γ_{sl} die Grenzflächenenergie sind. Wie gut angrenzende Stoffe

Bindungen eingehen, lässt sich über das spezifische Benetzungsverhalten beurteilen [Pot04].

Experimentell lässt sich die Benetzung über die sogenannte Kontaktwinkelmessung quantitativ erfassen und durch Anwendung der Young'schen Gleichung ein Zusammenhang zwischen der Grenzflächenenergie und den Oberflächenspannungen der beteiligten Stoffe aufstellen (siehe Bild 4.11). Die Young'sche Gleichung mit dem Kontaktwinkel θ lautet:

$$\cos\theta = \frac{\gamma_s - \gamma_{sl}}{\gamma_l}$$

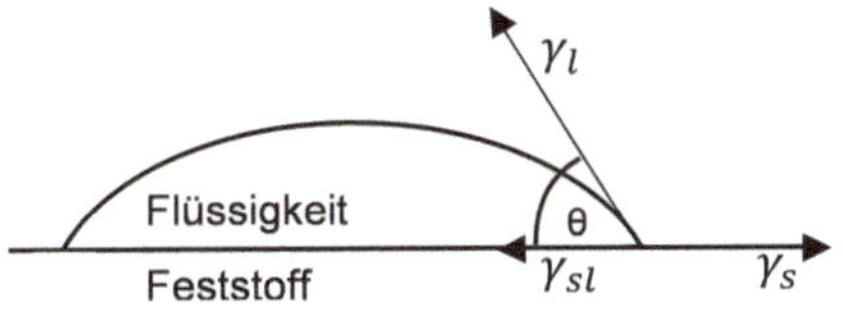

Bild 4.11
Flüssigkeitstropfen auf einem Feststoff

Durch Umstellen und Einsetzen der Young'schen Gleichung in die Dupré-Gleichung ergibt sich die Young-Dupré-Gleichung:

$$W_A = \gamma_l(1 + \cos\theta)$$

Es lässt sich nun ableiten, dass bei einem Kontaktwinkel von $\theta = 0°$, also bei vollständiger Spreitung des Flüssigkeitstropfens, die Adhäsionsarbeit maximal wird. Dabei wird die Grenzflächenspannung minimal und die Adhäsionsarbeit entspricht der Kohäsionsarbeit. Diese muss aufgewandt werden, um ein einphasiges System zu trennen [Gut91, S. 118].

Die Grenzflächenspannung ist ein Maß für die physikalisch-chemischen Wechselwirkungen, die die beiden in Kontakt stehenden Verbundpartner aufeinander ausüben. Um die zwischenmolekularen Wechselwirkungen ursachenspezifisch berücksichtigen zu können, wurden verschiedene Wechselwirkungsparameter eingeführt und die Oberflächenspannung in einen polaren und dispersen Anteil aufgespalten. Die Quantifizierung dieser Anteile erlaubt Interpretationsmöglichkeiten in Bezug auf die Polarität und die mögliche Haftungsneigung der Verbundpartner. Jedoch haben zahlreiche Untersuchungen in der Vergangenheit gezeigt, dass kein pauschaler Zusammenhang zwischen der Oberflächenenergie und der Haftfestigkeit festgestellt werden kann. Eine gute Benetzung ist in vielen Fällen eine notwendige Bedingung für eine gute Haftung, jedoch keine hinreichende. Die aufgeführten Zusammenhänge gelten nur für homogene Stoffe sowie für ideal glatte Oberflächen. Daher ist auch diese Theorie nicht dazu geeignet, die Adhäsion in Gänze zu beschreiben [Mon16, S. 22; Nor18; Ras12].

Zusammenfassung

Wie ausgeführt, ergeben sich große Herausforderungen bei der Vorhersage der Adhäsion aus der molekularen Betrachtungsweise. Bis dato gibt es keine allgemeingültige Möglichkeit, die Haftfestigkeit aus den vorgestellten Theorien heraus rechnerisch zu bestimmen. Erschwerend kommt hinzu, dass die Haftfestigkeit auch experimentell nicht quantifiziert werden kann. Die sich aus der Summe der Wechselwirkungen ergebende theoretische Haftfestigkeit σ_H wird nach [BP83] definiert:

$$\sigma_H = \frac{F_i}{A_w}$$

Sie ist der Quotient aus der inneren Kraft F_i, welche mit mechanischen Prüfungen nicht ermittelt werden kann, und der für die Adhäsion wirksamen und beim rein adhäsiven Bruch entstehenden, wahren Oberfläche A_w. Im Experiment kann lediglich die Verbundfestigkeit als eine Summe der auftretenden, für den Zusammenhalt des Verbundes verantwortlichen Effekte ermittelt werden. Sie wird über die äußere messbare Kraft F_a und die geometrische Oberfläche A_g bestimmt.

$$\sigma_V = \frac{F_a}{A_g}$$

Die experimentelle Ermittlung der Verbundfestigkeit erfolgt auf Basis unterschiedlicher Prüfmethoden und ist von zahlreichen Faktoren abhängig. Diese betreffen z. B. die Geometrie der Prüfkörper, die Prüfmethodik, die Prüfparameter, die Herstellung der Prüfkörper oder die Umgebungsbedingungen. Die ermittelten Werte haben entweder qualitativen, vergleichenden oder aber quantitativen, mechanisch begründeten Charakter [BP83, S. 243].

4.6.4 Mechanismen der Verbundtrennung

Nachdem in Abschnitt 4.6.3 die grundlegenden Theorien zum Aufbau eines stoffschlüssigen Verbundes vorgestellt wurden, sollen im Folgenden Ansätze diskutiert werden, wie ein solcher Verbund prinzipiell wieder getrennt werden kann. Dabei soll auf die entsprechenden zwischenmolekularen Wechselwirkungen und auf Möglichkeiten der direkten Belastung der Grenzfläche eingegangen werden. Wenn nicht anders kommentiert, handelt es sich bei den betrachteten Verbunden um Polymer/Polymer-Verbunde.

Bild 4.12 zeigt zwei Mechanismen der Verbundtrennung, die eine Herabsetzung der Nebenvalenzkräfte zum Ziel haben und somit auf molekularer Ebene wirken. Lösungsmittel fungieren als neue Bindungspartner zu den freien Valenzen der Molekülketten. Durch Temperaturerhöhung erhöht sich der Abstand zwischen den Ketten, wodurch die Bindungskräfte reduziert werden.

Molekulare Ebene	
Herabsetzung der Nebenvalenzkräfte	
Lösungsmittel	Erhöhung der inneren Energie der Moleküle (Erwärmung des Verbunds)
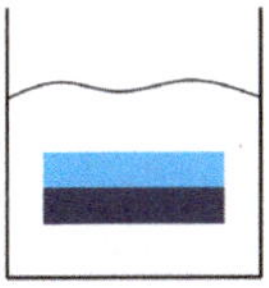	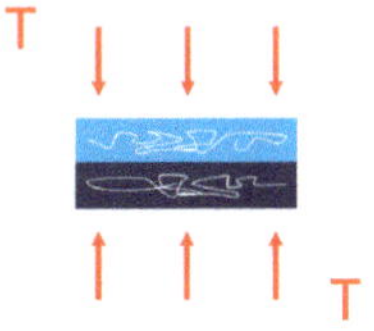

Bild 4.12 Mechanismen der Verbundtrennung auf molekularer Ebene

4.6.4.1 Einsatz eines Lösungsmittels

Durch den Einsatz eines Lösungsmittels werden die Nebenvalenzkräfte zwischen den Molekülketten eines der Verbundpartner so weit herabgesetzt, dass die Polymerketten vereinzelt in dem Lösungsmittel vorliegen. Es werden also nicht primär die Nebenvalenzkräfte zwischen den Verbundpartnern herabgesetzt, sondern die Trennung erfolgt durch vollständige Inlösungnahme eines der Verbundpartner. Die nicht gelöste Komponente kann entfernt und das gelöste Polymer durch Ausschleusen des Lösungsmittels wiederverwendet werden. In Xylol lösen sich beispielsweise PP, PS, LDPE, HDPE, PVC bei unterschiedlichen Temperaturen, wohingegen PET in Xylol unlöslich ist.

Bei der Auswahl des Lösungsmittels ist auf den sogenannten Löslichkeitsparameter zu achten, der dem des Kunststoffs ähnlich sein sollte. Dieses Löslichkeitsprinzip wird auch mit dem Satz „Gleiches löst Gleiches" umschrieben. Der Hildebrand-Löslichkeitsparameter δ ist definiert als die Wurzel aus dem Quotienten der Kohäsionsenergie E und dem molaren Volumen V [MK03, S. 11]:

$$\delta = \sqrt{\frac{E}{V}}$$

Der Quotient E/V wird auch Kohäsionsenergiedichte genannt und beschreibt die benötigte Energie, um alle zwischenmolekularen, physikalischen Wechselwirkungen in dem Volumen aufzubrechen. Da die zwischenmolekularen Bindungskräfte auf unterschiedlichen Effekten beruhen, hat Hansen drei Löslichkeitsparameter definiert. Der erste beschreibt die unpolaren Wechselwirkungen (Dispersionskräfte) aufgrund der freien Bewegung von Elektronen um die Atome und wird disperser Löslichkeitsparameter genannt. Der zweite ist der polare Löslichkeitsparameter, welcher auf Dipol-Dipol-Wechselwirkungen beruht. Der dritte in dieser Reihe berücksichtigt die Wasserstoffbrückenbindungen. Nach Hansen gilt dann unter Einbeziehung der dispersen (d), polaren (p) und Wasserstoff-(h)-Bindungsenergien:

$$\frac{E}{V} = \frac{E_d}{V} + \frac{E_p}{V} + \frac{E_h}{V}$$

bzw.

$$\delta^2 = \delta_d^2 + \delta_p^2 + \delta_h^2$$

Für die Lösungsmittel sind die Hansen-Parameter vollständig dokumentiert, während sie für die Kunststoffe aufwendig bestimmt werden müssen. Die Methoden zur direkten Messung der einzelnen Parameter sind für Kunststoffe aus verschiedenen Gründen nicht anwendbar, z. B. weil der zu untersuchende Stoff in die Dampfphase überführt werden muss und Kunststoffe zu dem Zeitpunkt bereits zersetzt sind. Eine Alternative stellt die Bestimmung der Parameter über eine Vielzahl von Löslichkeitsversuchen dar. Die Parameter der Lösungsmittel sind bekannt, und wenn sich der Kunststoff gut lösen lässt, so kann auf die Parameter geschlossen werden [Woi14, S. 25].

Der Lösungsvorgang ist zum einen von dem Eindringen des Lösungsmittels und zum anderen von dem Herauslösen der Molekülketten aus dem Polymer bestimmt (siehe Bild 4.13). Nach Überreiter bilden sich an der Oberfläche des sich in Lösung befindlichen Polymers fünf Schichten aus [Ueb68]. Das Lösungsmittel ist bis zur Infiltrationsschicht vorgedrungen und füllt in dieser Schicht durch Defekte in der Polymerstruktur entstandene feinste Hohlräume. In der gequollenen Schicht hat das Lösungsmittel bereits ein Aufquellen des Polymers bewirkt. Es befindet sich aber noch in einem glasartigen Zustand. In der aufgequollenen Gelschicht haben die Nebenvalenzkräfte stark abgenommen und das Material verhält sich gummiartig. Das Lösungsmittel geht mit den freien Valenzen der Molekülketten Bindungen ein und übernimmt somit den Platz der zuvor als Bindungspartner zur Verfügung gestandenen benachbarten Molekülkette. In der Flüssigkeitsschicht sind die Polymerketten von dem Lösungsmittel vollständig umgeben [MK03].

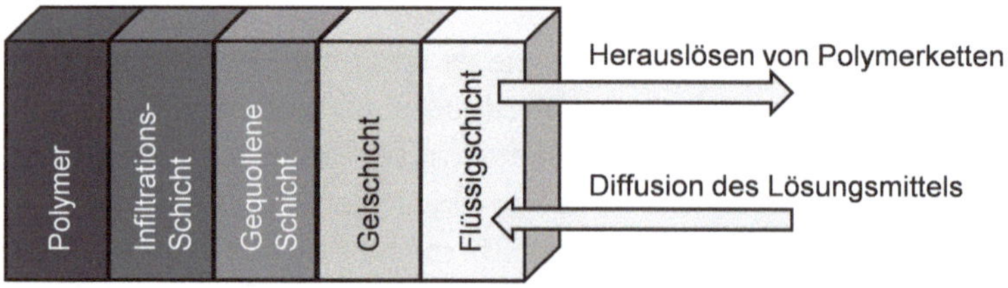

Bild 4.13 Schematischer Aufbau der Oberfläche eines in Kontakt mit einem Lösungsmittel befindlichen Polymers nach [ZLN18]

Das Herauslösen bzw. Entflechten der Polymerketten aus dem molekularen Verbund dauert bei größerem Molekulargewicht länger. Ein regelmäßiger Kettenaufbau und eine hohe Kristallinität verzögern die Wirkung des Lösungsmittels aufgrund der hohen Nebenvalenzkräfte. Eine erhöhte Temperatur während des Lösens verbessert hingegen die Löslichkeit [MK03].

Das selektive Lösen ist nur für Thermoplaste möglich, weil bei den Duroplasten und Elastomeren die Vernetzungsstellen das Lösen verhindern. Der Verbundpartner kann entweder aus einem anderen Kunststoff oder aber aus einem anderen Material bestehen. Wenn es sich ebenfalls um einen Kunststoff handelt, so ist das Lösungsmittel so auszuwählen, dass dieser nicht ebenfalls gelöst wird.

Obwohl das selektive Lösen als Verfahren zur Verbundtrennung seit den 90er-Jahren bekannt ist, gibt es bis heute keine industrielle Umsetzung im großen Maßstab. Die aktuellen Entwicklungen vonseiten der Industrie werden in Abschnitt 4.6.4.1 vorgestellt.

4.6.4.2 Erhöhung der inneren Energie der Moleküle

Der zweite Ansatz zur Herabsetzung der Nebenvalenzkräfte geschieht über die Zuführung von Energie in den Verbund. Steigt die innere Energie der Moleküle, kommt es zu einer Verstärkung der Brownschen Molekularbewegung und demzufolge zu stärkeren Molekülschwingungen. Diese führen verstärkt zu Stößen zwischen den Atomen benachbarter Moleküle und dabei zu einem größeren Abstand zwischen den intermolekularen Bindungspartnern. Dies hat unmittelbaren Einfluss auf die Höhe der Bindungskräfte zwischen den Molekülketten [RHB12, S. 261]. Berechnungen der Wechselwirkungsenergien verschiedener Atomkonstellationen haben ergeben, dass die Höhe dieser Energie umkehrt proportional zu der sechsten Potenz des Abstands ist. Keesom beispielsweise erhält für zwei freie Dipole mit den Dipolmomenten $\overrightarrow{p_A}$ und $\overrightarrow{p_A}$, R als Abstand zwischen den Dipolen den folgenden Ausdruck für die mittlere Energie [BP83, S. 52]:

$$\overline{U} = -\frac{2\,\vec{p}_A^2\,\vec{p}_B^2}{3(4\pi\varepsilon_0)^2 kTR^6}$$

Mit:
k = Boltzmann-Konstante
T = absolute Temperatur

Für die Energie zwischen permanenten und induzierten Dipolen gilt ein ähnlicher Ausdruck, jedoch ohne die Abhängigkeit der Temperatur [BP83, S. 53]:

$$\overline{U} = -\frac{\vec{p}_B \vec{\propto}_0(A)\,\vec{p}_B}{(4\pi\varepsilon_0)^2 R^6}$$

Mit:
$\vec{\propto}_0$ = Polarisierbarkeit von Molekül A

Bischoff und Possart geben für zwei Moleküle in erster Näherung eine Energie als Summe der i Atome von Molekül A mit j Atomen von Molekül B an [BP83, S. 55]:

$$U_{AB} = \sum_{ieA} \sum_{jeB} \frac{C_{ij}}{R^6}$$

Für die Konstante C_{ij} werden in der Literatur entsprechend den Gegebenheiten im Molekül verschiedene Ausdrücke genannt, die in die Formel eingesetzt werden können. Die Abhängigkeit der Energie vom reziproken Abstand in sechster Potenz ist jedoch bei diesen Berechnungen stets gegeben. Um die Argumentation vom Beginn wieder aufzugreifen, zeigt sich also, dass eine durch die Wärmezufuhr hervorgebrachte Erhöhung des Abstands zwischen den Molekülen zu einer starken Absenkung der Wechselwirkungskräfte zwischen den Molekülketten führt [Kai16, S. 72; DHM22, S. 74].

Die Absenkung der Nebenvalenzkräfte hat zur Folge, dass Bindungen leichter gelöst und wieder neu geknüpft werden können und, bei Erreichen der Glasübergangs- bzw. Schmelztemperatur, ein Abgleiten von Molekülketten möglich ist. In Verbindung mit dem Aufbringen äußerer Kräfte ist zu erwarten, dass ein Verbund aus zwei Polymeren aufgrund der genannten Zusammenhänge leichter getrennt werden kann. Durch die Temperaturerhöhung und den größeren Abstand zwischen den Molekülen ergibt sich neben dem Effekt der geringeren Nebenvalenzkräfte auch eine Wärmeausdehnung im Kunststoff, die Schubspannungen in der Grenzschicht des Verbunds hervorruft (siehe Abschnitt 4.6.4.4).

Die in der Grenzschicht wirkenden intermolekularen Wechselwirkungen mit einem anderen Material, die zur Adhäsion führen, sind in der Regel geringer als diejenigen, die die Kohäsionsfestigkeit bewirken. Daher ist davon auszugehen, dass die Adhäsionskräfte bei erhöhter Temperatur geringer ausfallen als die Kohäsionskräfte. Ist dies jedoch nicht der Fall, kann ein Ansatz zur Trennung darin bestehen, eine der Komponenten in den Schmelzezustand zu überführen und die feste Komponente aus dem Stoffstrom herauszufiltern. Die Nebenvalenzkräfte sind somit so gering, dass die Kohäsionsfestigkeit minimal wird. Die Verbundtrennung durch Einsatz von mechanischem Eintrag bei einer bestimmten, der Verbundtrennung förderlichen Temperatur ist in einem US-Patent von Tucker et al. aus dem Jahr 2006 beschrieben [TM06].

Der Energieeintrag in den Verbund kann mit konvektivem Wärmetransport an die Oberfläche und anschließender Wärmeleitung durch die Verbundpartner bis zur Grenzschicht erfolgen. Eine weitere Möglichkeit besteht durch den Einsatz von Mikrowellen und einer polymeren Zwischenschicht zwischen den Verbundpartnern, welche induktionsaffine Füllstoffe enthält.

Während die bislang gezeigten Mechanismen zur Trennung eines Verbundes direkt bei den die Haftung maßgeblich beeinflussenden Nebenvalenzkräften ansetzen, geht es im Folgenden um das Überwinden der Verbundfestigkeit durch äußere oder von außen induzierte innere Kräfte (siehe Bild 4.14). Dabei kann das Aufbringen einer äußeren Kraft auch mit der soeben vorgestellten Möglichkeit kombiniert werden, die Nebenvalenzkräfte durch Erwärmung des Verbunds herabzusetzen.

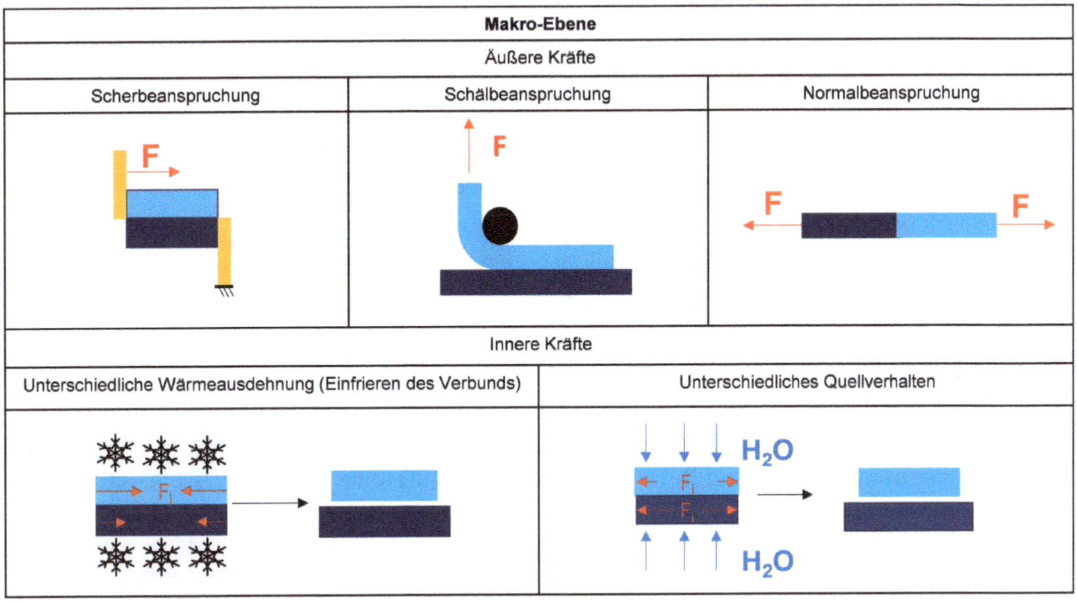

Bild 4.14 Mechanismen der Verbundtrennung auf Makro-Ebene

4.6.4.3 Scher-, Schäl- oder Normalbeanspruchung

Das Überwinden der Verbundfestigkeit durch äußere Kräfte setzt eine ausreichend hohe Kohäsionsfestigkeit der beiden Verbundpartner voraus. Je nach Geometrie der Verbundfläche bietet sich eine Scher-, Schäl- oder Normalbeanspruchung zur Trennung des Verbundes an.

Dabei ist darauf zu achten, dass das Aufbringen einer äußeren Kraft eine höhere Spannung in dem Material selbst hervorrufen kann als in der Grenzfläche. Beispielsweise ist dies der Fall, wenn bei einer Normalbeanspruchung die Grenzfläche größer ausfällt als der Querschnitt eines der Verbundpartner. In dem Fall kann es zum Versagen des Bauteils kommen, bevor adhäsives Versagen auftritt. Auch das Vorliegen eines mehrachsigen Spannungszustands im Bauteil aufgrund der anliegenden Kraft kann zum „frühen" Bruch des Bauteils führen.

Prinzipiell ist die Schälbeanspruchung bei der Wahl der Krafteinleitung zu bevorzugen, weil bei dieser die Kraft linienförmig eingeleitet wird und somit nur ein kleiner Anteil der Verbundfläche die Kraft überträgt. Es entstehen hohe Spannungsspitzen in der Grenzschicht, die für ein adhäsives Versagen förderlich sein können [Hab09, S. 533]. Dabei muss allerdings beachtet werden, dass eine schälende Belastung, wie in

Bild 4.14 dargestellt, nur bei Verbunden aufgebracht werden kann, bei denen eine der Komponenten eine entsprechende Biegsamkeit aufweist.

Eine reine Scherbeanspruchung erfordert bei großen Verbundflächen hohe Kräfte, weshalb sie für eine Verbundtrennung als ungeeignet angesehen werden muss. Für eine apparative Umsetzung der Verbundtrennung von zerkleinerten mehrkomponentigen Fragmenten lässt sich die Scherbeanspruchung jedoch am einfachsten realisieren. Liegen lediglich kleine Verbundflächen vor und ist der Verbund durch geeignete Maßnahmen bereits geschwächt, kann eine Verbundtrennung auch durch Scherung erfolgreich sein. Zudem kommt es je nach Trennprinzip der Maschine neben der Scherung immer auch zu Anteilen aus einer Schäl- und Normalbeanspruchung.

Die Normalbeanspruchung ist dadurch gekennzeichnet, dass die Kraft senkrecht zur Verbundfläche wirkt. Es handelt sich also wie bei der Schälbeanspruchung um eine abhebende Kraft, die allerdings flächig eingeleitet wird und nicht linienförmig wirkt.

4.6.4.4 Innere Kräfte durch unterschiedliche Wärmeausdehnung

Neben den von außen eingeleiteten Kräften lassen sich innere Kräfte durch zwei Ansätze aufbringen, die beide zum Ziel haben, in der Grenzfläche eine für die Verbundtrennung ausreichend hohe Schubspannung aufzubringen. Der erste Ansatz besteht in dem Ausnutzen unterschiedlicher Wärmeausdehnungen der beiden Verbundpartner. Kunststoffe besitzen im Vergleich zu Metallen eine deutlich höhere Wärmeausdehnung. Diese lässt sich mit dem linearen Wärmeausdehnungskoeffizienten α ausdrücken, welcher mit der Ausgangslänge L_0, der partiellen Länge ∂L und der partiellen Temperatur ∂T wie folgt definiert ist [DHM22, S. 365]:

$$\alpha = \frac{1}{L_0} \times \left(\frac{\partial L}{\partial T}\right)$$

Bei steigender Temperatur wird der Abstand zwischen den Molekülen größer, wodurch das spezifische Volumen und damit die Länge des Bauteils größer wird. Neben dieser thermischen, reversiblen Volumenänderung kommt es nach [DHM22] zu folgenden weiteren Effekten:

- reversible Umwandlungen (z. B. Aufschmelzvorgänge)
- reversible Übergänge (z. B. Glasübergang)
- irreversible Volumenänderungen durch Alterungsvorgänge (z. B. Relaxation, Nachkondensation)

Wie aus Bild 4.15 ersichtlich, steigt der Wärmeausdehnungskoeffizient mit der Temperatur teilweise um das Doppelte in einem Temperaturintervall von 30 °C an. Bei Raumtemperatur zeigt Polyethylen mit ca. $18 \times 10^{-5}\,K^{-1}$ einen im Vergleich zu den anderen Kunststoffen hohen Wert. Entsprechende Werte für Metalle liegen unterhalb von 2,5 x 10^{-5} K^{-1}. Der teilweise sprunghafte Anstieg der Werte ist bei Kunststoffen auf die bereits genannten Übergänge oder Umwandlungen zurückzuführen.

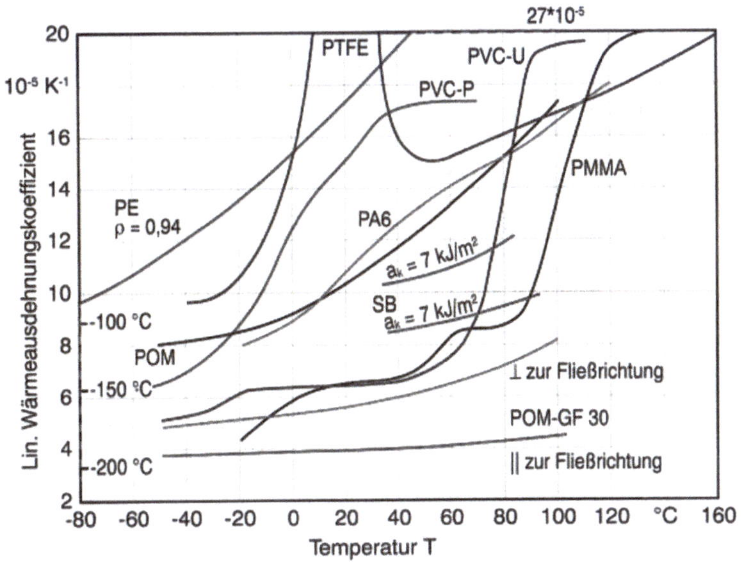

Bild 4.15 Abhängigkeit des Wärmeausdehnungskoeffizienten von der Temperatur [BBO+13, S. 128]

Wird die Längenänderung unterdrückt, entstehen im Kunststoff Eigenspannungen. Dies ist der Fall, wenn zwei Kunststoffe in einem Mehrkomponenten-Bauteil stoffschlüssig miteinander verbunden sind, deren Wärmeausdehnungskoeffizienten α deutlich auseinanderliegen. Die unterdrückte Längenänderung des Kunststoffs mit hohem α führt zu einer Schubspannung in der Grenzschicht, die die Verbundhaftung überwinden kann. Im Zuge des Trennprozesses wird der Verbund also erwärmt oder gekühlt, wodurch die zur Trennung führenden Schubspannungen erzeugt werden. In Bezug auf die Kunststoffe ist ein Herabkühlen auf Minusgrade in dem Zusammenhang sinnvoll. Der Vorteil gegenüber hohen Temperaturen liegt darin, dass gleichzeitig sprödes Materialverhalten vorliegt und die Bauteile durch Aufschlusszerkleinerung getrennt werden können (siehe Abschnitt 4.6.5). Zudem kommt es bei hohen Temperaturen wiederum zu Platzwechselvorgängen und damit zu einer Relaxation der gewünscht eingebrachten Spannungen. Weiterhin ist zu bedenken, dass auch bereits im Herstellprozess Eigenspannungen durch unterdrückte Schwindung eingebracht werden. Diese würden sich durch weiteres Abkühlen tendenziell eher verstärken, während durch eine Erhöhung der Temperatur die Eigenspannungen zunächst eliminiert werden. Die Aufschlusszerkleinerung mit vorgeschalteter Kryobehandlung ist Stand der Technik bei der Metall-/

Kunststoff-Trennung, z. B. für Leiterplatten, Trafobleche oder andere Elektronikbauteile mit Kunststoffen als Isolationselement. Vorteilhaft ist dabei, dass die Wärmeausdehnungskoeffizienten von Metallen teilweise um das Zehnfache geringer sind als die von Kunststoffen [DHM22, S. 366; MG16, S. 177]. In aktuellen Studien zur Trennung struktureller Klebverbindungen konnte gezeigt werden, dass die Versprödung eines Epoxidharz-Klebstoffs bei –55 °C zu einer erheblichen Reduzierung der Schlag-Schälfestigkeit führt [CMB+22].

4.6.4.5 Innere Kräfte durch unterschiedliches Quellverhalten

Neben der volumetrischen Ausdehnung der Kunststoffe durch Wärme erfolgt auch durch das Eindringen von Flüssigkeiten in die Polymerstruktur eine Änderung des Volumens. Dieser Vorgang wird Quellung genannt, was grundsätzlich eine Vorstufe während des Lösungsprozesses von Kunststoffen ist. Hier soll der Kunststoff allerdings nicht gelöst, sondern der Aufbau einer Schubspannung durch Quellkräfte hervorgerufen werden. Hierzu können Lösungsmittel eingesetzt werden, die mit dem betreffenden Kunststoff nur eine geringe Übereinstimmung in Bezug auf die Löslichkeit zeigen, was in der Einzelfallbetrachtung durch aufwendige Labortests herausgefunden werden kann. Wenn die Löslichkeitsparameter sehr gut übereinstimmen, käme es zu dem hier nicht gewünschten Lösen des Kunststoffs. Eine ökologisch sinnvollere und technisch weniger komplexe Methode ist die Verwendung von Wasser als Mittel zur Quellung. Polare Kunststoffe zeigen eine erhöhte Affinität zur Bindung von Wassermolekülen in ihrer Molekülstruktur durch Wasserstoffbrückenbindungen. Dies führt neben der Veränderung der mechanischen Eigenschaften zu einer Volumenzunahme. Unpolare Kunststoffe wie PE oder PP nehmen wenig bis gar keine Feuchtigkeit auf, während polare Kunststoffe wie PC oder PET und insbesondere PA eine hohe Wasseraufnahmefähigkeit zeigen. Bei Polyamiden kann die Längenzunahme bei 0,3 % pro 1 % Wasseraufnahme liegen, wobei Polyamid 6 zum Beispiel über 10 % Wasser aufnehmen kann. Die hohe Wasseraufnahme dieser Kunststoffsorte ist auf die Amidgruppen in der polymeren Struktur zurückzuführen [Kai13, S. 377]. Wird in einem Verbund ein Polyamid mit Metall oder mit einem Kunststoff kombiniert, der keine hohe Wasseraufnahmefähigkeit besitzt, führt das unterschiedliche Quellverhalten wegen der behinderten Längenzunahme zu einer Schubspannung in der Grenzschicht. Zu beachten ist jedoch, dass das Wasser in der Polymerstruktur auch zu einer Verringerung der Festigkeit und der Steifigkeit führt [DHM22, S. 538; BBO+13, S. 162 ff.].

4.6.5 Verfahrenstechnische Prozesse für die Verbundtrennung

Wie bereits erläutert, werden bauteilspezifische Demontagelinien nur in wenigen Fällen eingesetzt, um Verbunde zu trennen (siehe Abschnitt 4.6.2). Voraussetzungen für einen kommerziellen Anlagenbetrieb sind das Vorliegen größerer Abfallmengen und die Möglichkeit der Gewinnung hochwertiger Materialien. Die im Folgenden vorgestellten Prozesse betreffen daher bauteilunabhängige Aufbereitungsschritte, die die Trennung der Verbindungen zum Ziel haben. Wirtschaftlich umsetzbare Technologien zur Verbundtrennung derartiger mehrkomponentiger, heterogen vorliegender Abfälle für ein werkstoffliches Recycling können prinzipiell in den folgenden drei Phasen der Aufbereitung eingesetzt werden:

- während des Zerkleinerungsprozesses
- bei der Aufbereitung der zerkleinerten Abfallfragmente
- in der Umschmelzphase der Kunststoffe

In welcher Phase der Trennerfolg am effizientesten zu erzielen ist, hängt insbesondere von folgenden, aus den Ausführungen zu den Mechanismen der Verbundtrennung abgeleiteten Faktoren ab:

- Verbundart (Form-, Kraft-, Stoffschluss)
- bei Stoffschluss: Höhe der Verbundfestigkeit
- Geometrie und Größe der Grenzfläche (punktuell, flächig)
- Werkstoffe der Verbindungspartner (unterschiedliche Kunststofftypen, Metall, Keramik, Textil oder Papier)
- thermische Eigenschaften der Verbindungspartner (Glasübergangs-, Erweichungs-, Schmelz- und Zersetzungstemperatur, Wärmeausdehnungsverhalten)
- mechanische Eigenschaften der Verbindungspartner (Festigkeit, Härte, Steifigkeit)
- Löslichkeit und Wasseraufnahmefähigkeit der Kunststofftypen

Bevor der jeweilige Stoffstrom aus mehrkomponentigen Bauteilen den Trennungsprozess durchlaufen kann, muss dieser zunächst gesammelt und nach Zusammensetzung sortiert werden. Die Sammlung und Sortierung hat nach den Anforderungen der jeweiligen Trennverfahren zu erfolgen. Letztlich können zwei Prinzipien bei der Sortierung für die Trennprozesse unterschieden werden:

- Bauteilspezifische Sammlung/Sortierung

  Bei einigen Produkten werden herstellerübergreifend gleiche oder zumindest ähnliche Materialien verbaut, sodass der Trennprozess auf die Materialkombination dieser Bauteile abgestimmt werden kann. Eine getrennte Sammlung für diese Produkte führt zu einer effizienten Logistik ohne weiteren Sortieraufwand. Beispiele für derartige Produkte sind CDs bzw. DVDs oder auch Leiterplatten.

- Materialspezifische Sammlung/Sortierung

  Für einige Prozesse kann eine auf ein spezielles Material bzw. eine Materialkombination abgestimmte Sortierung sinnvoll sein. Wenn zum Beispiel ein Verfahren insbesondere auf eine Metall-Kunststoff-Trennung abzielt, so können solche Produkte spezifisch in entsprechenden Sortieranlagen ausgeschleust werden. Ein weiteres Beispiel betrifft Mehrschichtfolien mit enthaltener PA- oder PET-Fraktion. In aktuellen Studien konnte zumindest im Laborumfeld gezeigt werden, dass durch NIR-Spektroskopie die Zusammensetzung von Mehrschichtfolien analysiert werden kann [CKF+20; CKW+21]. Auf diese Weise kann perspektivisch auch aus den Sortieranlagen der Leichtverpackungen (LVP) die Mischkunststofffraktion nachsortiert werden.

Da für einige der folgend aufgeführten Prozesse vorsortierte Stoffströme eine zwingende Notwendigkeit darstellen, ist die Sortiertechnik bei der Entwicklung von neuen Prozessen unerlässlich. Die sensorgestützten Verfahren sind aber heute schon im Forschungsumfeld auf einem Stand, dass sie im industriellen Maßstab Einsatz finden können, sobald wirtschaftlich realisierbare Folgeprozesse für die weitere Aufbereitung existieren. Im Folgenden sollen ausgewählte Möglichkeiten der Verbundtrennung vorgestellt werden, wie sie teilweise schon seit geraumer Zeit Stand der Technik, teilweise jedoch auch noch Gegenstand aktueller Forschung sind.

4.6.5.1 Aufschlusszerkleinerung

Im Zuge der Zerkleinerung kann, neben der Reduzierung der Stückgröße des Abfalls, der Aufschluss von Verbunden erreicht werden. Die in die Abfallstücke eingebrachte Zerkleinerungsarbeit belastet die jeweilige Verbindungsstelle bzw. die Grenzfläche der Verbunde und führt zur Trennung des Verbunds der jeweiligen Abfallfragmente. Als Beanspruchungsart kommen für spröde Abfälle Prall-Beanspruchungen, für nicht-spröde Abfälle nach [Sch02] eher Reißbeanspruchungen zum Einsatz. Dabei ist die Reißbeanspruchung eine Mischung aus Zug, Biegung und Torsion, die mittels Hammerreißern realisiert werden kann. Für kraft- und formschlüssige Verbindungen erfolgt die Verbundtrennung durch Zerkleinerung der jeweils haltgebenden Elemente der Verbindungsstellen. Bei stoffschlüssigen Verbindungen hingegen ist es erforderlich, dass die Trennung durch die mechanische Belastung der Grenzschicht zwischen den Komponenten geschieht. Falls die Auftrennung stoffschlüssiger Verbindungen nicht gelingt, erfolgt die Zerkleinerung in sehr kleine Stückgrößen, sodass im Mahlgut je eine Fraktion der beiden Verbundpartner vorliegt sowie eine Mischfraktion.

Damit die zugeführte Energie nicht hauptsächlich zur elasto-plastischen Verformung aufgewendet wird, kann für duktile oder gummielastische Materialien wie Thermoplaste oder Elastomere eine Kaltversprödung durch den Einsatz von flüssigem Stickstoff sinnvoll sein. Der Aufschluss von Verbundstrukturen aus hochfesten Stählen mit faserverstärkten Kunststoffen, die hauptsächlich durch punktförmige Verbindungsstellen gefügt sind, ist ohne Weiteres durch die Nutzung einer Hammermühle möglich. Jedoch ist der Verschleiß der Hämmer nicht zu vernachlässigen [LKS17].

4.6.5.2 Lösungsmittel-/chemikalienbasierte Verfahren

Wie bereits in Abschnitt 4.6.4 bei der Vorstellung der Mechanismen zur Verbundtrennung gezeigt, werden durch den Einsatz eines Lösungsmittels die Nebenvalenzkräfte herabgesetzt, sodass das betreffende Polymer in Lösung geht. Erste Arbeiten hierzu stammen aus den USA zu Beginn der 90er-Jahre des letzten Jahrhunderts und mündeten in einem mittlerweile ausgelaufenen US-Patent [NL94]. Bei einem Verbund aus mehreren Kunststoffen geht eine Komponente nach der anderen bei unterschiedlichen Temperaturen in Lösung und das Zielpolymer wird herausgefiltert. Ein Überblick über weitere Patente und Entwicklungen der letzten dreißig Jahre ist in [KSS17] zu finden.

Zwei in Deutschland bereits industriell eingesetzte Verfahren sind der CreaSolv®- und der Newcycling-Prozess. Letzterer wird von dem Unternehmen APK AG aus Merseburg verwendet, um Polyethylen- und Polyamid-Granulate sortenrein aus gemischten Kunststoffabfällen mit Multilayer-Verpackungen herzustellen. Nach der Zerkleinerung, Reinigung und Dichtetrennung erfolgt der Kontakt mit einem Lösungsmittel. Es folgen Trennprozesse zwischen festen und flüssigen Bestandteilen, Polymer-Reinigungsstufen und die Entfernung des Lösungsmittels. Mit dieser Technologie verarbeitet das Unternehmen eine Input-Kapazität von 8000 t/a [NN02-ol]. Ende 2021 ist nach Unternehmensangaben auch die Entfärbung von LDPE aus Abfällen der haushaltsnahen Sammlung gelungen [NN03-ol].

Für deutlich mehr Kunststoffe ausgelegt ist das CreaSolv®-Verfahren des Fraunhofer Instituts für Verfahrenstechnik und Verpackung IVV in Freising. Die Creacycle GmbH aus Grevenbroich liefert die Lösungsmittel z. B. für die Ausschleusung von Polyolefinen, Polystyrol oder PET aus Verpackungen. Spezialanwendungen sind die Gewinnung von Styrol-Copolymeren aus Elektroaltgeräten, Polyamiden und PBT aus postindustriellen Verbundabfällen sowie expandiertem Polystyrol (EPS) aus Dämmstoffen. Um welche Art von Lösungsmittel es sich jeweils handelt, wird nicht bekannt gegeben. Das Verfahren wird seit ca. zwanzig Jahren weiterentwickelt und steht nach mehreren erfolgreich durchgeführten Pilotprojekten vor dem Aufbau eines Konzepts für eine kommerzielle Anlage [SFM+20; SNK+22].

Generell bestehen bei den lösungsmittelbasierten Verfahren Herausforderungen bezüglich der großen Menge an benötigten Lösungsmitteln hinsichtlich deren Brennbarkeit, des hohen benötigten Dampfdrucks, der hohen Kosten für die Aggregatetechnik sowie insbesondere der Toxizität der Lösemittel [MG16, S. 289].

Neben dem selektiven Lösen, also der vollständigen Inlösungnahme eines Kunststoffs, gibt es auch noch die Möglichkeit, mittels Chemikalien eine Delamination von Schichten zu erzielen. Nach diesem Prinzip arbeitet das von dem Unternehmen Saperatec GmbH aus Dessau entwickelte Verfahren. Zerkleinerter Abfall wird mit den für den Verbund abgestimmten, wasserbasierten Chemikalien in Kontakt gebracht und unter Wärme und einem Rührvorgang erfolgt die Delamination der Schichten. Durch einen Sieb-Prozess wird die Trennflüssigkeit zurückgeführt und die getrennten Produkte werden einem Waschvorgang unterzogen. Daraufhin kann nach den Einzelkomponenten sortiert werden. Nach Unternehmensangaben können Verbunde aus Kunststoff und Aluminium sowie Kunststoff und Glas getrennt werden. Aktuell wird in Dessau eine kommerzielle Anlage mit einer Rezyklat-Ausstoßmenge von 16000 t/a gebaut, die PET/Aluminium/PE-, PET/Aluminium-, Aluminium/PE- und PE/Aluminium/PE-Verbunde auftrennen kann und im Jahr 2023 in Betrieb gehen soll [NN04-ol; NN05-ol].

4.6.5.3 Schwächung des Verbundes durch Temperaturerhöhung

Im Folgenden werden Ergebnisse von Untersuchungen zur Verbundtrennung vorgestellt, die die Erhöhung der inneren Energie durch Wärmezufuhr als Grundlage haben. Durch die Temperaturerhöhung werden folgende Effekte erzielt, die die Verbundtrennung beeinflussen:

- Verringerung der Nebenvalenzkräfte zwischen den Molekülen

  Die Kohäsionskraft innerhalb der beiden Komponenten wird geringer, sodass die Materialfestigkeit und Steifigkeit sinken. Der eigentliche Trenneffekt soll jedoch über die Verringerung der Bindungskräfte in der Grenzschicht des Verbunds erzeugt werden. Werden die Kohäsionskräfte sehr gering, kann es zum Versagen einer der Komponenten kommen, bevor die Abnahme der Adhäsionskräfte zu einer Verbundtrennung führt.

- Wärmeausdehnung der Verbundpartner

  Durch unterschiedliches Wärmeausdehnungsverhalten der Verbundpartner tritt eine Schubspannung in der Grenzschicht auf.

- Spannungsrelaxation

  In den Verbund eingebrachte Eigenspannungen durch die Verbundherstellung oder durch eine unterschiedliche Wärmeausdehnung im Trennprozess können bei hohen Temperaturen aufgrund größerer Kettenbeweglichkeit relaxieren. Dadurch sinken die in der Grenzschicht wirkenden Spannungen. Je nach Temperatur und Kunststofftyp werden die Erweichungs-, Glasübergangs-, Nachkristallisations- und Aufschmelzbereiche durchlaufen. Welche Auswirkungen diese im Zusammenhang mit der Verarbeitungshistorie auf die Eigenspannungssituation haben, unterliegt der Einzelfallbetrachtung.

Zusätzlich zur Temperaturerhöhung des Verbundes ist das Aufbringen einer Kraft in der Grenzschicht erforderlich, um die Komponenten zu trennen. Wie in Abschnitt 4.6.5.1 ausgeführt, ist die Scherbeanspruchung maschinell gut umsetzbar, jedoch ist die Schälbeanspruchung effektiver in Bezug auf eine konzentrierte Krafteinleitung.

Durch eine Temperatur zwischen 50 und 110 °C wird in dem vorgestellten Ansatz die Verbundhaftung derart herabgesetzt, dass durch die Einbringung von Scherenergie mittels eines Stator-Rotor-Aggregats der Verbund getrennt wird. Bei der Auslegung der Verbindung und der damit zusammenhängenden Materialauswahl kommt es dem Konstrukteur in den meisten Fällen auf die bestmögliche Haftung an. Bei Hart/Weich-Kombinationen aus einem thermoplastischen Elastomer (TPE) und einem Thermoplast werden beispielsweise die TPE-Weichkomponenten chemisch für die Haftung auf entsprechenden Hartkomponenten angepasst [ZSL21]. Auch verfahrenstechnisch werden bei der Coextrusion, beim Verbundspritzgießen oder auch beim Kleben oder Schweißen die Prozessparameter dahin gehend optimiert, dass die Komponenten möglichst gut aufeinander haften. Gerade zu dem Bereich des Verbundspritzgießens sind zahlreiche Studien veröffentlicht, die sich mit der Optimierung der Haftung beschäftigen, z. B. [Kuh98; Küh05; Gri10; Kle11; Hop13; MHK13; Nor18]. Das Ziel, am Ende des Lebenszyklus sortenreine Stoffströme bereitzustellen, wird dabei nicht bzw. nur unzureichend verfolgt. Dabei kann dieser Aspekt im Produktentstehungsprozess dafür sorgen, genau dieses zu ermöglichen („Design for Recycling"). Für viele Anwendungen sind die maximal erreichbaren Adhäsionskräfte gar nicht notwendig, gerade wenn es sich um flächige Anwendungen, wie das Überspritzen von großen Flächen im Automobil-Innenraum, oder um Mehrschichtrohre handelt. Auch die Forderung nach hohen Verbundfestigkeiten bei hohen Temperaturen ist für viele Anwendungen nicht relevant. Die Materialauswahl und die Kenntnis der Verbundhaftung bei erhöhter Temperatur bieten die Möglichkeit, das Potenzial für eine Verbundtrennung und damit das Erreichen einer Recyclingfähigkeit auszuloten.

Es sollen im Folgenden einige Kombinationen im Hinblick auf ihre Trennbarkeit bei erhöhter Temperatur vorgestellt werden, die typischerweise als Mehrschichtverbund Anwendung finden. Für die Analyse der Ergebnisse wichtige Materialkennwerte können Tabelle 4.1 entnommen werden.

Bei den Kombinationen aus zwei Thermoplasten, im Folgenden Hart/Hart-Kombination genannt, erfolgt die Prüfung der Verbundfestigkeit mithilfe der in Bild 4.16 dargestellten Prüfkörpergeometrien unter Normal- (a), Scherzug- (b) und Schälbeanspruchung (c).

Für die Hart/Weich-Kombinationen wird die Schälprüfung nach der Richtlinie VDI2019 (d) durchgeführt, bei der die flexible Zuglasche für die Prüfung um 90° umgelenkt wird. Die Prüfkörper werden im Spritzgießverfahren hergestellt. Wie im weiteren Verlauf näher erläutert, werden einige Untersuchungen an einem Dreischicht-Verbund durchgeführt. Die Zwischenschicht (in Bild 4.16 grün dargestellt) weist für die Hart/Hart-Kombinationen eine Dicke von 2 mm auf, während sie für die Schälprüfungen der Hart/Weich-Kombinationen 1 mm beträgt [HS22].

Tabelle 4.1 Kennwerte der verwendeten Materialien

Material	Härte [Shore A]	Dichte [g/cm^3]	E-Modul [MPa]	Reiß-/Zugfestigkeit [MPa]	Vicat-Erweichungstemperatur [°C]	Schmelztemperatur [°C]
PMMA Plexiglas 8N; Röhm GmbH	k. A.	1,19	3300	77	108	117
PC/ABS Novodur H801; Ineos Styrolution Group GmbH	k. A.	1,07	2400	49	106	k. A.
PC/ABS Bayblend T85XF; Covestro AG	k. A.	1,14	2300	50	130	260
PA6 GF30 Ultramid B3EG6; BASF SE	k. A.	1,36	9500	115	220	220
PA12 Vestamid NRG2101; Evonik Industries AG	k. A.	1,02	1300	40	150	177
TPU Desmopan 9380A; Covestro AG	80	1,10	k. A.	39,9	k. A.	k. A.
TPU Desmopan 1080A; Covestro AG	80	1,20	k. A.	35	k. A.	k. A.
TPS Thermolast K TC6MLB; Kraiburg TPE GmbH & Co. KG	60	1,10	k. A.	5,0	k. A.	k. A.
EBA Lucofin 1492 MHG; Lucobit AG	k. A.	0,924	42	11	60	95
PP Purell HP570M; LyondellBasell N.V.	k. A.	0,90	1400	33	154	165
HDPE BorSafe HE3490-LS-H; Borealis AG	k. A.	0,96	1100	25	k. A.	k. A.
Admer NF518E; Mitsui Chemicals Europe GmbH	k. A.	0,91	k. A.	14	80	121
EVA Escorene Ultra UL05540EH2; ExxonMobil Chemical	44	0,96	3,3	5,3	k. A.	48

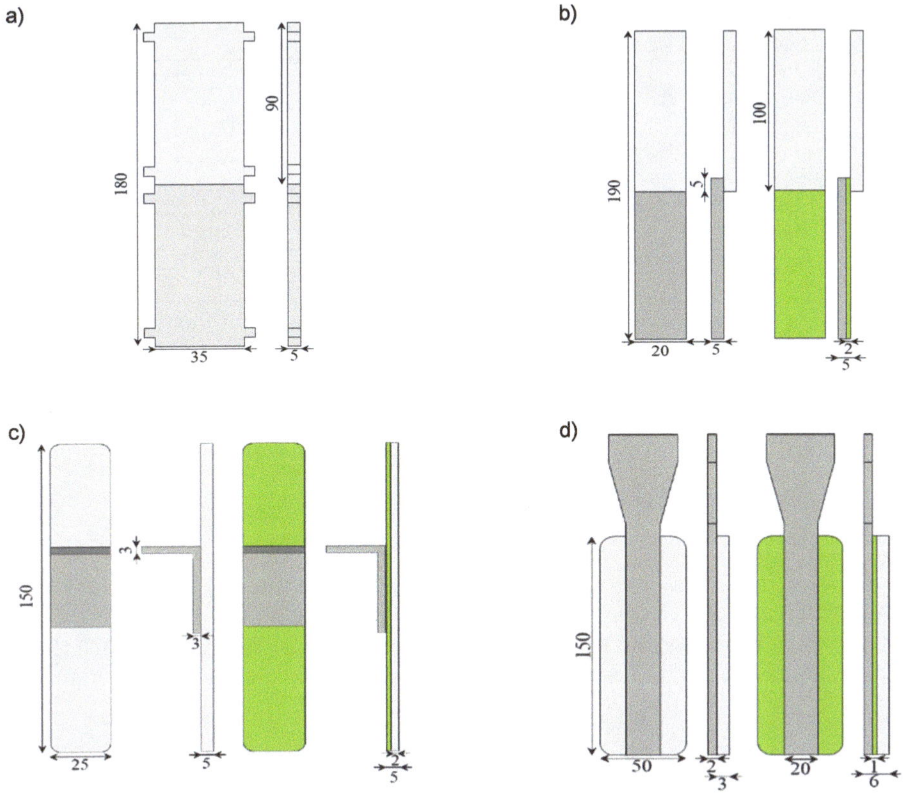

Bild 4.16 Prüfkörpergeometrien für die Zugprüfung (a), Scherzugprüfung (b), Schälprüfung für Hart/Hart-Kombinationen (c) und für Hart/Weich-Kombinationen nach VDI2019 (d)

Die Bewertung der Bruchbilder erfolgt nach den in Bild 4.17 dargestellten Kategorien. Darüber lässt sich eine Aussage tätigen, ob es sich um einen reinen Adhäsionsbruch ohne verbleibende Rückstände handelt oder ob Rückstände auf der Hartkomponente verbleiben.

In bestehenden Recyclinganlagen werden bei der Reinigung des Kunststoffabfalls unter anderem Heißwäscher mit Waschtemperaturen von ca. 80 °C eingesetzt. Um die Verbundtrennung möglichst einfach in bestehende Aufbereitungsschritte einfügen zu können, ist die Zuführung der Energie über Wasser als Wärmeübertrager sinnvoll. Alle Prüfungen werden daher bei Raumtemperatur und bei den für Heißwäscher realisierbaren Temperaturstufen 50, 65, 80 und 95 °C (teilweise 110 °C) durchgeführt. Hierzu werden die Proben in einem Ofen so lange vorgewärmt, dass die voreingestellte Temperatur auch in der Trennebene vorliegt. Auf den Einfluss des Wassers als Medium auf die Verbundhaftung wird an dieser Stelle nicht eingegangen [HM21; HS22].

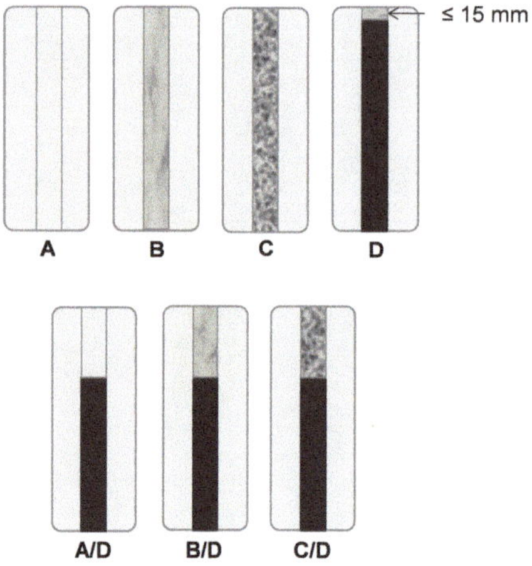

A	Keine Rückstände des TPE auf dem Substrat
B	1 - 50 % Rückstände des TPE auf dem Substrat
C	50 - 99 % Rückstände des TPE auf dem Substrat
D	Abriss der Weichkomponente (≤ 15 mm)
E	Probenzerstörung – Rückstände des Substrats auf dem TPE (nicht dargestellt)

A/D	Keine Rückstände des TPE auf dem Substrat; Abriss der TPE-Komponente
B/D	(1...50) % Rückstände des TPE auf dem Substrat; Abriss der TPE-Komponente
C/D	50 - 99 % Rückstände des TPE auf dem Substrat; Abriss der TPE-Komponente

Bild 4.17 Einteilung Bruchbilder der Schälzugprüfung nach VDI2019

PC/ABS mit PMMA

Die Kombination aus den Kunststoffen PC/ABS mit PMMA findet in der Automobilindustrie z. B. bei Scheinwerfern und Heckleuchten Anwendung. Der stoffschlüssige Verbund zwischen den Komponenten erfolgt durch Schweißen oder Kleben. In diesem Fall wird der Verbund aufgrund der Vergleichbarkeit der Ergebnisse durch das Mehrkomponentenspritzgießen hergestellt. Als PMMA wird das Material Plexiglas® 8N des Unternehmens Röhm GmbH eingesetzt, welches für Leuchten-Abdeckungen, Displays oder optische Linsen Anwendung findet. Als PC/ABS wird Novodur® H801 genutzt, ein Material für Automobil-Innenverkleidungen, Scheinwerfergehäuse, Sitzkomponenten oder Türgriffe.

In Bild 4.18 sind die Ergebnisse als maximale Festigkeit der drei untersuchten Belastungssituationen Zug-, Scherzug- und Schälbelastung über der Prüftemperatur dargestellt. Außerdem sind die Bruchbilder auf der x-Achse angegeben. Anhand der Ergebnisse aus den Schälprüfungen ist zu erkennen, dass bis zu einer Temperatur von 65 °C nur kohäsive Brüche abseits der Trennebene in der PMMA-Komponente auftreten; die benötigten Kräfte zur Trennung des Verbunds liegen höher als die Materialfestigkeit. Oberhalb dieser Temperatur werden sowohl kohäsive Brüche als auch Trennungen in der Grenzschicht erreicht, allerdings mit starken Ablagerungen von PMMA auf der PC/ABS-Oberfläche. Es kann somit festgestellt werden, dass eine adhäsive Trennung ohne Ablagerungen mit dieser Kombination nicht erreicht werden kann. Es ist jedoch eine kontinuierliche Abnahme des Schälwiderstandes bis 90 °C zu beobachten, und bei 110 °C wiederum ein deutlicher Abfall, der möglicherweise damit zusammenhängt, dass die Erweichungstemperatur der beiden Materialien bei etwa 105 °C erreicht wird. Die Ergebnisse der beiden anderen Belastungssituationen (b, c) unterstreichen diese Erkenntnisse weitestgehend. Bei beiden wird bei höheren Temperaturen ebenfalls lediglich das Bruchbild C mit signifikanten Materialablagerungen erreicht und die Festigkeit fällt erst bei 110 °C bedeutend ab.

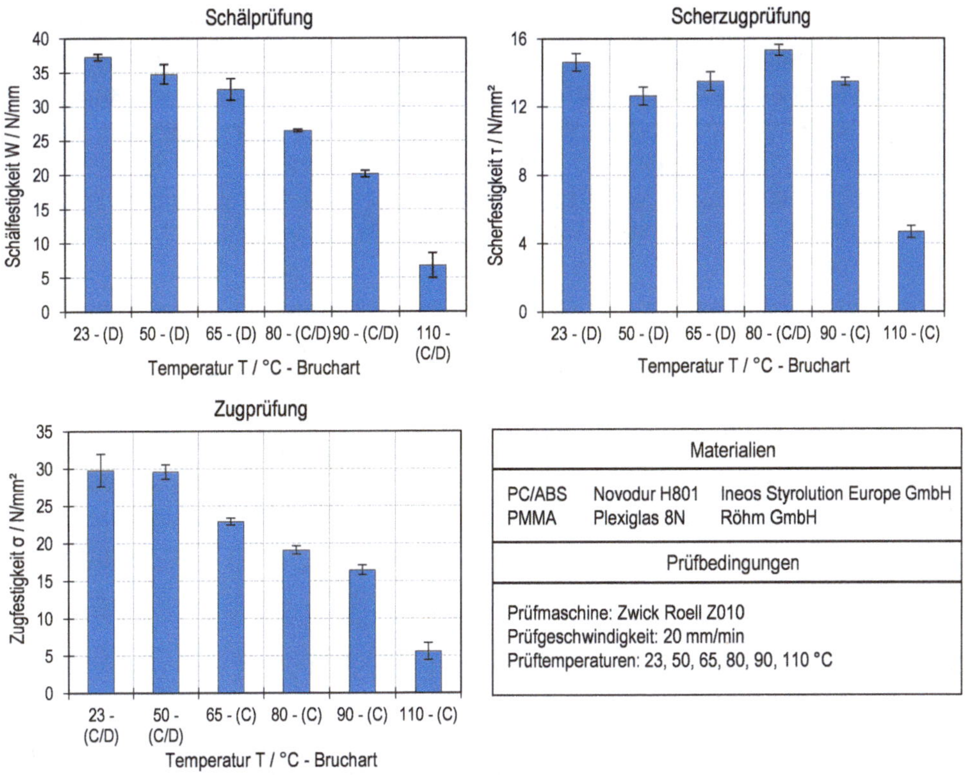

Bild 4.18 Maximale Schäl-, Scherzug- und Zugfestigkeit eines Verbunds aus PC/ABS und PMMA unter dem Einfluss der Prüftemperatur

Insgesamt lässt sich sagen, dass diese Kombination durch die Erhöhung der Temperatur im Verbund keine rein adhäsive Verbundtrennung hervorruft, sondern ihre Haftfestigkeit auch bei höheren Temperaturen behält. Dies ist angesichts des Einsatzortes von Heckleuchten als Beispiel auch durchaus zu erwarten. Bei Temperaturen oberhalb von 80 °C findet zumindest eine Trennung in der Trennebene statt mit einer vollständig bedeckenden, aber dünnen Schicht PMMA auf dem PC/ABS-Material.

PC/ABS mit TPU

Die Hart/Weich-Kombination aus einem PC/ABS und einem TPU wird typischerweise in der Automobilindustrie im Interieurbereich, z. B. für sogenannte Abdeckjalousien in der Mittelkonsole, verwendet [ZSL21]. Das verwendete PC/ABS vom Typ Bayblend T85XF wird durch das Unternehmen Covestro hergestellt und als TPU wird das ebenfalls von Covestro vertriebene Desmopan 9380A genutzt. Dieses weist Ether-basierte Polyolsegmente auf und zeigt zu vielen Thermoplasten eine geringere Haftfestigkeit als die Ester-basierten Varianten.

Bild 4.19 zeigt die Ergebnisse der Schälprüfungen für die Hart/Weich-Kombinationen als Schälwiderstand aufgetragen über dem Traversenweg. Für die Kombination aus dem PC/ABS mit dem TPU ist deutlich zu erkennen, dass der Schälwiderstand bei Erhöhung der Temperatur deutlich sinkt. Bereits bei einer Temperatur von 50 °C ist der Schälwiderstand im Vergleich zur Raumtemperatur knapp um die Hälfte gesunken. Ab einer Temperatur von 95 °C liegt der Schälwiderstand bei ca. 1 N/mm, was nach [ZSL21] als eine für technische Anwendungen nicht ausreichend hohe Haftung gewertet wird.

Bei dieser Kombination ist gut zu erkennen, dass die Haftung bei höheren Temperaturen sinkt und somit eine maschinelle Verbundtrennung mit Wasser als Wärmeüberträger, wie weiter oben beschrieben, möglich zu sein scheint. Es verbleiben schon bei Raumtemperatur keine Rückstände des TPU auf der Hartkomponente, sodass tatsächlich eine sortenreine Trennung vollzogen werden kann. Die Trenntemperatur von 95 °C ist für drucklose Heißwasch-Aggregate recht hoch. Um die Verbundhaftung weiter zu reduzieren, wird auch der Einsatz einer Zwischenschicht mit dem Material EVA untersucht. Die Ergebnisse dazu werden im späteren Verlauf des Kapitels vorgestellt.

PC/ABS mit TPS

Für die nächste Hart/Weich-Kombination wird dasselbe PC/ABS vom Typ T85XF verwendet und als TPE-Material kommt nun eine Styrol-basierte Variante, ein TPS, zum Einsatz. Dabei handelt es sich um den Typ TC6MLB aus der Thermolast® K-Reihe der Fa. Kraiburg, der für ABS, PC und PC/ABS haftungsmodifiziert ist. Er kommt zum Beispiel bei Griffen für Hand- und Elektrowerkzeuge, als Anschlagpuffer, als Dichtung, für Bedienräder und in allen möglichen Bereichen zur Realisierung einer Soft-Touch-Oberfläche zur Anwendung. Es handelt sich in Verbindung mit dem PC/ABS also wieder um eine Kombination, die insbesondere für technische Bauteile verwendet wird.

Das Ergebnis der Schäluntersuchung zeigt über dem Traversenweg einen ungleichmäßigen Verlauf. Nach einem Maximum zwischen 50 und 100 mm sinkt der Schälwiderstand wieder, woraufhin zwischen 100 und 300 mm Weg ein kontinuierlicher Anstieg zu verzeichnen ist. Generell ist die Prüfung durch eine starke Abnahme der Festigkeit des TPS-Materials bei erhöhter Temperatur gekennzeichnet. Die geringer werdende Kohäsionsfestigkeit führt bei Temperaturen ab 65 °C zum teilweisen Abriss der Weichkomponente und zu einem größeren Anteil an Rückständen auf der Hartkomponente. Ab 80 °C ist eine gute Trennbarkeit bei Schälwiderständen <1 N/mm zu verzeichnen.

Bei dieser Kombination wird deutlich, dass die abnehmende Festigkeit der Weichkomponente bei Temperaturen > 65 °C dazu führt, dass die adhäsive Trennung des Verbunds nicht möglich ist. Bei geringeren Temperaturen ist die Verbundfestigkeit jedoch voraussichtlich zu hoch für die maschinelle Trennung des Verbunds.

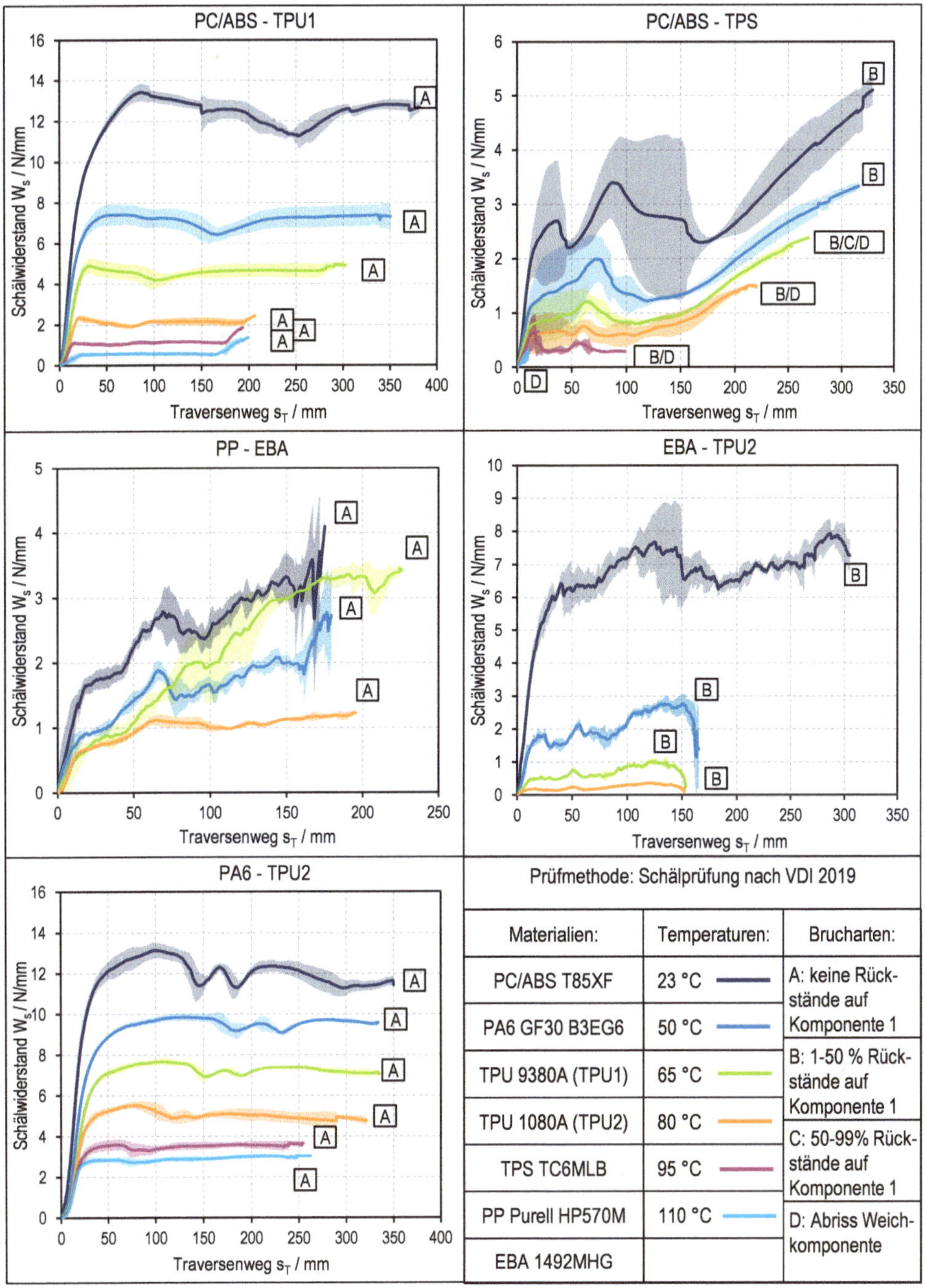

Bild 4.19 Schälverläufe für Hart/Weich-Kombinationen unter dem Einfluss der Prüftemperatur (Schraffur stellt die Standardabweichung dar)

PP mit EBA – EBA mit TPU

TPU als Weichkomponente wird aufgrund der im Vergleich zu den anderen TPE-Materialien hohen Festigkeiten gerne in technischen Anwendungen eingesetzt. Als Trägermaterial für eine großflächige Verwendung z. B. zur Herstellung von Soft-Touch-Oberflächen im automobilen Innenraum werden aufgrund der guten Haftung häufig PC/ABS oder auch PA6 verwendet. Für die in diesem Anwendungsfall benötigten mechanischen Anforderungen würde jedoch auch das günstigere PP als Hartkomponente ausreichen. Eine Haftung zu TPU ist mit diesem Kunststoff allerdings nicht möglich bzw. nicht ausreichend. Durch den Einsatz einer Zwischenschicht könnte die Verbindung aus PP und TPU dennoch zum Tragen kommen. Zudem kann durch die Wahl eines geeigneten Materials für die Zwischenschicht neben der Haftung auch die Verbundtrennung Berücksichtigung finden. Mit dem Kunststoff EBA (Ethylen Butylacrylat), welcher mit Maleinsäureanhydrid chemisch modifiziert ist, ist eine Verbundhaftung zu dem PP und zum TPU zu erwarten. Aufgrund der geringen Erweichungstemperatur von 60 °C und der Schmelztemperatur von 95 °C kann die Verbundtrennung des gesamten 3 K-Verbundes aus PP-EBA-TPU durch kohäsives Versagen der EBA-Komponente erfolgen. Ein Auswaschen des EBA von dem PP bzw. dem TPU in einer Heißwäsche ist in der Folge denkbar. Kommt es zu einem Adhäsionsbruch zwischen der TPU-Komponente und der EBA-Zwischenschicht und haftet das EBA weiterhin an der PP-Komponente, so kann das EBA mit dem PP gemeinsam zur Eigenschaftsverbesserung verarbeitet werden. EBA wird in vielen Anwendungen als Additiv für eine Schlagzähmodifizierung oder zur Haftvermittlung eingesetzt.

Zur Bewertung der Haftung zwischen der Zwischenschicht und den beiden Komponenten werden zunächst die 2 K-Varianten aus der Zwischenschicht mit je einer Komponente einer Schälprüfung unterzogen. Bei dem als Hartkomponente verwendeten PP handelt es sich um den Typ Purell HP570M des Herstellers LyondellBasell. Dieses wird wiederum durch einen 2 K-Spritzgießprozess in einen stoffschlüssigen Verbund mit dem EBA des Typs Lucofin® 1492M HG der Lucobit AG gebracht. Wie aus Bild 4.19 ersichtlich, kommt es bei allen verwendeten Prüftemperaturen zu einem Adhäsionsbruch und der Schälwiderstand sinkt erwartungsgemäß bei höheren Temperaturen. Bei einer Temperatur von 80 °C liegt der Schälwiderstand bei ungefähr 1 N/mm, sodass hier von einer guten Trennbarkeit ausgegangen werden kann.

Bei Betrachtung der Ergebnisse aus den Schälprüfungen des Verbunds aus EBA mit dem TPU Desmopan® 1080A der Covestro AG zeigt sich, dass der Schälwiderstand bei 23 °C deutlich höher liegt als bei dem Verbund aus PP mit EBA. Zudem verbleiben Rückstände des TPU auf dem EBA. Allerdings sinkt der mittlere Schälwiderstand bei diesem Verbund bereits bei 65 °C auf unter 1 N/mm, sodass auch hier eine Trennung durch Temperaturerhöhung und mechanischen Eintrag durch eine Art Heißwaschaggregat möglich ist.

Die Ergebnisse des Dreischichtverbunds aus PP, EBA und TPU werden im weiteren Verlauf dieses Abschnitts vorgestellt.

PA6 GF30 mit TPU

Eine weitere gängige Hart/Weich-Kombination besteht aus einem PA6 und TPU und findet beispielsweise als Laufrolle für Bürostühle, Staubsauger oder Ähnliches Anwendung. Zur Prüfung der Trennbarkeit des Verbunds bei erhöhten Temperaturen wird exemplarisch das PA6 Ultramid B3EG6 des Herstellers BASF mit einer Glasfaserverstärkung von 30 % und das zuvor bereits eingesetzte TPU Desmopan® 1080A verwendet.

Die Ergebnisse der Schälprüfung zeigen, dass ein adhäsives, rückstandsloses Lösen der TPU-Komponente von der Hartkomponente möglich ist und der Schälwiderstand mit Steigerung der Prüftemperatur immer weiter sinkt. Allerdings liegt der mittlere Schälwiderstand selbst bei einer Temperatur von 110 °C noch oberhalb von 2 N/mm, was eine ausreichende Haftung für viele technische Anwendungsbereiche darstellt. Eine Verbundtrennung mittels eines scherintensiven Heißwäschers ist hingegen selbst bei den hohen Temperaturen nicht zu erwarten. Erste Laborversuche mit einem Mischaggregat bestätigen dies, was am Ende dieses Abschnitts vorgestellt wird.

Verwendung einer Zwischenschicht

Für einige der bisher gezeigten Verbunde ist die Verbundtrennung aufgrund zu hoher Adhäsionskräfte nicht möglich. Die Bauteile versagen bei dem Trennprozess teils kohäsiv, ohne dass ein Ablösen der Komponenten voneinander möglich ist. Im Folgenden wird ein weiterer Ansatz vorgestellt, der eine Verbundtrennung solcher Kombinationen ermöglichen soll. Durch den Einsatz einer polymeren Zwischenschicht mit definierten Eigenschaften soll einerseits eine Haftung zu den beiden Komponenten und andererseits die Verbundtrennung gewährleistet werden. Dabei ist die Nutzung einer Zwischenschicht prinzipiell nicht neu. In einem Review-Artikel beschreiben Kaiser et al. [KSS17] einige Verfahren zur Auftrennung des Verbundes durch eine Zwischenschicht, welche chemisch, enzymatisch oder mittels Mikroemulsion aufgelöst werden kann. Auch für geklebte Verbunde gibt es Ansätze, indem der Klebstoff entweder chemisch durch Lösungsmittel oder in sauren Medien selektiv aufgelöst wird. Für PE/PET-Verbunde wurde eine Trennung einer biobasierten Zwischenschicht über enzymatische Hydrolyse untersucht [CSB+16].

In Abgrenzung dazu soll es hier um eine Zwischenschicht gehen, welche die Trennung des Verbunds wiederum durch Temperaturerhöhung gewährleistet. Die für die Materialkombination angepasste Zwischenschicht wird zur Verbundtrennung erwärmt, wodurch die Adhäsion zu dem Verbundpartner reduziert wird und die beiden Komponenten durch das Aufbringen von mechanischer Energie voneinander getrennt werden können. Eine weitere Möglichkeit zur Trennung des Verbunds besteht durch Erweichung bzw. durch vollständiges Aufschmelzen der Zwischenschicht. Auch auf diese Weise kommt es bei Aufbringung einer mechanischen Belastung zum Trennvorgang. Für drei solcher Verbunde werden im Folgenden die Ergebnisse der Laborprüfungen dargestellt. Als Zwischenschicht werden hier handelsübliche Kunststoffe verwendet. Eine Anpassung der Zwischenschicht hinsichtlich der Viskosität, des Aufschmelzverhaltens und der Adhäsion ist nicht erfolgt.

HDPE mit PA12 und Admer als Zwischenschicht

Die untersuchte Hart/Hart-Kombination aus HDPE und PA12 mit einer haftvermittelnden Zwischenschicht aus einem mit Maleinsäureanhydrid chemisch gekoppelten LLDPE soll eine Anwendung aus dem Bereich der Gastransportleitungen simulieren. HDPE hat sich für diese Anwendung aufgrund der hohen Duktilität, des geringen Gewichts und der vergleichsweise geringen Materialkosten als gut geeigneter Werkstoff etabliert. Während das Material gegenüber Erdgas eine hohe Dichtigkeit aufweist, diffundieren Wasserstoffmoleküle deutlich leichter durch das Material hindurch. Der Transport von Wasserstoff wird im Zuge der Energiewende vermutlich eine nicht unbedeutende Rolle spielen. Daher kann eine Maßnahme zur Erhöhung der Dichtigkeit von Rohrleitungen aus HDPE gegenüber Wasserstoff darin bestehen, durch Coextrusion eine Schicht aus Polyamid 12 zu integrieren. Da dieses Material deutlich teurer ist als das HDPE, sollte die Schichtdicke gering ausfallen. Für eine Haftung des unpolaren HDPE mit dem polaren PA12 ist eine haftvermittelnde Schicht notwendig.

Der Aufbau des im Rahmen der Untersuchungen verwendeten Verbunds besteht aus dem HDPE BorSafeTM HE3490-LS-H von dem Hersteller Borealis, dem Polyamid Vestamid® NRG 2101 von Evonik und der Zwischenschicht aus dem Material AdmerTM NF518E von Mitsui Chemicals. Die polymere Basis der Zwischenschicht ist ein LLDPE, welches mit Maleinsäureanhydrid, einem typischen Haftvermittler, chemisch gekoppelt ist. Das HDPE und das PA12 sind Kunststofftypen, die zur Verwendung in Rohrleitungen vom Fachverband der Kunststoffrohr-Industrie zertifiziert sind. Die Herstellung der 3K-Prüfkörper erfolgt durch Überspritzen des zuvor in einem vorgelagerten 2K-Prozess hergestellten Vorspritzlings aus PA12 und dem Admer mit dem HDPE. Aus Bild 4.20 wird deutlich, dass bei einer Temperatur von 23 °C ein Adhäsionsbruch möglich ist und die Festigkeit bei 50 °C bei der Schäl- und der Scherbeanspruchung bereits deutlich sinkt. Bis zu einer Temperatur von 80 °C tritt der Bruch zwischen der Zwischenschicht und dem PA12 auf, bei 95 °C hingegen versagt die Verbindung zwischen dem HDPE und der Zwischenschicht. Letzteres lässt darauf hindeuten, dass in einem Recyclingprozess bei derart hohen Temperaturen eine Auftrennung aller drei Komponenten möglich sein kann. Die Ergebnisse zeigen ein starkes Absinken der Verbundfestigkeit über den untersuchten Temperaturbereich, insbesondere bei der Prüftemperatur von 110 °C. Da die Ergebnisse der Schälprüfung aufgrund der deutlich unterschiedlichen Prüfgeometrie nicht mit den Ergebnissen der Hart/Weich-Kombination vergleichbar sind, lassen sich keine entsprechenden Schlüsse ziehen. Die äußerst geringe Scherfestigkeit bei einer Prüftemperatur von 110 °C und das Versagen dabei zwischen der Zwischenschicht und dem HDPE lassen jedoch darauf schließen, dass die Trennung des Verbunds durch ein mit heißem Wasser betriebenes Aggregat möglich ist.

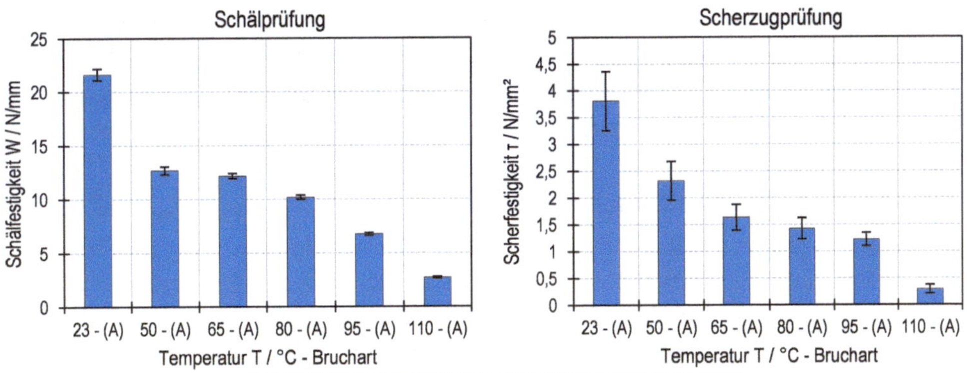

Materialien		
PA12	VESTAMID NRG 2101	Evonik Industries AG
Admer	ADMER NF518E	Mitsui Chemical GmbH
HDPE	BorSafe HE3490-IS-H	Borealis AG

Prüfbedingungen

Prüfmaschine: Zwick Roell Z010
Prüfgeschwindigkeit: 20 mm/min
Prüftemperaturen: 23, 50, 65, 80, 95, 110 °C

Bild 4.20 Maximale Schäl- und Scherzugfestigkeit eines Verbunds aus PA12, HDPE und einer Zwischenschicht unter dem Einfluss der Prüftemperatur

PC/ABS mit TPU und EVA als Zwischenschicht

Zuvor wurde bereits die 2 K-Variante aus PC/ABS mit TPU vorgestellt und dabei gezeigt, dass eine gute Haftung zwischen den beiden Komponenten besteht. Mit ansteigender Temperatur fällt der Schälwiderstand kontinuierlich ab. Bei einer Prüftemperatur von 95 °C lässt sich der Verbund mit einem Schälwiderstand von weniger als 1 N/mm leicht trennen. Mithilfe einer Zwischenschicht aus EVA ist aufgrund des geringen Schmelzpunkts dieses Materials von einem Absinken der Verbundfestigkeit bereits bei geringeren Prüftemperaturen auszugehen. Die Ergebnisse der Schälprüfung der dreikomponentigen Variante aus PC/ABS, EVA und TPU sind in Bild 4.21 zu sehen. Bei dem verwendeten EVA handelt es sich um den Typ Escorene Ultra UL05540EH2 des Herstellers ExxonMobil Chemical.

Bei Raumtemperatur fällt der Schälwiderstand im Vergleich zur Variante ohne Zwischenschicht etwas geringer, jedoch für technische Anwendungen ausreichend hoch aus. Wird die Temperatur dann auf 50 °C und damit in den Bereich der Schmelztemperatur des EVA erhöht, fällt der Schälwiderstand signifikant ab. Das Materialverhalten des EVA geht bei weiterer Erhöhung der Prüftemperatur in den plastischen Bereich über, sodass der Widerstand gegen das Abschälen auf die kohäsiven Kräfte des EVA zurückzuführen ist und nicht auf die Adhäsionskräfte in den Grenzflächen.

Durch chemische Modifikation der Zwischenschicht kann dieser starke Abfall der Verbundfestigkeit hin zu höheren Temperaturen verschoben werden, damit eine ausreichend hohe Festigkeit in üblicherweise bei technischen Anwendungen zu erwartenden Umgebungsbedingungen erreicht werden kann. Der Einsatz der Zwischenschicht zeigt an diesem Beispiel jedoch die Möglichkeit, die Recyclingfähigkeit eines stoffschlüssigen Verbunds herzustellen.

PP mit TPU und EBA als Zwischenschicht

In Bezug auf die Materialkombination PP und TPU sei auf die vorherigen Ausführungen verwiesen. Durch die Verwendung des EBA lassen sich nun beide Materialien in einen stoffschlüssigen Verbund überführen. Der Schälwiderstand bei Raumtemperatur liegt etwas niedriger als bei den 2 K-Varianten aus PP/EBA bzw. EBA/TPU. Das Versagen findet bis zu einer Temperatur von 65 °C zwischen dem TPU und dem EBA statt. Jedoch ist auch hier zu beobachten, dass Rückstände vom TPU auf dem EBA verbleiben. Bei höheren Temperaturen löst sich teilweise das EBA bereits beim Erwärmen von der PP-Komponente. Die Verbundhaftung sinkt bei einer Temperatur von 50 °C stark ab und bei 65 °C liegt der Schälwiderstand bereits bei deutlich unter 1 N/mm, welches für technische Anwendungen als unzureichende Haftung deklariert werden kann.

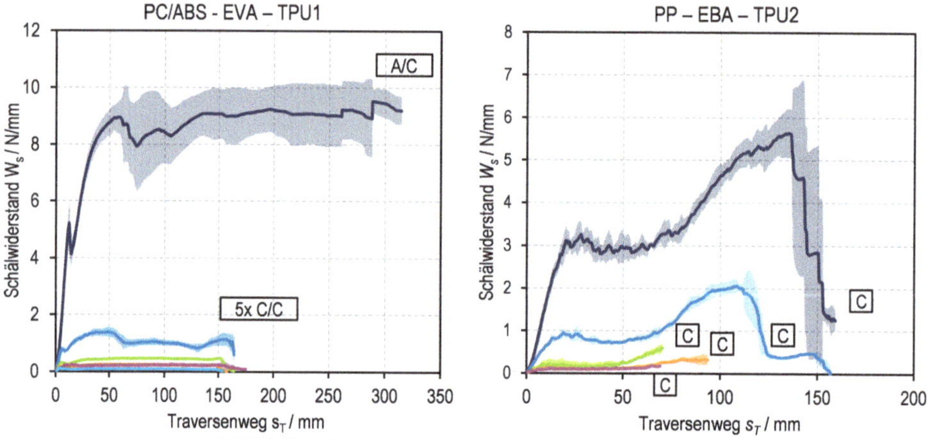

Prüfmethode: Schälprüfung nach VDI 2019		
Materialien:	Temperaturen:	Brucharten:
PC/ABS T85XF	23 °C	A: keine Rückstände auf Komponente 1
EVA UL05540EH2	50 °C	B: 1-50 % Rückstände auf Komp. 1
TPU 9380A (TPU1)	65 °C	
TPU 1080A (TPU2)	80 °C	C: 50-99% Rückstände auf Komp. 1
PP Purell HP570M	95 °C	
EBA 1492MHG	110 °C	D: Abriss Weichkomponente

Bild 4.21 Schälverläufe für Hart/Weich-Kombinationen mit einer Zwischenschicht unter dem Einfluss der Prüftemperatur

Somit lässt sich sagen, dass durch die Zwischenschicht überhaupt erst ein Verbund aus PP mit TPU ohne Oberflächenbehandlung herstellbar ist. Gleichzeitig kann, zumindest was die Verbundtrennung angeht, die Recyclingfähigkeit gewährleistet werden. Hierzu müssen für die jeweiligen Anwendungen die Anforderungen definiert, weitere Tests durchgeführt und eine spezifische Materialauswahl der Komponenten erfolgen. An dieser Stelle soll lediglich gezeigt werden, dass mit einem handelsüblichen EBA bereits die Recyclingfähigkeit realisiert werden kann.

Zusammenfassung

In Bild 4.22 ist für ausgewählte Materialkombinationen der jeweils auf den Anfangswert bei Raumtemperatur normierte mittlere Schälwiderstand bei den unterschiedlichen Prüftemperaturen aufgetragen. Zusätzlich ist auf den Kurven der linear interpolierte Absolutwert von 1 N/mm gekennzeichnet, unterhalb dessen von einer maschinellen Verbundtrennung ausgegangen wird. Während bei den handelsüblichen Materialkombinationen PC/ABS-TPU, PC/ABS-TPS und PA6GF30-TPU der mittlere Schälwiderstand erst bei höheren Temperaturen unterhalb dieses Wertes liegt, zeigen die Verbunde in Kombination mit dem niedrigschmelzenden EBA einen deutlich anderen Verlauf.

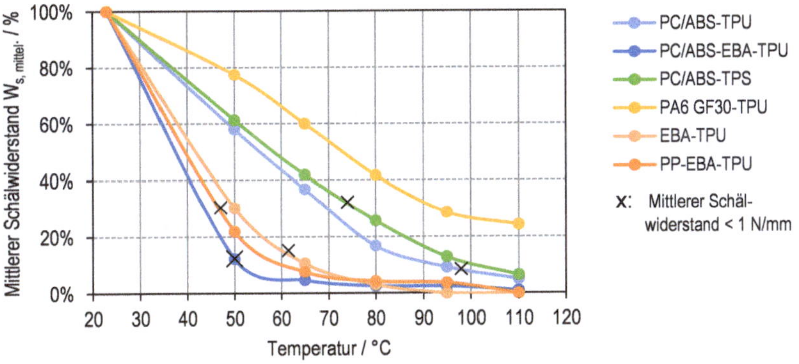

Bild 4.22 Prozentuale Abnahme des mittleren Schälwiderstandes für ausgewählte Kombinationen

Der Abfall des Schälwiderstands ist bereits bei Temperaturen von 50–65 °C stärker und der Wert von 1 N/mm wird bei geringeren Temperaturen erreicht. Neben dem dargestellten Schälwiderstand ist aber jeweils auch das Bruchbild zu berücksichtigen, da ein kohäsives Versagen der Verbundpartner nicht zu einer sortenreinen Auftrennung führt.

Untersuchungen zur Verbundtrennung an einem Mischaggregat

Die bislang vorgestellten Ergebnisse basieren auf mechanischen Prüfungen, bei denen jeweils eine bestimmte Beanspruchungsart zugrunde liegt. In einer möglichen Recyclinganlage zur Verbundtrennung von vorzerkleinerten Abfallstücken kommt es jedoch zu einer Kombination von grundlegenden Beanspruchungen. Am Beispiel eines temperierbaren Mischaggregats soll gezeigt werden, dass durch den Einsatz eines Stator-Rotor-Systems im Zusammenspiel mit erhitztem Wasser die Verbundtrennung von zerkleinerten Abfallstücken möglich ist. Verwendet wird ein Pflugschar-Labormischer der Gebrüder Lödige GmbH mit einem Volumen von fünf Litern. In seinem Innern befinden sich ein Pflugschar-Schleuderwerk und ein zusätzlicher Messerkopf. Durch die Anordnung und die Geometrie der Pflugscharschaufeln wird das Mischgut in den freien Mischraum geschleudert. Durch eine Sogwirkung, hervorgerufen durch die Schaufelbewegung, entsteht ein Wirbelbett, welches in dem zugegebenen Partikel-Schüttgut eine gute Mischwirkung sowie durch Interaktion der Partikel hohe Reib- und Scherkräfte hervorruft. Für die gezeigten Untersuchungen wird mit einer Froude-Zahl von 7 eine hohe Intensität der Schleuderbewegung erreicht. Die dimensionslose Froude-Zahl ist ein Maß für das Verhältnis von Trägheit und Schwerkraft und wird nach folgendem funktionalen Zusammenhang bestimmt:

$$Fr = \frac{\omega^2 \times r}{g}$$

mit der Winkelgeschwindigkeit ω, dem größten Radius r des rotierenden Apparateteils und der Schwerebeschleunigung g [Pah06].

Für die Untersuchungen werden folgende, bereits im Rahmen der Schäluntersuchungen vorgestellten Materialkombinationen ausgewählt:

- PA6GF30 Ultramid B3EG6 mit TPU Desmopan 1080A
- PP Purell HP570M mit TPU Desmopan 1080A und Zwischenschicht EBA Lucofin 1492MHG

Die analog zu den zuvor gezeigten Untersuchungen hergestellten Proben werden in 10 x 10 mm große Stücke zugeschnitten und dem Mischer unter Zugabe von VE-Wasser mit einem Gesamt-Füllgrad von 70 % hinzugegeben. Das Volumenverhältnis von Probenmaterial zu Wasser wird von 1:1 bis 5:1 variiert und es werden die Temperaturstufen 80 °C und 95 °C angefahren. Die Vorlaufzeit zum Aufheizen des Gemischs beträgt ca. 10 min und die Mischzeit 20 min. Danach erfolgt die Auszählung der Probenstücke nach getrenntem und nicht getrenntem Material. Die vorgestellten Ergebnisse sind im Rahmen der studentischen Arbeiten [Jäc22; Löh22] entstanden.

PA6 GF30 mit TPU

Bei einem Verhältnis von Probenmaterial zu Wasser von 2:1 und einer Wassertemperatur von 80 °C wird nach Auszählung der Probenstücke folgendes Ergebnis erzielt (siehe Tabelle 4.2):

Tabelle 4.2 Untersuchungsergebnisse Mischvorgang 2 K-Verbunde

	PA6 G30-TPU	PA6 GF 30	TPU	Gesamtanzahl Verbunde
Anzahl [-]	3044	7	7	3051

Weniger als 0,5 % der Verbunde können getrennt werden. Der mechanische Eintrag verbunden mit der Temperaturerhöhung ist folglich nicht ausreichend für eine erfolgreiche Auftrennung des Verbunds, was bereits bei Betrachtung der Ergebnisse der Schäluntersuchungen deutlich wird. Das TPU erfüllt seine Funktion auch bei hohen Temperaturen, indem es auf dem glasfaserverstärkten PA6 gut haftet.

PP mit TPU und EBA als Zwischenschicht

Wie weiter oben gezeigt, sinkt der Schälwiderstand bei dieser Materialkombination mit Erhöhung der Temperatur auf 65 °C deutlich ab. Das lässt vermuten, dass eine maschinelle Umsetzung des Trennvorgangs in einem Schüttgut aus Partikeln, welche aus den drei eingesetzten Materialien bestehen, erfolgen kann. Dabei ist zu berücksichtigen, welche möglichen Verwertungswege für sortenreine Materialien oder auch für noch bestehende Verbunde bestehen. Ein übrig bleibender Verbund aus TPU und EBA ist für einen möglichen werkstofflichen Recycling-Prozess aus Sicht des Autors für gängige TPE-Anwendungen nicht sinnvoll, sodass für das TPU eine sortenreine Trennung anzustreben ist. Ein Blendmaterial aus PP und EBA hingegen könnte aus werkstofflicher Sicht Vorteile hinsichtlich der Schlagzähigkeit, der Duktilität sowie der Fließeigenschaften bieten. Darüber hinaus wirkt dieses EBA-Material in einem Polypropylen als Haftvermittler für polare Füllstoffe.

In Bild 4.23 sind die Ergebnisse der Untersuchungen zur Verbundtrennung dargestellt. Das linke Diagramm zeigt für die unterschiedlichen Volumenverhältnisse von Probenmaterial zum Prozesswasser bei 80 und 95 °C, wie hoch der Anteil der vollständig abgetrennten, somit sortenrein vorliegenden TPU-Partikel im Vergleich zur Gesamtmenge der TPU-Partikel ist. Wie bereits zuvor beschrieben, bleiben die sonstigen Prozessbedingungen wie Drehzahl und Füllgrad konstant.

Es ist deutlich zu erkennen, dass die Erhöhung der Probenmenge im Vergleich zum Wasser bis zu einem Verhältnis von 3:1 zu einer erhöhten Verbundtrennung führt. Je mehr Probenmaterial im Wasser enthalten ist, desto höher ist die Interaktion der Partikel untereinander, was eine höhere mechanische Belastung der Verbundflächen zur Folge hat. Reibkräfte an der Oberfläche der Partikel führen zu Schubkräften im Partikel und damit auch in der Grenzfläche zwischen PP/EBA und EBA/TPU. Bei den niedrigen Verhältnissen von Probenmaterial zu Wasser findet eine geringere Interaktion zwischen den Partikeln statt und die Schubkräfte, die durch die Wasserströmung übertragen werden, reichen offensichtlich nicht aus, um die Verbundtrennung hervorzurufen.

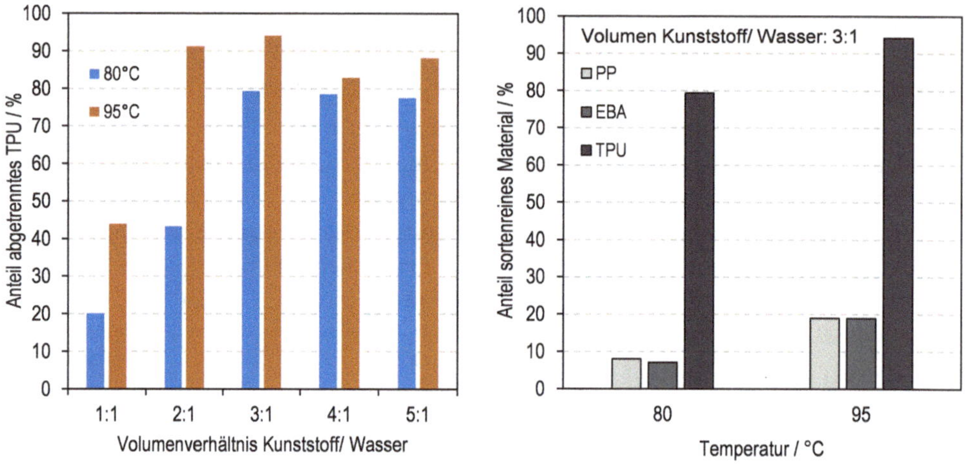

Bild 4.23 Ergebnisse der Untersuchungen zur maschinellen Trennung des Verbunds PP/EBA/TPU

Bei einer Temperatur von 95 °C zeigt sich, dass der Anteil der abgetrennten TPU-Partikel bei dem Verhältnis von 4:1 und 5:1 wieder geringer ausfällt, was der soeben vorgestellten Argumentation widerspricht. Dies liegt jedoch vermutlich daran, dass die geringere Wassermenge bei diesen beiden Verhältnissen, die wiederum durch Verdampfung weiter reduziert wird, zu einer unzureichenden Wärmeübertragung in das Material führt. Hierdurch wird die Verbundhaftung weniger stark herabgesetzt, sodass die benötigten Kräfte zur Trennung des Verbunds höher ausfallen müssen.

Das rechte Diagramm in Bild 4.23 zeigt die sortenreinen Anteile der einzelnen Materialien bezogen auf die Gesamtmenge der einzelnen Materialien bei einem Volumenverhältnis Probenmaterial zu Wasser von 3:1. Demnach lassen sich bezogen auf die gesamte Menge an TPU im ursprünglichen 3 K-Verbund bei 80 °C knapp 80 %, bei 95 °C sogar über 90 % sortenrein trennen. Demgegenüber liegt nur ein geringer Anteil von weniger als 10 % an sortenreinem Material bei PP und EBA vor. Dieser Anteil lässt sich zumindest bei 95 °C verdoppeln. Das zeigt, dass die Trennung des PP/EBA-Verbunds schwieriger zu realisieren ist als die des EBA/TPU-Verbunds, was bereits in den Schäluntersuchungen deutlich wird.

Wird bei der Auswertung das Szenario zugrunde gelegt, dass ein Blend aus PP und EBA als Recycling-Kunststoffmaterial wiederverwendet werden kann, so zeigt sich für eine Prozesstemperatur von 95 °C das in Bild 4.24 gezeigte Ergebnis. Die Anteile der sortenreinen Materialien PP und EBA sowie die der PP/EBA-Verbunde ergeben zusammen einen recycelbaren Anteil von ca. 95 % bei einem Volumenverhältnis von 3:1 und damit ähnlich dem von TPU als Einzelkomponente.

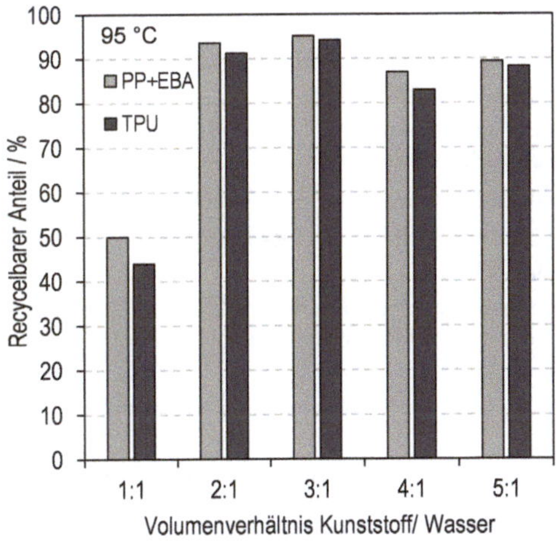

Bild 4.24 Auswertung der recycelbaren Anteile aus den Untersuchungen zur Verbundtrennung

Insgesamt lässt sich sagen, dass für das verwendete Aggregat ein Volumenverhältnis Kunststoff zu Wasser von 3:1 und eine Prozesstemperatur von 95 °C zu den besten Ergebnissen hinsichtlich einer Trennung des Verbunds führen. Es zeigt sich, dass die durch Partikel-Interaktion auftretenden Reib- und Schubkräfte den größten Effekt bei der Verbundtrennung darstellen.

Die maschinelle Umsetzung der Verbundtrennung in einem mit heißem Wasser betriebenen Stator-Rotor-System ist möglich, was anhand eines Labormischaggregats gezeigt wird. Die Umsetzung für einen kontinuierlichen Betrieb kann durch den Einsatz eines umgebauten Friktionswäschers, dem heißes Wasser zugeführt wird, realisiert werden. Die Nachsortierung bzw. Trennung der Einzelkomponenten aus dem Schüttgut ist z. B. durch NIR-Spektroskopie bereits jetzt realisierbar.

Literatur

[BBO+13] Baur, E.; Brinkmann, S.; Osswald, T.; Rudolph, N.; Schmachtenberg, E.: „Saechtling Kunststoff Taschenbuch". Carl Hanser Verlag, München, 2013

[BMW97] Bittner, M.; Marwick, J. von; Wolters, L.: „Aufbereitung von Kunststoffresten". In: Wolters, L.; Marvick, J. von; Regel, K.; Lackner, V.; Schäfer, B. (Hg.): „Kunststoff-Recycling. Grundlagen – Verfahren – Praxisbeispiele". Hanser-Verlag, München, 1997

[CKF+20] Chen, K.; Kroell, N.; Feil, A.; Pretz, T.: „Determination of the composition of multilayer plastic packaging with NIR spectroscopy". Multidisciplinary Journal for Waste Resources & Residues, Vol. 13, pp. 62–66, 2020

[CKW+21] Chen, K.; Kroell, N.; Wickel, J.; Feil, A.: „Determining the composition of post-consumer flexible multilayer plastic packaging with near-infrared spectroscopy". Waste Management, Vol. 123, pp. 33–41, 2021

[CMB+22] Chudalla, N.; Meschut, G.; Bartley, A.; Wibbeke, T. M.: „Bauteilschonendes Entfügen struktureller Klebverbindungen durch Kälte". In: Adhäsion Kleben + Dichten, Ausgabe 4, Springer Fachmedien Verlag, Wiesbaden 2022

[Con21] Conversio Market & Strategy GmbH: „Stoffstrombild Kunststoffe in Deutschland 2021", November 2022

[CSB+16] Cinelli, P.; Schmid, M.; Bugnicourt, E.; Coltelli, M. B.; Lazzeri, A.: „Recyclability of PET/WPI/PE Multilayer Films by Removal of Whey Protein Isolate-Based Coatings with Enzymatic Detergents". In: Materials, Vol. 9, Issue: 6, Basel, Switzerland, 2016

[DHM22] Dahlmann, R.; Haberstroh, E.; Menges, G.: „Menges Werkstoffkunde Kunststoffe", 7. vollständig neu bearbeitete Auflage, Carl Hanser Verlag, München, 2022

[Dut00] Dutschk, V.: „Oberflächenkräfte und ihr Beitrag zu Adhäsion und Haftung in glasfaserverstärkten Thermoplasten". Dissertation, Technische Hochschule Dresden, 2000

[Ehr04] Ehrenstein, G.: „Handbuch Kunststoff-Verbindungstechnik". Hanser-Verlag München, 2004

[GKH21] Gadermann, A.; Knietsch, A.; Haas, C.: „REACH: Info – REACH und Recycling". Bundesanstalt für Arbeitsschutz und Arbeitsmedizin, Dortmund, 2021

[Gri10] Grieshofer, H.: „Verbundhaftungsuntersuchungen an Mehrkomponentenspritzgussteilen". Masterarbeit, IKV – Institut für Kunststoffverarbeitung an der Montanuniversität Leoben, Begutachtung: Holzer, C., 2010

[Gut91] Gutowski, W.: „Thermodynamics of Adhesion". In: Lee, L.-H.: Fundamentals of Adhesion, Springer Verlag, Boston, MA, 1991

[Hab12] Habenicht, G.: „Kleben – erfolgreich und fehlerfrei – Handwerk, Praktiker, Ausbildung, Industrie. 6. Auflage. Vieweg+Teubner Verlag, Wiesbaden, 2012

[HHB10] Hellerich, W.; Harsch, G.; Baur, E.: „Werkstoff-Führer Kunststoffe". Carl Hanser Verlag, München, 2010

[HM21] Hopp, M; Mühlhoff, F. M.: „Separation of Multi-Component Parts for Mechanical Recycling – An Approach to Produce Hard-Soft Combinations with a Better Recyclability". In: 79th Annual Technical Conference of the Society of Plastics Engineers (ANTEC), 2021

[Hop13] Hopp, M.: „Optimierung der Verbundfestigkeit von Hart-Weichkombinationen mittels dynamischer Formnesttemperierung". Nicht veröffentlichte Masterarbeit, Kunststofftechnik Paderborn, Universität Paderborn, 2013

[HS22] Hopp, M.; Schäffer, L.: „Separation Of Multi-Component Parts For Mechanical Recycling – Study About Basic Approaches Using A Heating Process". 37th International conference of the polymer processing society (PPS), Fukuoka, Japan, 2022

[JD14] Just, D.; Diemert, J.: „Eine dufte Technik". Plastverarbeiter, Vol. 2, pp. 30–32, 2014

[JRS+11] Jepsen, Dirk; Reihlen, Antonia; Sander, Knut; Wirth, Olaf: REACH und Kunststoffrecycling – Handreichung für eine sachgerechte Umsetzung der REACH-Anforderungen für Betreiber von Recyclinganlagen. Forschungskennzahl 3708 31 305/01, im Auftrag des Umweltbundesamts, Dessau-Roßlau, September 2011

[Kai16] Kaiser, W.: „Kunststoffchemie für Ingenieure – Von der Synthese bis zur Anwendung". Carl Hanser Verlag, München, 2016

[Käu87] Käufer, H.: „Verfahren zum Entkleben von Metall-Nichtmetall-Klebungen". Deutsches Patent, DE3823952C2, 1987

[Kle11] Kleeschulte, R.: „Modellierung der Verbundfestigkeit von Hart-Weich-Kombinationen polymerer Werkstoffe". Dissertation, Kunststofftechnik Paderborn, Universität Paderborn, 2011

[Kuh98] Kuhmann, K.: „Prozess- und Materialeinflüsse beim Mehrkomponentenspritzgießen". Dissertation, Friedrich-Alexander-Universität Erlangen-Nürnberg, 1998

[Küh05] Kühnert, I.: „Grenzflächen beim Mehrkunststoffspritzgießen". Dissertation, Technische Universität Chemnitz, 2005

[LKS17] Lieberwirth, H.; Krampitz, T.; Schnutz, S.: „Aufschlusszerkleinerung metallintensiver Leichtbaustrukturen zur Freilegung von Wertstoffkomponenten am Beispiel einer Hybrid-B-Säule in

Mischbauweise". In: Recycling und Rohstoffe, Band 10, pp. 327–337, Hrsg: Thomè-Kozmiensky, K.; Thiel, S., TK Verlag, Neuruppin, 2017

[MDK+20] Moritzer, E.; Deuse, J.; Kroll, A.; Richter, R.; Hopp, M.; Schmitt, J.; Schulte, L.; Schrodt, A.; Wittke, M.: „Einsatz von maschinellem Lernen für die Rezyklat-Verarbeitung". In: Jahresmagazin Kunststofftechnik, pp. 70–73, 2020

[MG16] Martens, H.; Goldmann, G.: „Recyclingtechnik", Springer Fachmedien, Wiesbaden, 2016

[MHK13] Moritzer, E.; Hopp, M.; Kleeschulte, R.: „Improving bond strength of hard-soft combinations by dynamic mold heating". In: TPE magazine international, Dr. Gupta Verlag, Vol. 5, pp. 176–183, Ratingen, 2013

[MK03] Miller-Chou, B. A.; Koenig, J. L.: „A review of polymer dissolution". In: Progress in Polymer Science, Vol. 28, pp. 1223–1270, 2003

[Nik05] Nikolova, D.: „Charakterisierung und Modifizierung der Grenzflächen im Polymer-Metall-Verbund". Dissertation, Martin-Luther-Universität Halle-Wittenberg, 2005

[NL94] Nauman, E. B.; Lynch, J. C.: „Polymer recycling by selective dissolution". US5278282A, US-Patent, 1994

[NN01-ol] Deutsches Verpackungsinstitut e. V., 2022: Verbundmaterial Link: *https://p239009.mittwald server.info/materialien.html*, zuletzt abgerufen am 28.04.2022

[NN02-ol] APK AG: *https://www.apk-ag.de/newcycling/prozess/*, zuletzt abgerufen am 27.09.2022

[NN03-ol] APK AG: *https://www.apk-ag.de/apk-stellt-vollentfaerbte-kunststoff-rezyklate-vor/*, zuletzt abgerufen am 27.09.2022

[NN04-ol] Saperatec: *https://www.saperatec.de/de/technologie.html*, zuletzt abgerufen am 27.09.2022

[NN05-ol] Kunststoffweb: „Saperatec: Recyclinganlage für Verbundfolien in Dessau". Pressemitteilung vom 01.09.2022, Link: *https://www.kunststoffweb.de/branchen-news/saperatec_recyclinganlage_fuer_verbundfolien_in_des-sau_t251063*, zuletzt abgerufen am 27.09.2022

[NN06-ol] Gebrüder Lödige Maschinenbau GmbH; 2022; Pflugschar – Mischer von Lö-dige (Labormischen) Link: *https://www.loedige.de/de/maschinen/labor-pflug-scharmischer/#&gid=1&pid=3,* Zugriff: 19.08.2022

[NN07-ol] GVM Gesellschaft für Verpackungsmarktforschung: „Aufkommen und Verwertung von PET-Getränkeflaschen in Deutschland 2021". Link: *https://newsroom.kunststoffverpackungen.de/2023/03/28/einsatz-von-rpet-in-pet-getraenkeflaschen-steigt-auf-448-prozent/*, zuletzt abgerufen am 14.07.2023

[NN08-ol] Stiftung Zentrale Stelle Verpackungsregister: „Mindeststandard für die Bemessung der Recyclingfähigkeit von systembeteiligungspflichtigen Verpackungen gemäß § 21 Abs. 3 VerpackG", 2019 Link: *https://www.Verpackungsregister.org/fileadmin/files/Mindeststandard/Mindeststandard_VerpackG_2021.pdf*, zuletzt abgerufen am 28.12.2022

[NN09-ol] Veolia: Bottle-to-bottle-Recycling, Link: *https://www.veolia.de/bottle-to-bottle-recycling*, zuletzt abgerufen am 28.12.2022

[NN10-ol] Kunststoffweb: „Recyclingfähigkeit: PE-Folien mit EVOH-Barriereschichten im Test". Pressemitteilung vom 11.11.2019, Link: *https://www.kunststoffweb.de/branchen-news/recyclingfaehigkeit_pe-folien_mit_evoh-barriereschichten_im_test_t243864*, zuletzt abgerufen am 29.12.2022

[NN11-ol] EREMA Engineering Recycling Maschinen und Anlagen Ges.m.b.H.: „Powerful Filtration", Link: *https://www.erema.com/de/filtrieren/*, zuletzt abgerufen am 14.01.2023

[NN12-ol] Nordson BKG GmbH: Technisches Datenblatt „BKG® HiCon™ R-Type 250", Link: *https://nc-p-001.sitecorecontenthub.cloud/api/public/content/6c294d57e7e342c0b538274561cedc51?v=ca107871*, zuletzt abgerufen am 14.01.2023

[NN13-ol] EREMA Engineering Recycling Maschinen und Anlagen Ges.m.b.H.: „ReFresher", Link: *https://www.erema.com/de/refresher/*, zuletzt abgerufen am 24.01.2023

[Nor18] Nordmeyer, T.: „Verfahrenstechnische Entwicklung des Direktinjektion-Plasmaverfahrens im Spritzgießprozess". Dissertation, Kunststofftechnik Paderborn, Universität Paderborn, 2018

[Pah06] Pahl, M.: „Mischer und deren Mischungsprinzipien", Vorlesungsskript, Institut für Energie- und Verfahrenstechnik, Universität Paderborn, 2006

[Pot04] Potente, H.: „Fügen von Kunststoffen – Grundlagen, Verfahren, Anwendung". Carl Hanser Verlag, München, 2004

[PSW+11] Plog, S.; Schneider, J.; Walker, M.; Schulz, A.; Stroth, U.: „Investigations of plasma polymerized SiOx barrier films for polymer food packaging". In: Surface and Coatings Technology, Vol. 205, Supplement 2, pp. S165–S170, *https://doi.org/10.1016/j.surfcoat.2011.01.034*, 2011

[Ras12] Rasche, M.: „Handbuch Klebtechnik". Carl Hanser Verlag, München, 2012

[RHB12] Rösler, J.; Harders, H.; Bäker, M.: „Mechanisches Verhalten der Werkstoffe". Springer Vieweg, Wiesbaden, 2012

[Rot09] Rotheiser, J.: „Joining of Plastics". Carl Hanser Verlag, München, 2009

[Sch02] Schubert, G.: „Zerkleinerungstechnik für nicht-spröde Abfälle und Schrotte". In: Aufbereitungstechnik, Vol. 43 (9), pp. 6–23, 2002

[Sch20] Schöppner, V.: „Standardverfahren Extrusion". Vorlesungsskript, Kunststofftechnik Paderborn, Universität Paderborn, 2020

[Sch22] Schöppner, V.: „Fügen von Kunststoffen". Vorlesungsskript, Kunststofftechnik Paderborn, Universität Paderborn, 2022

[SFM+20] Schlummer, M.; Fels, T.; Mäurer, A.; Altnau, G.: „Die Rolle der Chemie beim Recycling". In: Kunststoffe, 06/2020, Carl Hanser Verlag, München, 2020

[SNK+22] Schlummer, M.; Neubauer, J.; Knappich, F.; Mäurer, A.; Weig, U.; Backfisch, M.; Rinderhofer, A.: „Recycling von Verbundfolien". In: Kunststoffe, 01/2022, Carl Hanser Verlag, München, 2022

[SS22-ol] Schüssler, A.; Schneider, H.: „Desodorierung von recyceltem Kunststoff". Prozesstechnik online, Oktober 2022

[TM06] Tucker, J. D.; Myers, D. L.: Separation Process for Multi-Component Polymeric Materials. US-Patent, US 7087655 B2, 2006

[Ueb68] Ueberreiter, K.: „The solution process". In: Crank, J.; Park, G. S.: Diffusion in polymers. New York, NY: Academic Press, pp. 219–257, 1968

[VP91] Vakula, V. L.; Pritykin, L. M.: „Polymer Adhesion – basic physico-chemical principles". Ellis Horwood Limited, Chichester, West Sussex, England, 1991

[Woi14] Woiton, M.: „Netzartig strukturierte Oberflächen aus präkeramischen Polymeren". Dissertation, Friedrich-Alexander-Universität Erlangen-Nürnberg, 2014

[ZLN18] Zhao, Y.; LV, X.; Ni, H.: „Solvent-based separation and recycling of waste plastics: A review". In: Chemosphere, Vol. 209, pp. 707–720, *https://doi.org/10.1016/j.chemosphere.2018.06.095*, 2018

[ZSL21] Zepnik, S.; Simnick, A.; Lauter, M.: „Wesentliche Aspekte beim 2 K-Spritzgießen mit TPU als Weichkomponente". In: GAK Gummi Fasern Kunststoffe, Jahrgang 74, Vol. 10, Dr. Gupta Verlag, 2021

Studentische Arbeiten

Die nachstehend aufgeführten studentischen Arbeiten wurden im Kontext der vorliegenden Arbeit am Lehrstuhl für Kunststofftechnik der Universität Paderborn angefertigt. Die Definition der Zielsetzung, die Bearbeitung sowie die Auswertung, Interpretation und Visualisierung von Ergebnissen erfolgten unter wissenschaftlicher Anleitung des Betreuenden Dr.-Ing. Matthias Hopp. Die erzielten Ergebnisse sind zum Teil in diese Arbeit bzw. in die im Text zitierten Veröffentlichungen eingeflossen.

[Fie21] Fiene, E. (Hopp, M.; Moritzer, E.): „Haftungsuntersuchungen an Hart-Weich-Kombinationen aus dem 2 K-Spritzgießprozess unter Temperaturbeanspruchung zur Bewertung der Recyclingfähigkeit". Universität Paderborn, Kunststofftechnik Paderborn, unveröffentlichte Studienarbeit Juli 2021

[Han22] Hanselle, F. (Hopp, M.; Schöppner, V.): „Ermittlung einer geeigneten Temperaturführung und Schneckenkombination zur Verbundtrennung von thermoplastischen Kunststoffverpackungen im gleichläufigen Doppelschneckenextruder". Universität Paderborn, Kunststofftechnik Paderborn, unveröffentlichte Studienarbeit April 2022

[Jäc22] Jäckel, A. K. (Hopp, M.; Moritzer, E.): „Experimentelle Untersuchungen zur Verbundtrennung von 2 K- und 3 K-Kunststoffverbunden im Hinblick auf das werkstoffliche Recycling". Universität Paderborn, Kunststofftechnik Paderborn, unveröffentlichte Masterarbeit September 2022

[Kir22] Kirstein, S. (Hopp, M.; Moritzer, E.): „Verbundtrennung von Mehrschichtverpackungen". Universität Paderborn, Kunststofftechnik Paderborn, unveröffentlichte Bachelorarbeit Januar 2022

[Löh22] Löhr, F. (Hopp, M.; Moritzer, E.; Schäffer, L.): „Untersuchung zur Verbundtrennung von 2 K- und 3 K-Kunststoffbauteilen". Universität Paderborn, Kunststofftechnik Paderborn, unveröffentlichte Projektarbeit Juni 2022

[Lüt22] Lütkebohle, P. J. (Hopp, M; Moritzer, E.): „Untersuchungen von spritzgegossenen 2 K-Probekörpern in Bezug auf Verbundhaftung, Zerkleinerung und Einrieselverhalten in einen gleichläufigen Doppelschneckenextruder". Universität Paderborn, Kunststofftechnik Paderborn, unveröffentlichte Studienarbeit April 2022

[Rem20] Rempel, T. (Hopp, M; Moritzer, E.): „Grundlegende Untersuchungen zur Recyclingfähigkeit von Hart-Weich-Kombinationen aus dem 2 K-Spritzgießprozess". Universität Paderborn, Kunststofftechnik Paderborn, unveröffentlichte Bachelorarbeit September 2020

[Sch20] Scholz, C. (Hopp, M.; Moritzer, E.): „Analyse der Bedeutung des Kunststoffrecyclings für die Kunststoffbranche unter Berücksichtigung aktueller, gesellschaftspolitischer Entwicklungen". Universität Paderborn, Kunststofftechnik Paderborn, unveröffentlichte Masterarbeit Juli 2020

[Wes22] Westphal, M. S. (Hopp, M.; Moritzer, E.): „Untersuchung der Verbundtrennung durch Temperatureinfluss von Hart-Hart-Kunststoffverbunden für ein sortenreines, werkstoffliches Recycling". Universität Paderborn, Kunststofftechnik Paderborn, unveröffentlichte Bachelorarbeit Februar 2022

5 Rohstoffliches Recycling

Mit lediglich 0,5 % hat das rohstoffliche Recycling in Deutschland im Jahr 2021 einen äußerst kleinen Anteil an der Verwertung der gesamten Kunststoffabfälle. Während zu Beginn der 2000er-Jahre die Abfallmenge, die dem rohstofflichen Recycling zugeführt wurde, über mehrere Jahre hinweg bei über 300 000 Tonnen lag, hat sie in den letzten Jahren stark abgenommen und ist zuletzt von 2017 bis 2019 sogar um 70 % auf 14 000 Tonnen gesunken [Con19, S. 99]. Im Jahr 2021 stieg diese Menge wieder leicht auf 26 000 Tonnen an. Dem rohstofflichen Recycling wird zukünftig eine hohe Bedeutung beigemessen, was durch große finanzielle Bemühungen der Petrochemie dokumentiert wird. Auf die Vor- und Nachteile des rohstofflichen Recyclings gegenüber dem werkstofflichen Recycling wird im nächsten Abschnitt kurz eingegangen. In den weiteren Abschnitten folgt die Beschreibung der chemischen Prozesse, die zur Umsetzung der Polymere in chemische Grundstoffe führen.

5.1 Überblick und Definitionen

Beim rohstofflichen Recycling werden die Polymere über chemische Prozesse in Monomere, chemische Grundbausteine oder Pyrolysegas umgewandelt. Dies geschieht unter Einwirkung von Wärme, Katalysatoren, Lösungsmitteln oder Wasserstoff. Es findet somit gewollter Materialabbau, eine gewollte Verkürzung der Polymerketten statt. In Abgrenzung zum werkstofflichen Recycling wird hier nicht der Werkstoff Kunststoff, sondern es werden die Rohstoffe (Monomer, Öl oder Gas) zurückgewonnen. Da es sich um chemische Prozesse handelt, wird das rohstoffliche Recycling häufig als chemisches Recycling bezeichnet.

Der Vorteil dieser Recyclingart gegenüber dem werkstofflichen Recycling liegt darin, dass auch stark vermischte und verschmutzte Abfälle eingesetzt werden können, wobei ein gewisser Reinheitsgrad je nach Verfahrensweise dennoch gegeben sein muss. Somit ließen sich für bisher energetisch verwertete Abfälle Stoffkreisläufe schließen. Ein weiterer Vorteil gegenüber dem werkstofflichen Recycling besteht darin, dass durch eine mögliche Gewinnung von Monomeren neuer Kunststoff polymerisiert werden kann, welcher Neuware-Qualität aufweist. Der Nachteil der chemischen Recyclingprozesse liegt unter anderem in den hohen Betriebskosten und in der erschwerten Skalierbarkeit.

Bild 5.1 zeigt den Kreislauf der Kunststoffe für das rohstoffliche Recycling. Nach der Produktherstellung und dem Verkauf geht das Kunststoffbauteil oder die Kunststoffverpackung in die Gebrauchsphase über. Die Entsorgung bildet den Übergang zur Aufbereitungsphase, die im Fall des rohstofflichen Recyclings in den Bereich Waste to Polymers und Waste to Chemicals aufgeteilt werden kann. Ersterer zeigt den Kreislauf für die Kunststoffe, in dem durch chemische Prozesse Monomere entstehen, die dann wieder polymerisiert werden können. Der entstehende Kunststoff hat Neuware-Qualität und kann für neue Kunststoffprodukte eingesetzt werden. Ein Zumischen von Neuware wie bei der Verwendung von Rezyklat aus dem werkstofflichen Recycling ist nicht erforderlich.

In dem Bereich Waste to Chemicals entstehen durch Umwandlungsprozesse der Kunststoffe Wachse, Öle oder Gase für die petrochemische Industrie. Diese Rohstoffe werden somit dem Kunststoffkreislauf entzogen, stehen aber der Herstellung von Chemikalien zur Verfügung. Der Sortier- und Zerkleinerungsprozess ist allen chemischen Prozessen vorgeschaltet. Das Zerkleinern ist unter anderem notwendig zur Oberflächenvergrößerung, damit Lösungsmittel und andere Hilfsstoffe die Abfallstücke vollständig und umfassend benetzen können [MG16, S. 309].

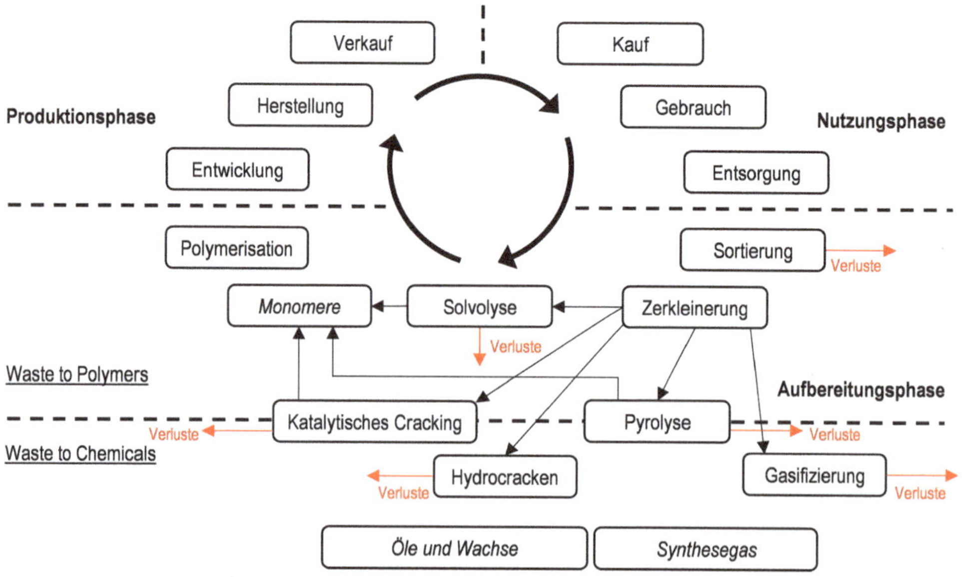

Bild 5.1 Überblick über die kreislaufwirtschaftlichen Prozesse beim rohstofflichen Recycling

Die in den folgenden Abschnitten näher beleuchteten Prozesse des rohstofflichen Recyclings lassen sich nach [LST+20] unterscheiden in:

- Solvolyse (chemische Depolymerisation)
- Pyrolyse (thermische Umwandlung)
- katalytisches Cracking (thermokatalytische Umwandlung)
- Hydrocracken
- Gasifizierung oder Vergasung

Aus der Solvolyse, der Pyrolyse und teilweise auch aus dem katalytischen Cracking lassen sich Monomere gewinnen. Aus allen Verfahren entstehen darüber hinaus Öle, Wachse oder Gase.

5.2 Solvolyse

Bei der Solvolyse, teilweise auch Chemolyse oder chemische Depolymerisation genannt, werden Kunststoffe unter Zuhilfenahme von Lösungsmitteln und ggf. weiteren Chemikalien in die Grundbausteine (Monomere) zerlegt. Diese gelten als qualitativ gleichwertig zu den primär erzeugten Monomeren und können wieder für die Synthese neuer Kunststoffe verwendet werden. Die Solvolyse stellt die Umkehrreaktion der Stufenwachstumsreaktionen (Kondensationspolymerisation und Additionspolymerisation) dar, wobei sie hauptsächlich für Polykondensate eingesetzt wird. Daher kommt sie insbesondere für PET, PA oder PU infrage, die allerdings zusammen lediglich 15 % der gesamten Kunststoffabfallmenge in Deutschland ausmachen [Con21, S. 88]. Dazu kommt, dass ein Großteil des PET werkstofflich recycelt werden kann, was gerade im Bereich der PET-Flasche einen etablierten Behandlungsweg darstellt [CAS99, S. 31; LST+20, S. 50].

Der Kunststoffabfall wird für die Solvolyse zunächst zerkleinert und Fremdstoffe werden, soweit möglich, ausgeschleust (siehe Bild 5.2). Der Angriff des Lösungsmittels erfolgt an der Oberfläche der Abfallstücke, weshalb ein auf eine Größe von 10 mm zerkleinerter und homogenisierter Abfallstrom erforderlich ist, damit die Solvolyse-Reaktion effizient ablaufen kann [MG16, S. 309].

Die Solvolyse lässt sich je nach Art des Lösungsmittels noch einmal unterteilen in

- Hydrolyse
- Glykolyse
- Methanolyse
- Ammonolyse

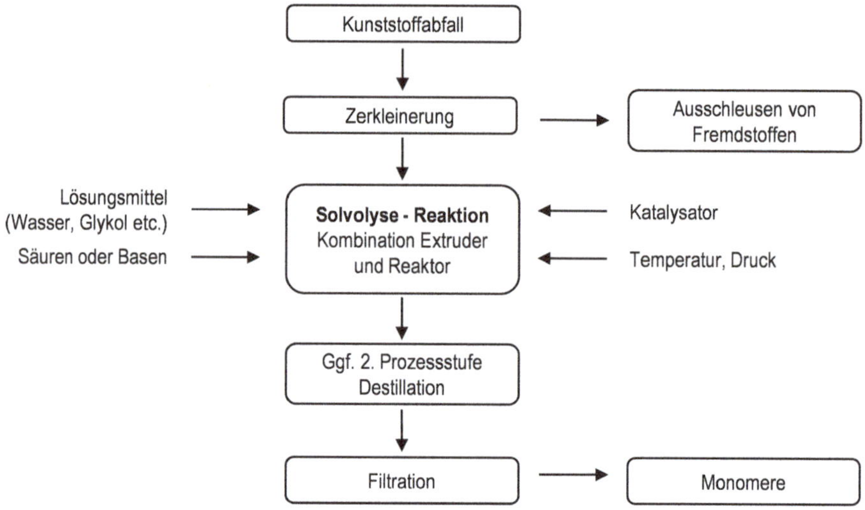

Bild 5.2 Überblick über die Prozessschritte bei der Solvolyse

Die Verfahren, bei denen Alkohole als Lösungsmittel verwendet werden, werden auch zusammenfassend Alkoholyse genannt, während bei der Hydrolyse Wasser als Lösungsmittel zum Tragen kommt [CAS99, S. 32, MG16, S. 309].

Neben dem Lösungsmittel werden Säuren oder Basen und teilweise ein Katalysator dem Prozess hinzugegeben, der unter Druck und definierter Temperatur in einem Reaktor oder in Kombination mit einem Extruder abläuft. Es folgen Filtrations-, Reinigungs- und Destillationsschritte, die je nach zu gewinnender Substanz eingesetzt werden. Auf diese Weise können Farbstoffe und andere Störstoffe aus dem Gemisch aus Lösungsmittel und Polymer/Monomer ausgeschleust und das Monomer schließlich ausgefällt werden.

Die Verfahren der Solvolyse sind somit für verunreinigte PA-, PU- oder PET-Abfallströme geeignet. Auch Verbunde können aufgeschlossen werden, indem nur der Kunststoff, der in seine Monomere aufgetrennt werden soll, gelöst wird und der im stoffschlüssigen Verbund befindliche Kunststoff durch Filtration abgeführt wird. Dieser Prozess ist allerdings zu unterscheiden von dem selektiven Lösen im Zuge des werkstofflichen Recyclings, weil bei der Solvolyse die Polymerstruktur des gelösten Kunststoffs nicht erhalten bleibt, sondern nach bzw. während der Inlösungnahme gezielt abgebaut wird.

Laut einer Aufstellung von aktuellen Kommerzialisierungsansätzen zum chemischen Recycling von [LST+20] wird von der Firma DuPont Teijin Films der LuxCRTM-Prozess zur Solvolyse von PET für die eigene Weiterverwendung betrieben. Die Firma Eastman plant in Frankreich eine Methanolyse-Anlage für PET mit einer Kapazität von 160000 Tonnen [NN01-ol; Göb22-ol]. Weitere Prozesse und Anlagen befinden sich häufig noch im Labormaßstab.

Solvolyse von PET

Seit über 50 Jahren ist die Glykolyse von PET bekannt, bei der unter dem Einsatz von Glykol das PET in die chemische Verbindung Bis(hydroxyethyl)terephthalat (BHET) und weitere Oligomere aufgespalten wird. Der Prozess findet bei Temperaturen zwischen 180 und 240 °C statt und kann durch Zugabe von Katalysatoren beschleunigt werden. Letzteres kann auch durch den Einsatz von Mikrowellen geschehen. Die Konzentration des Katalysators, die Reaktionszeit und die Reaktionstemperatur haben somit einen großen Einfluss auf den Prozess. Die entstehenden Verbindungen können zur Synthese von Polyurethanen, Copolyestern, ungesättigten Harzen oder zur erneuten Synthese von PET genutzt werden [SP19; LST+20; RGD17].

In Bild 5.3 sind die weiteren Solvolyse-Verfahren für PET mit den entstehenden Substanzen im Überblick gezeigt. Bei der Methanolyse wird Methanol als Lösungsmittel verwendet, welches bei Temperaturen zwischen 180 und 280 °C und einem Druck zwischen 20 und 40 bar in die Polymerstruktur diffundiert. Häufig wird auch ein Katalysator verwendet. Die nach Kettenspaltung entstehenden Substanzen sind Dimethylterephthalat und Ethylenglycol, die zur PET-Synthese verwendet werden können. Durch Methanolyse können höhere Reinheiten erzielt werden als bei der Glykolyse, jedoch sind auch höhere Reinheiten für den Input-Abfallstrom notwendig. Häufig findet ein zweistufiger Prozess statt, bei dem zunächst eine Glykolyse zu Diglycolterephthalat durchgeführt wird und dann eine Methanolyse zu DMT. Auf diese Weise kann ein PET synthetisiert werden, welches auch für den Lebensmittelkontakt zugelassen ist [CAS99, S. 38; LST+20; S. 51; MG16, S. 311 f.].

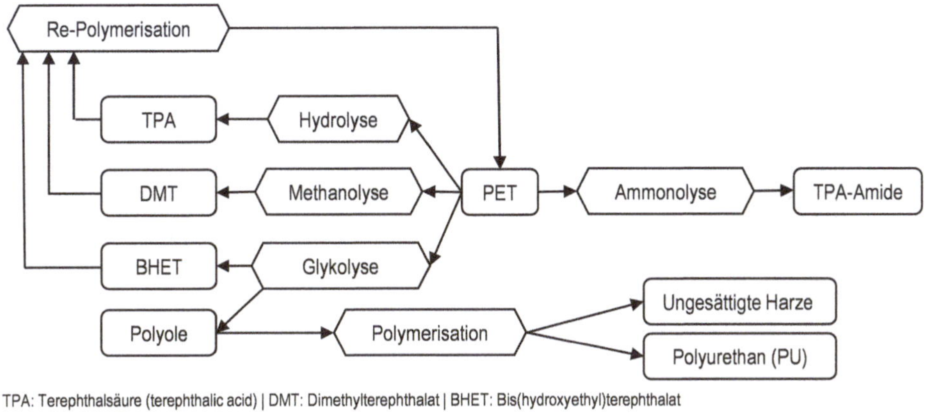

Bild 5.3 Solvolyse-Wege für PET nach [CAS99]

Bei der Hydrolyse von PET entstehen Terephthalsäure und Ethylenglycol, allerdings in so geringen Reinheiten, dass dieses Verfahren gegenüber der Alkoholyse eine geringere Bedeutung hat. Aus der Ammonolyse lassen sich Diamide der Terephthalsäure gewinnen, die aber für die PET-Synthese nur schwer umzusetzen sind [CAS99, S. 38–41].

Der Maschinenhersteller KraussMaffei aus Hannover bietet ein Verfahren zum PET-Recycling an, bei dem durch Glykolyse der Polymerabbau nicht vollständig stattfindet, sondern nur so weit, dass die Schmelzeviskosität stark absinkt. Der PET-Abfallstrom gelangt in einen gleichsinnig drehenden Doppelschneckenextruder und wird aufgeschmolzen, homogenisiert und mittels Vakuumentgasung von Feuchtigkeit und anderen flüchtigen Bestandteilen befreit. Dann wird flüssiges Glykol eingespritzt, welches zur Kettenspaltung und zur Bildung von Oligomeren führt. Durch das Absenken der Viskosität können Filter mit hoher Feinheit (<60 µm) eingesetzt werden. Die gereinigte, niedrigviskose Schmelze wird im folgenden Schritt in einem Reaktor wieder repolymerisiert [KP22].

Solvolyse von PA

Für Polyamid-Abfälle wird das Hydrolyse-Verfahren eingesetzt. Unter Druck und erhöhter Temperatur, unter Einwirkung von Säuren oder Basen, einem Katalysator und dem Lösungsmittel Wasser wird das PA in das Monomer Caprolactam gespalten. Nach der Hydrolyse-Reaktion finden noch eine Filtration und eine Destillation statt, um ein gereinigtes und weiter verarbeitbares Produkt zu erhalten. Caprolactam kann dann wieder zu neuem Polyamid polymerisiert werden [MG16, S. 309 f.].

Solvolyse von PU

Bei der chemischen Depolymerisation von Polyurethan werden Wasser oder Glykol als Lösungsmittel eingesetzt. Durch Hydrolyse entstehen Polyole und Amine, wobei Letztere nicht direkt verwertet werden können. Zudem sind die Prozesse bislang nicht wirtschaftlich umsetzbar und es existieren laut aktuellem Kenntnisstand lediglich Pilotanlagen [ZPV+21, S. 3]. Prozesse mit Glykol sind aufwendig und erfordern Hilfsstoffe, die die Entstehung von aromatischen Aminen verhindern. Dennoch ist dieser Prozess für PU-Bauteile oder auch für PU-Schäume Stand der Technik. Zudem kann das Polyol für die erneute Herstellung von PU verwendet werden [MG16, S. 310; ZBB07, S. 683 f.]. Durch ein mehrstufiges Verfahren aus einer Glykolyse und einer Hydrolyse können neben Polyol auch Amine zur erneuten Herstellung von Isocyanat aus dem PU wiedergewonnen werden. Kürzlich erschienene Untersuchungsergebnisse zeigen das technische Potenzial dieser Verfahrensweise [ZPV+21].

5.3 Pyrolyse

Die Pyrolyse ist ein seit Jahrhunderten bekanntes Verfahren, um organische Werkstoffe unter Ausschluss von Sauerstoff thermisch zu zersetzen. Auch Kunststoffe lassen sich durch Pyrolyse in kürzere Kohlenwasserstoffketten zerteilen, die auf unterschiedliche Art und Weise weiterverarbeitet werden können. So verschieden die zahlreichen Verfahrensvarianten sind, die mittlerweile entwickelt wurden, so unterschiedlich sind die daraus gewonnenen Stoffe. Es entstehen Reaktionsprodukte, die zur Erzeugung von Monomeren verwendet werden können oder als Wachse oder Öle Grundstoffe für die Petrochemie und für Treibstoffe bilden.

Wie bei allen Verfahren des chemischen Recyclings ist die Zerkleinerung des Kunststoffabfalls zur weiteren Verarbeitung unerlässlich (siehe Bild 5.4). Das Vorhandensein von Verschmutzungen stellt für den Prozess normalerweise kein größeres Problem dar, weil diese sich vollständig zersetzen. Die Pyrolyse-Reaktion findet in einem Reaktor unter Luft- bzw. Sauerstoffausschluss statt. Es wird zwischen langsamer Pyrolyse (unter 400 °C), moderater (400–600 °C) und schneller Pyrolyse (über 600 °C) unterschieden. Neben der notwendigen Verweildauer zum vollständigen Umsatz der Ausgangsstoffe beeinflusst die Temperatur die Art der entstehenden Produkte. Höhere Temperaturen führen zur Bildung von leichten Produkten, Gasen und Koks, während die Entstehung von Wachsen und schweren Ölen bei niedrigeren Temperaturen geschieht [LST+20; QNN+17, S. 17]. Im Anschluss an das Pyrolyse-Verfahren folgen je nach den zu gewinnenden Stoffen Destillations- und Veredelungsschritte [MG16, S. 316 f.; LST+20, S. 52 ff.; RDG17, S. 21; SKP20, S. 107].

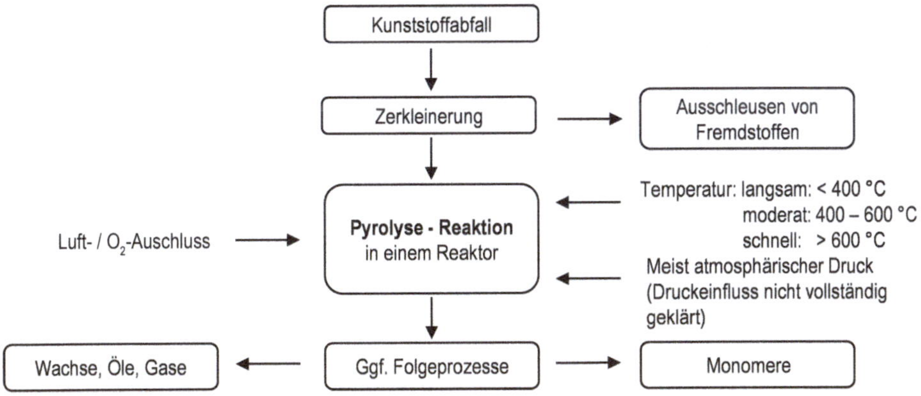

Bild 5.4 Überblick über die Prozessschritte bei der Pyrolyse

Je nach Reaktortyp werden an den Eingangsstrom unterschiedlich hohe Anforderungen hinsichtlich Homogenität, Staubanteil oder Dosierfähigkeit gestellt. Des Weiteren ist darauf zu achten, dass bestimmte Kunststoffe im Abfallstrom nicht enthalten sind. Da ist insbesondere PVC zu nennen, welches bei der Pyrolyse Chlorwasserstoff bildet und Korrosion hervorrufen kann. In Wirbelbettreaktoren kann der Chlorwasserstoff zum Beispiel durch Kalkzugabe gebunden werden, falls die Kontamination mit PVC nicht vermieden werden kann [Kam93]. Bei PET kann es zur Bildung von Terephthalsäure kommen, welche ausfällt und dann zur Verblockung der Anlagen führt [LST+20].

In der Literatur sind vielfach Prozesse zur Pyrolyse von PU beschrieben, bei denen zum Beispiel Ethylen oder Methan als Produkte entstehen [FFC+01; ZBB07]. Der Einsatz der Polyolefine PE und PP für Pyrolyse-Reaktionen ist gut geeignet, da hier nur Kohlenstoff und Wasserstoff als Elemente vorkommen. PA, PS und PMMA lassen sich durch Pyrolyse mit anschließenden Prozessschritten zu einem hohen Grad in die Monomere überführen [RDG17; KPS04].

Nach Recherche des Wuppertal-Instituts im Jahr 2020 befinden sich von 133 in Publikationen veröffentlichten Pyrolyseverfahren lediglich zwei im Pilotmaßstab. Die anderen 131 Verfahren werden noch in Laboren erprobt. Überwiegend werden als Inputstrom keine gemischten Abfälle verwendet, sondern Reinstoffe. In der Industrie sind zahlreiche Vorhaben geplant, Pyrolyseanlagen im größeren Maßstab aufzubauen. Die Firma Agilyx besitzt eigenen Angaben zufolge die weltweit erste kommerzielle Pyrolyseanlage für das rohstoffliche Recycling von Polystyrol. In dem Verfahren wird das Monomer Styrol zurückgewonnen. Das verwendete Verfahren wurde zudem auch an den Polystyrol-Hersteller INEOS Styrolution verkauft [RVM+20, S. 17; Tul19-ol].

Viele Pyrolyseverfahren sind in ihrem Aufbau komplex und wartungsintensiv, zudem wird für den Betrieb viel Energie benötigt. Der Inputstrom muss vorbereitet und für einen störungsfreien Betrieb kontinuierlich zugeführt werden. Die Skalierung auf eine kommerzielle Anlagengröße ist für viele der Verfahren bis dato eine bislang unüberwindbare Hürde. Die jüngsten Anstrengungen der Großchemie, diese Verfahren im Rahmen von Joint Ventures mit Partnerunternehmen wirtschaftlich zu betreiben, können in Zukunft zu einer Erhöhung des Anteils des rohstofflichen Recyclings führen.

5.4 Katalytisches Cracking

Als ein der Pyrolyse ähnliches Verfahren wird das katalytische Cracking durchgeführt. Der wesentliche Unterschied besteht in der Verwendung eines Katalysators. Die thermische Spaltung geschieht bei Temperaturen zwischen 300 und 900 °C unter Ausschluss von Sauerstoff (siehe Bild 5.5). Als Katalysatoren kommen meistens heterogene Systeme wie Zeolithe, Kieselerde, Tonerde, Metalloxide oder metallbeschichtete Kohle zum Einsatz. Seltener verwendete, homogene Systeme basieren auf Lewis-Säuren (z. B. Aluminiumtrichlorid). Entstehende Produkte sind Öle und Gase, die zum Beispiel für alternative Kraftstoffe oder für Grundchemikalien genutzt werden können [ASE08; LST+20; MBA+16].

Durch den Katalysator wird die Aktivierungsenergie für den Crack-Prozess herabgesetzt, wodurch die Temperatur und die Reaktionszeit geringer gehalten werden können. Zudem kann durch die Wahl des Katalysators die Produktausbeute besser gesteuert werden als bei der Pyrolyse. Es entstehen mehr ringförmige, verzweigte und aromatische Verbindungen, die in der Produktverwertung mehr Möglichkeiten bieten, als dies bei der Pyrolyse der Fall ist [AM16; LST+20; MBA+16].

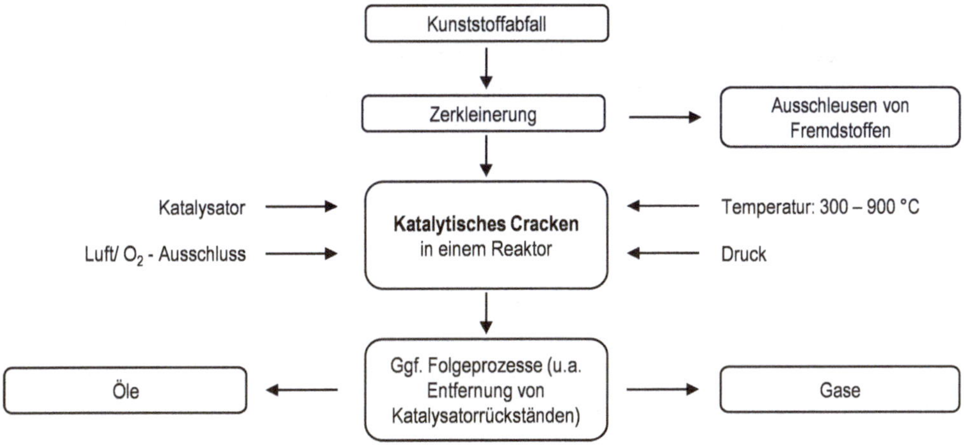

Bild 5.5 Überblick über die Prozessschritte beim katalytischen Cracking

Bei dem Einsatz des Katalysators ist darauf zu achten, dass der Abfallstrom keine Stoffe enthält, die den Katalysator in seiner Wirkung außer Kraft setzen könnten. Dies können zum Beispiel auch Heteroatome wie Schwefel oder Stickstoff sein, die über Kunststoffsorten in den Prozess gelangen. Auch das Vorhandensein von mineralischen Füllstoffen oder während des Prozesses entstehender Koks sind Möglichkeiten, die die Wirkung des Katalysators behindern. Durch zusätzlichen Apparateeinsatz können Störstoffe aus dem Prozess entfernt werden [AM16; LST+20].

Insgesamt ergibt sich auch für das katalytische Cracking eine Vielzahl von möglichen verfahrenstechnischen Aufbauten je nach Inputstrom. Für reale Abfallströme ist die Analyse möglicher Katalysatorgifte wichtig. Zudem ist die Anbindung an weiterverarbeitende Prozesse entscheidend für einen wirtschaftlichen Betrieb der Anlage. Aktuelle Industrieinitiativen im Bereich des katalytischen Crackings sind zum Beispiel MoReTec von LyondellBasell [NN02-ol], Quantafuel [NN03-ol] oder Cassandra Oil [NN04-ol].

5.5 Hydrocracking

Durch den Zusatz von Wasserstoff können beim Hydrocracking stabilere Kohlenwasserstoff-Verbindungen und damit höhere Produktqualitäten hergestellt werden. Typische Produkte sind zum Beispiel Naphtha (Schwerbenzin) oder Diesel [RDG17, S. 24; LST+20].

Häufig findet der Prozess in zwei Stufen statt, wobei in der ersten Stufe eine Pyrolyse mit oder ohne Katalysator bei geringer Temperatur durchgeführt wird. In der zweiten Stufe wird unter einem Partialdruck von 200–250 bar dem Prozess Wasserstoff hinzugegeben und es entstehen gesättigte Kohlenwasserstoffe (siehe Bild 5.6). Der

Vorteil dieser Variante ist, dass zwischen der Pyrolyse und dem Hydrierschritt Störstoffe, Heteroatome oder Koks entfernt werden können, die den Katalysator im Hydrierschritt möglicherweise gefährden. Als Katalysatoren werden beim Hydrocracking bifunktionelle Katalysatoren eingesetzt, die zum einen das Cracking der Polymerketten unterstützen und zum anderen eine hydrierende Funktion haben [LST+20].

Der Energiebedarf ist wie beim katalytischen Cracking durch den Einsatz des Katalysators geringer als bei der Pyrolyse. Da die Hydrierung eine exotherme Reaktion darstellt, kann die entstehende Wärme zusätzlich zur Kettenverkürzung genutzt werden. Nachteilig sind die hohen Kosten für den Katalysator und den Wasserstoff. Aus diesem Grund mussten in der Vergangenheit viele Anlagen wieder geschlossen werden [MG16, S. 314; LST+20, S. 56]. Die bei gemischten Kunststoffabfällen im Wettbewerb stehende energetische Verwertung (siehe Kapitel 6) hat aus ökonomischer Sicht deutliche Vorteile gegenüber diesem Verfahren.

Der patentierte und mehrfach ausgezeichnete, zweistufige Handerek-Prozess des Unternehmens Handerek Technologies sp. z.o.o. aus Polen steht seit der Unternehmensgründung im Januar 2018 für den Versuch, den Prozess zu industrialisieren.

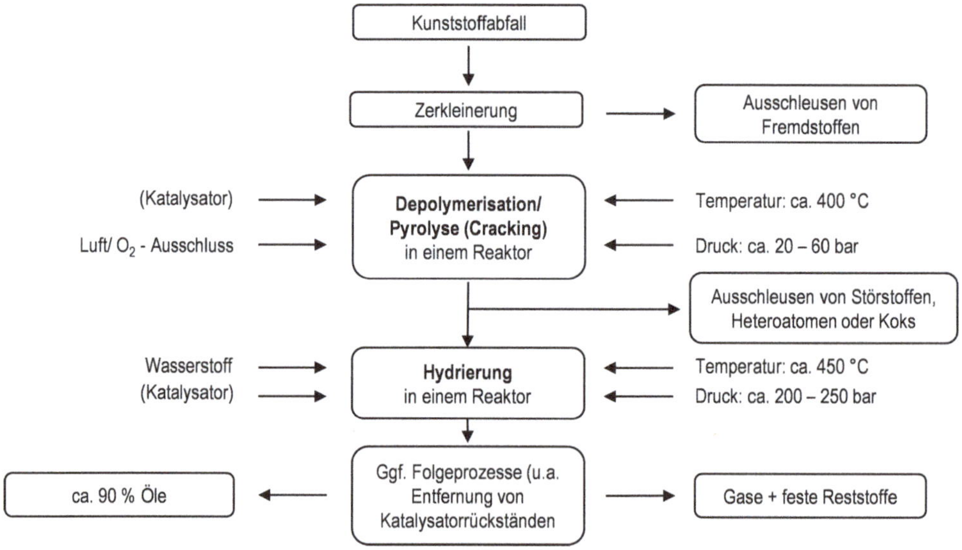

Bild 5.6 Überblick über die Prozessschritte beim Hydrocracking

Laut Unternehmensangaben können verschmutzte Kunststoffabfälle aus PP, PE und PS als Inputstrom genutzt werden. In der ersten Stufe findet thermokatalytisches Cracking statt. Der entstehende Dampf kondensiert und wird der Hydrierung zugeführt. Nach der Fraktionierung können Naphtha und Diesel als Produkte abgeführt werden [NN05-ol].

5.6 Gasifizierung

Während die Pyrolyse unter Sauerstoffausschluss durchgeführt wird, erfolgt die Gasifizierung oder Vergasung durch die partielle Oxidation von Kohlenstoff unter Druck und hoher Temperatur. Die Vergasung von Kohle zur Herstellung von Synthesegas ist ein seit langer Zeit bekanntes Verfahren. Daneben können aber auch Kunststoffabfälle zur Gasifizierung eingesetzt werden. Wenn das entstehende Synthesegas zur Herstellung chemischer Grundstoffe verwendet wird, wird der Prozess dem rohstofflichen Recycling zugezählt. Alternativ kann das Gas auch als Energieträger genutzt werden [MG16, S. 317; VKF20, S. 12].

An die verwendeten Kunststoffabfälle werden in Bezug auf Reinheit und Vorsortierung keine hohen Anforderungen gestellt, wie dies bei der Pyrolyse der Fall ist. Vielmehr werden die Kunststoffe auch mit anderen, festen Materialien wie biogenen Reststoffen oder Siedlungsabfällen zusammen in den Vergasungsprozess gegeben [LST+20, S. 56]. Als Vergasungsmittel kommen Sauerstoff, Wasserdampf, Kohlenstoffdioxid oder in seltenen Fällen Wasserstoff zum Einsatz. Das entstehende Synthesegas enthält unterschiedliche Anteile an Kohlenstoffmonoxid (CO), Wasserstoff (H_2) und Methan (CH_4). Für das Synthesegas stehen mehrere Verwertungswege zur Verfügung, zum Beispiel die Gewinnung von Methanol oder Ammoniak. Die hierfür teilweise katalytisch betriebenen Prozesse erfordern eine Gasreinigung des Synthesegases. Insbesondere stickstoff- oder chlorhaltige Komponenten müssen entfernt werden. Bereits im Reaktor können Chlor und Schwefel durch Kalkzugabe gebunden werden, wie dies zum Beispiel bei dem Verfahren der ecoloop GmbH geschieht [LST+20; RDG17, S. 27 Möl12].

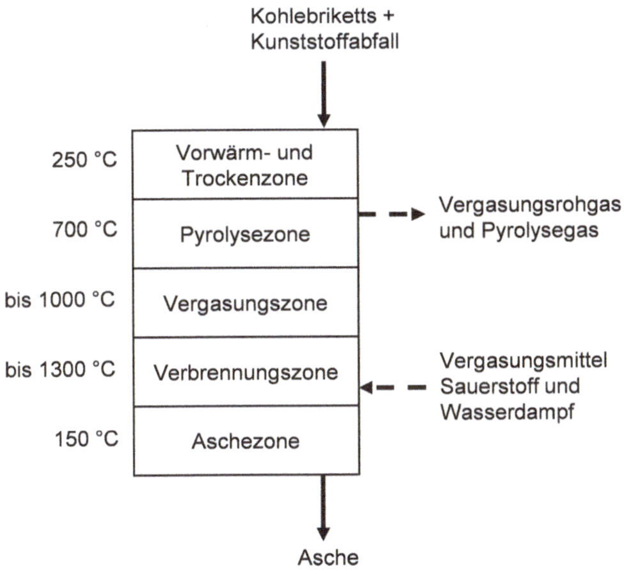

Bild 5.7 Der Prozess der Gasifizierung am Beispiel des Festbettdruckreaktors, nach [MG16, S. 318]

Bild 5.7 zeigt schematisch den Aufbau eines Festbettdruckreaktors zur Gasifizierung von Kunststoffabfällen bei einer Temperatur bis 1300 °C und einem Druck von 25 bar. Dieser Reaktor arbeitet nach dem Gegenstromprinzip, was bedeutet, dass die Einleitung des Vergasungsmittels von unten, der Eintrag des Abfalls jedoch von oben geschieht. Die Rohgase wiederum werden oben, die Verbrennungsrückstände unten als Asche abgeführt. Das Schüttgut muss für eine rückstandslose Verbrennung möglichst gleichmäßig verteilt sein und eine gute Durchströmung der Gase sicherstellen. Dazu werden die Altkunststoffe und das weitere Aufgabegut wie Kohle zuvor brikettiert oder agglomeriert. Der Reaktor weist im Betrieb unterschiedliche Zonen auf, die sich insbesondere in der Temperatur unterscheiden. Zuoberst befindet sich die Vorwärm- und Trockenzone, gefolgt von der Pyrolysezone, in der die thermische Zersetzung in kurzkettige Kohlenwasserstoff-Verbindungen erfolgt. Daran schließt sich die eigentliche Vergasungszone bei einer Temperatur bis 1000 °C an, in der endotherme Reaktionen zur Bildung von Kohlenstoffmonoxid (CO) oder Methan (CH_4) stattfinden. Durch höhere Temperaturen entstehen verstärkt CO und H_2, ein höherer Druck bewirkt höhere Anteile an CH_4. In der Verbrennungszone, in der unter anderem die exotherme Reaktion $C + O_2 \rightarrow CO_2$ abläuft, liegen die höchsten Temperaturen von bis zu 1300 °C vor. Die in dieser Zone frei werdende Energie kann in der Vergasungszone für die endothermen Reaktionen verwendet werden [LST+20, S. 56; MG16, S. 317 f.].

Eine Recherche des Wuppertal-Instituts hat ergeben, dass aus dem Stand der Forschung zehn Prozesse zur Vergasung mit einem Technologiereifegrad von > 6 weiteren 41 Prozessen gegenüberstehen, die lediglich im Labormaßstab vorliegen. Damit zeigen die Vergasungsprozesse einen höheren Reifegrad als die Pyrolyseprozesse, jedoch gibt es auch hier nur wenige Anlagen in einem großen Maßstab. Als ein Beispiel für eine Großanlage ist hier der Enerkem-Prozess des kanadischen Unternehmens Enerkem mit einer Kapazität von 360 000 t/a zu nennen, der als Inputstrom Siedlungsabfälle nutzt und als Output Ethanol und Methanol produziert [LST+20, S. 58; NN06-ol; RVM+20, S. 16].

Literatur

[AM16] Almeida, D.; Marques, M. d. F.: „Thermal and catalytic pyrolysis of plastic waste". Polimeros, Vol. 26, DOI: 10.1590/0104-1428.2100, 2016

[ASE08] Aguado, J.; Serrano, D. P.; Escola, J. M.: „Fuels from Waste Plastics by Thermal and Catalytic Processes: A Review". Industrial & Engineering Chemistry Research, Vol. 47, pp. 7982–7992, 2008

[Con19] Conversio Market & Strategy GmbH: „Stoffstrombild Kunststoffe in Deutschland 2019", August 2020

[Con21] Conversio Market & Strategy GmbH: „Stoffstrombild Kunststoffe in Deutschland 2021", November 2022

[CAS99] Clark, J. H.; Aguado, J.; Serrano, D. P.: „Feedstock Recycling of Plastic Waste". RSC Clean Technology Monographs, The Royal Society of Chemistry, 1999

[FFC+01] Font, R.; Fullana, A.; Caballero, J. A.; Candela, J.; Carcia, A.: „Pyrolysis study of polyurethane". Journal of Analytical and Applied Pyrolysis, Vol. 58–59, pp. 63–77, 2001

[Göb22-ol] Göbelbecker, J.: „Eastman will milliardenschwere Recycling-Anlage bauen". News vom 18. Januar 2022 *https://www.chemietechnik.de/anlagenbau/eastman-will-milliardenschwere-recycling-anlage-bauen-65-82-51.html*, abgerufen am 05.08.2022

[Kam93] Kaminsky, W.: „Recycling of polymers by pyrolysis". Journal de physique IV Proceedings, EDP Sciences, Vol. 3 (C7), pp. 1543–1552, DOI: 10.1051/jp4:19937241, 1993

[KP22] Keilbach, F.-X.; Prizinitzki: „Mit Glykol wird der Extruder zum Turbo". Kunststoffe, Vol. 1, pp. 24–25, Carl Hanser Verlag, München, 2022

[KPS04] Kaminsky, W.; Predel, M.; Sadiki, A.: „Feedstock recycling of polymers by pyrolysis in a fluidised bed". Polymer Degradation and Stability, Vol. 85, issue: 3, pp. 1054–1050, 2004

[LST+20] Lechleitner, A.; Schwabl, D.; Schubert, T.; Bauer, M.; Lehner, M.: „Chemisches Recycling von gemischten Kunststoffabfällen als ergänzender Recyclingpfad zur Erhöhung der Recyclingquote". Österreichische Wasser- und Abfallwirtschaft, Vol. 72, pp. 47–60, 2020

[MBA+16] Miandad, R.; Barakat, M. A.; Aburiazaiza, A. S.; Rehan, M.; Nizami, A. S.: „Catalytic pyrolysis of plastic waste: A review". Process Safety and Environmental Protection, Vol. 102, pp. 882–838, 2016

[MG16] Martens, H.; Goldmann, G.: „Recyclingtechnik", Springer Fachmedien, Wiesbaden, 2016

[Möl12] Möller, R.: „Reines Synthesegas aus chlorhaltigen Altkunststoffen". In: Recycling und Rohstoffe, Band 5, pp. 905–917, Hrsg.: Thomè-Kozmiensky, K.; Goldmann, D., TK Verlag, Neuruppin, 2012

[NN01-ol] „DuPont Teijin Films launches chemical recycling LuxCR™ depolymerisation process". News & Events, Petcore-europe, *https://www.petcore-europe.org/news-events/227-dupont-teijin-films-luxcr.html*, 11. April 2019, abgerufen am 05.08.2022

[NN02-ol] LyondellBasell: „LyondellBasell Successfully Starts Up New Pilot Molecular Recycling Facility", *https://www.lyondellbasell.com/en/news-events/corporate-financial-news/lyondellbasell-successfully-starts-up-new-pilot-molecular-recycling-facility/*, abgerufen am 09.08.2022

[NN03-ol] Quantafuel: „Skive plant has started production from line three". *https://www.quantafuel.com/media#/pressreleases/skive-plant-has-started-production-from-line-three-3193385*, abgerufen am 09.08.2022

[NN04-ol] Cassandra Oil, „Our Process". *http://cassandraoil.com/en/About-us/our-process/*, abgerufen am 09.08.2022

[NN05-ol] Handerek Technologies: „Process". *https://handerek-technologies.com/en/technology/process/*, abgerufen am 10.08.2022

[NN06-ol] Enerkem: „Carbon-Recycling". *https://enerkem.com/process-technology/carbon-recycling/*, abgerufen am 11.08.2022

[QNN+17] Quicker, P.; Neuerburg, F.; Noel, Y.; Huras, A.: „Sachstand zu den alternativen Verfahren für die thermische Entsorgung von Abfällen". Studie im Auftrag des Umweltbundesamtes, ISSN: 1862–4359, 2017

[RDG17] Ragaert, K.; Delva, L.; Geem, K. van: „Mechanical and chemical recycling of solid plastic waste". Waste Management, Vol. 69, pp. 24–58, 2017

[SKP20] Seitz, M.; Klätte, M.; Pohl M.: „Evaluierung von thermisch-chemischen Depolymerisationstechnologien zur Verwertung von Kunststoffabfällen". In: Thiel, S.; Thomé-Kozmiensky, E.; Quicker, P.; Gosten, A. (Hrsg.), Energie aus Abfall, Band 17, S. 105–114, Thomé-Kozmiensky Verlag GmbH, Neuruppin 2020

[SP19] Sheel, A.; Pant, D.: „Chemical Depolymerization of PET Bottles via Glycolysis". In: Recycling of Polyethylene Terephthalate Bottles. Elsevier, 2019

[Tul19-ol] Tullo, A. H.: „ Plastic has a problem; is chemical recycling the solution?". Chemical & Engineering News, October 6, 2019, Vol. 97, Issue 39, abgerufen am 05.08.2022

[ZBB07] Zia, K. M.; Bhatti, H. N.; Bhatti, I. A.: „Methods for polyurethane and polyurethane composites, recycling and recovery: A review". Reactive and Functional Polymers, Vol. 67, pp. 675–692, 2007

[ZPV+21] Zahedifar, P.; Pazdur, L.; Vande Velde, C. M. L.; Billen, P.: „Multistage Chemical Recycling of Polyurethanes and Dicarbamates: A Glycolysis-Hydrolysis Demonstration". Sustainability, Vol. 13 Iusse: 3583, pp.1–13, 2021

6 Energetische Verwertung

Noch vor dem stofflichen Recycling ist die energetische Verwertung nach wie vor der Hauptverwertungsweg für Kunststoffabfälle in Deutschland. Im Jahr 2021 sind 64,4 % des Kunststoffabfalls in Müllverbrennungsanlagen oder als Ersatzbrennstoffe verwertet worden, um die im Kunststoff enthaltene Energie nutzbar zu machen. Gemäß der Abfallhierarchie des Kreislaufwirtschaftsgesetzes (KrWG § 6, Absatz 1, siehe Abschnitt 2.2.1) steht die energetische Verwertung an vierter Stelle vor der Beseitigung. Somit ist das Recycling grundsätzlich der energetischen Verwertung vorzuziehen. Auch die sogenannte „Heizwertklausel" ist seit dem 01.06.2017 nicht mehr gültig, die besagt hat, dass die energetische Verwertung einer stofflichen Verwertung gleichwertig ist, wenn der Heizwert des Abfalls mindestens 11 000 Kilojoule pro Kilogramm beträgt. Nach welchen Kriterien ist somit eine energetische Verwertung überhaupt zulässig? Dieser Frage wird zum Ende des Kapitels nachgegangen, nachdem zunächst die wesentlichen Aspekte der energetischen Verwertung in einem Überblick und dann die hierfür eingesetzten Verfahren vorgestellt werden. Grundsätzlich lässt sich sagen, dass die energetische Verwertung integraler Bestandteil der Abfallbehandlung ist und als Schadstoffsenke eine wichtige Funktion erfüllt [Spo18, S. 102].

6.1 Überblick und Definitionen

Bei der energetischen Verwertung wird die in den Kunststoffen enthaltene Energie durch Verbrennung zurückgewonnen. Das Produkt der Verbrennung ist thermische Energie, die zur Dampf- und/oder Stromerzeugung oder direkt als Prozesswärme genutzt werden kann. Diese Art der Verwertung wird bei Kunststoffabfällen häufig für die stark verschmutzten und vermischten Fraktionen eingesetzt, bei denen ein werkstoffliches oder rohstoffliches Recycling unter Berücksichtigung ökologischer und ökonomischer Kriterien gemäß den jeweils anzuwendenden gesetzlichen Vorgaben nicht zielführend ist.

Bei der Verbrennung von Abfällen werden nach [MG16] folgende Ziele verfolgt [MG16, S. 508]:

- „vollständige Zersetzung der organischen Stoffe in anorganische Stoffe (sog. Inertisierung),
- vollständige Oxidation der organischen Stoffe und Kohlenstoff zu CO_2 und H_2O (in geringem Umfang HCl, SO_2, NO_x),
- maximale Nutzung des freigesetzten Energieinhalts in Strom und Wärme,
- Bildung eines homogenisierten, im Volumen stark reduzierten mineralischen Verbrennungsrückstandes (Asche, Sinter oder Schlacke) mit sehr geringem C-Gehalt (<1 bzw. <3 % Restkohlenstoff) als Rostasche o. Ä.,
- geeigneter Austrag zur mechanischen Aufbereitung der Asche/Schlacke zu Baustoff und zur Gewinnung von Metallen [...],
- Abführung von heißen Rauchgasen zur energetischen Nutzung und nachfolgender Intensivreinigung mit Abscheidung der Flugasche.“

Zur Inertisierung zählt auch die Zerstörung von Schadstoffen, die als Schadgase in der Rauchgasreinigung behandelt werden [KC10, S. 293]. Die klassischen, erstrangigen Ziele der Abfallverbrennung sind die genannten Ziele 1, 2, 4 und 6. Die Energienutzung und die Gewinnung von Stoffen sind hingegen aus Sicht der Abfallbehandlung als nachrangig zu sehen [BH13, S. 312]. Für die Ermittlung des Substitutionspotenzials für andere Brennstoffe im Zuge einer vergleichenden Bewertung dieses Verwertungsweges gegenüber dem Recycling stellt die Energienutzung allerdings einen wesentlichen Baustein dar.

Mit Blick auf die Prozesse der energetischen Verwertung kommt es nach der Entsorgung der genutzten Produkte entweder zur direkten Verbrennung in Müllverbrennungsanlagen (MVA) oder zur Vorbehandlung der Abfälle zu Ersatzbrennstoffen (EBS). Diese werden dann entweder in Ersatzbrennstoffkraftwerken oder in Industrieanlagen verbrannt (siehe Bild 6.1).

Bei den MVAs und den EBS-KWs (Ersatzbrennstoff-Kraftwerke) wird mit der bei der Verbrennung entstehenden Wärme Dampf erzeugt, der als Fernwärme oder zur Stromproduktion genutzt werden kann. Im Gegensatz zum werkstofflichen oder rohstofflichen Recycling kommt hier der stoffliche Kreislauf der Kunststoffe zu einem finalen Ende.

Aus Tabelle 6.1 wird ersichtlich, dass die Standardkunststoffe PE, PP und PS ähnliche hohe Heizwerte besitzen wie Heizöl oder Diesel. Im Vergleich zu Steinkohle oder Erdgas liegen sie sogar deutlich höher. PVC oder PTFE sind Kunststoffe, die hingegen deutlich geringere Heizwerte aufweisen.

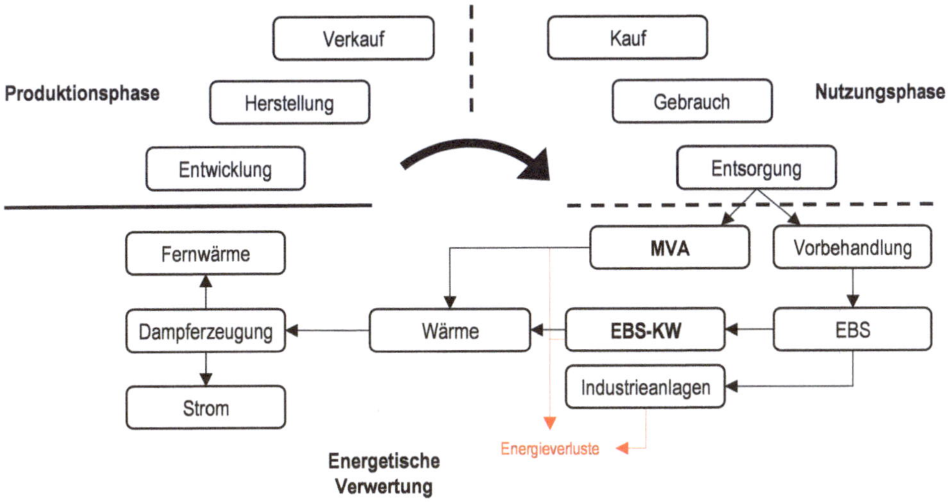

Bild 6.1 Überblick über die Prozesse bei der energetischen Verwertung von Kunststoffabfällen

Tabelle 6.1 Heizwerte einiger Materialien im Vergleich, Daten von [BH13][1] [MG16][2], [Car95][3], [Jun04][4], [NN01-ol][5] und [BBM+95][6]

Material	Unterer Heizwert HU/MJ/kg	Material	Unterer Heizwert HU/MJ/kg
gemischte Siedlungsabfälle	9–11[2]	**Erdgas**	33–36[5]
„Teflon“ (PTFE)	4,6[3]	**gemischte Kunststoffabfälle**	ca. 35
Holz	16[1]	**Polystyrol (PS)**	40[3]
Papier	17[2]	**Heizöl (EL/S)**	42,6/39,5[5]
Polyvinylchlorid (PVC)	18[3]	**Dieselkraftstoff**	42,6[5]
Polyamid (PA)	28[4]	**Polypropylen (PP)**	44[3]
Steinkohle	30[2]	**Butan**	45,7[5]
Altreifen	30[1]	**Propan**	46,3[5]
Polyethylenterephthalat (PET)	30[4]	**Polyethylen (PE)**	48[3]

In der Praxis werden jedoch keine reinen Kunststoffströme einer Müllverbrennungsanlage zugeführt, sondern gemischte Siedlungsabfälle. Diese weisen schwankende Heizwerte zwischen 9 und 11 MJ/kg auf. Altreifen finden mit einer Menge von 196000 Tonnen pro Jahr insbesondere in der Zementherstellung als Brennstoff Anwendung [ZSW20, S. 47].

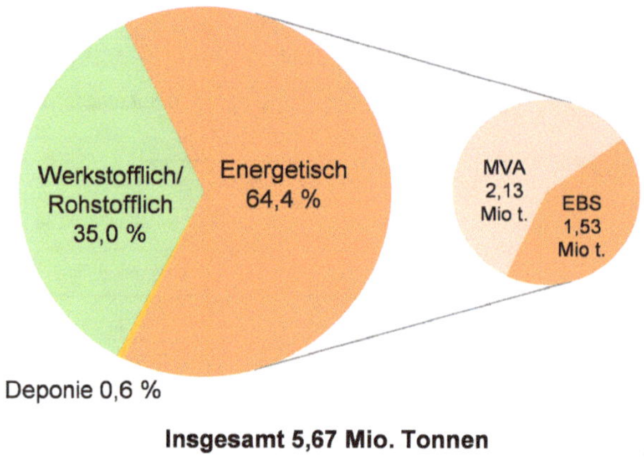

Bild 6.2 Verwertung der Kunststoffabfälle in Deutschland im Jahr 2021 und Anteile der energetischen Verwertungsmöglichkeiten, Zahlen aus [Con21]

Von den 5,67 Mio. Tonnen Kunststoffabfall in Deutschland im Jahr 2021 sind 64,4 % oder 3,66 Mio. Tonnen energetisch verwertet worden (siehe Bild 6.2). Mit 2,13 Mio. Tonnen geht der größte Anteil in die Müllverbrennungsanlagen, während der Rest als Ersatzbrennstoff (EBS) verwendet wird. Letzterer wird aus heizwertreichen Abfallströmen aufbereitet und entweder in Ersatzbrennstoff-Kraftwerken (EBS-KW) verbrannt oder zusammen mit konventionellen Brennstoffen in Kraftwerken, in der Zement- oder Kalkindustrie verwendet [Con21].

6.2 Müllverbrennungsanlagen

Ursprünglich wurden im Rahmen der thermischen Abfallbehandlung Müllverbrennungsanlagen eingesetzt, um das Schadstoffpotenzial des Abfalls zu vernichten und hinsichtlich der weiteren Entsorgung eine Volumenverkleinerung zu erzielen. Heutzutage sind die meisten dieser Anlagen Energieversorger und somit Bestandteil der energetischen Verwertung, also der thermischen Behandlung mit Auskopplung von Energie. Entscheidend zur Eingruppierung in die energetische Verwertung ist die Energieeffizienz der Anlagen, die für Anlagen, die nach 2008 genehmigt wurden, 0,65 (davor 0,6) betragen muss. Wird dieser Wert nicht erreicht, so ist das sogenannte R1-Kriterium („Hauptverwendung als Brennstoff oder als anderes Mittel der Energieerzeugung“) des Kreislaufwirtschaftsgesetzes nicht erfüllt. Es würde sich dann um das Beseitigungsverfahren D10 („Verbrennung an Land“) handeln (Anlage 1 und 2 des KrWG). Alle 66 derzeit in Deutschland in Betrieb befindlichen Müllverbrennungsanlagen nutzen die Energie zur Stromerzeugung und/oder für Fernwärme. Sechs dieser Anlagen produzieren nur Strom, alle anderen werden mit Kraft-Wärme-Kopplung betrieben. Die Gesamtkapazität dieser Anlagen beträgt 20,6 Mio. Tonnen. Bei Vollauslastung und unter Abzug der importierten Abfallmenge von 700000 Tonnen macht der Kunststoffabfall lediglich 10,8 % der verwerteten Menge aus [FHQ+18].

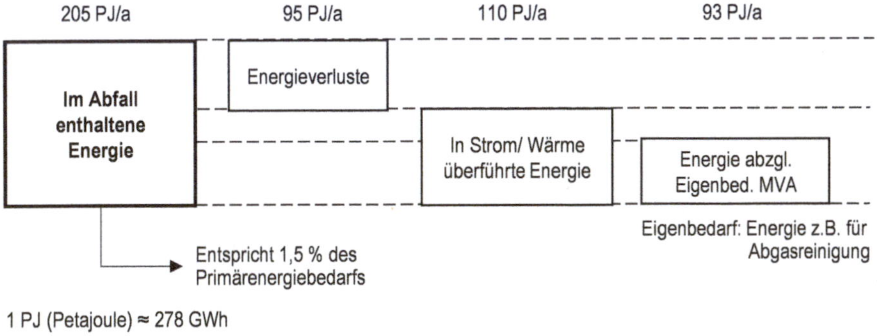

Bild 6.3 Energieumsatz in Müllverbrennungsanlagen in Deutschland, Zahlen aus [FHQ+18]

Die allen MVAs in Deutschland insgesamt zugeführte Abfallmenge besitzt einen Energiegehalt von gut 205 Petajoule (PJ) pro Jahr, was ca. 1,5 % des Primärenergiebedarfs entspricht. Mit einem Bruttonutzungsgrad von über 50 % werden 110 PJ pro Jahr in Strom oder Wärme überführt. Abzüglich des Eigenbedarfs, der unter anderem auf die aufwendige Abgasreinigung zurückzuführen ist, verbleiben 93 PJ pro Jahr als tatsächlich von den MVAs abgegebene Energie übrig (siehe Bild 6.3). Somit tragen die Müllverbrennungsanlagen ca. 1 % zu dem in Deutschland benötigten Energieverbrauch bei [FHQ+18].

Eine der am häufigsten in Müllverbrennungsanlagen vorkommende Feuerungsart ist die Rostfeuerung, deren Aufbau in Bild 6.4 schematisch dargestellt ist. Aus einem Müllbunker wird der Abfall mit einem Greifarm dem Feuerraum zugeführt. Der treppenförmig angeordnete Rost kann unterschiedlich ausgeführt sein, hat aber stets die Aufgabe, mittels Bewegungen für eine Vermischung des Aufgabeguts mit der von unten zugeführten Primärluft und für einen Transport des Abfalls bis zum Ende des Ofens zu sorgen.

Die Primärluft wird in den einzelnen Brandzonen temperaturgeregelt zugeführt. Am Ende des Ofens befindet sich eine Austragsvorrichtung, durch die die Reste des Brandes (Asche, unverbrannte Bestandteile, Metalle, Keramik etc.) aus dem Brandraum abgeführt werden. Der Raum oberhalb des Rostes stellt die Vergasungs- und Nachbrennzone dar, auf die nachfolgend noch eingegangen wird. Daran schließt der Dampfkessel an, durch den die Energieauskopplung gewährleistet wird. Die Abgase werden teilweise zurückgeführt und zum Schluss der aufwendigen Abgasreinigung unterzogen [MG16, S. 510].

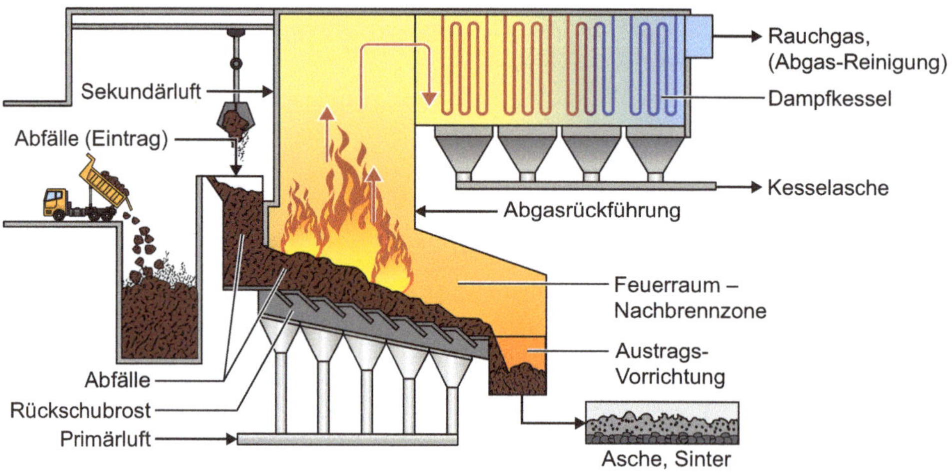

Bild 6.4 Aufbau einer Rostfeuerung, nach [MG16, S. 510]

Der Verbrennungsvorgang lässt sich prinzipiell in fünf Phasen einteilen, die sich innerhalb des Feuerraums aber auch überschneiden (siehe Bild 6.5). Die erste Phase ist die Trocknungsphase bei ca. 100 °C, in der der Abfall von Feuchtigkeit befreit wird. Bei zusätzlicher Erwärmung in der Entgasungszone folgt das Entweichen flüchtiger Bestandteile. Immer noch auf dem Rost befindlich, schließt sich die Ausbrandzone an, in der der Abfall, bis auf einen Glührückstand, vollständig verbrannt wird.

Im Bereich des Rostes können Temperaturen von über 1000 °C entstehen. In der Vergasungszone oberhalb des Rostes verbrennen die Schwelgase, es wird Sekundärluft zu- und Abgase der Anlage werden rückgeführt, um Temperaturen von bis zu 1200 °C zu gewährleisten. Die Nachbrennzone wird zur vollständigen Verbrennung und zur Reduzierung von Kohlenstoffmonoxid nachgeschaltet. Vorgabe der Bundesimmissionsschutzverordnung ist es, eine Verweilzeit von zwei Sekunden bei einer Temperatur oberhalb von 850 °C zu erzielen.

Nachdem noch in den 90er-Jahren die Diskussionen um schädliche Abgase aus den MVAs in der öffentlichen Debatte groß waren, wurden die Regularien hinsichtlich einer aufwendigen Abgasreinigung immer strenger [BBM+95, S. 813]. Heute müssen sich Anlagenbetreiber an die strengen Vorgaben der 17. Bundesimmissionsschutzverordnung halten, die für die Verbrennung von Abfällen geringere Grenzwerte erlaubt als für sonstige Feuerungsanlagen. Werden Letztere beispielsweise mit Biobrennstoffen wie Holz oder Biogas betrieben, liegen die Emissionswerte um ein Vielfaches höher als bei der Verbrennung von Abfall in einer heute in Deutschland betriebenen Müllverbrennungsanlage [MG16, S. 506 f.]. Dass MVAs dennoch aufgrund der angeblich so hohen Abgasemission von der Öffentlichkeit als umweltschädlich eingestuft werden, entbehrt somit jeder Grundlage für eine objektiv geführte Diskussion.

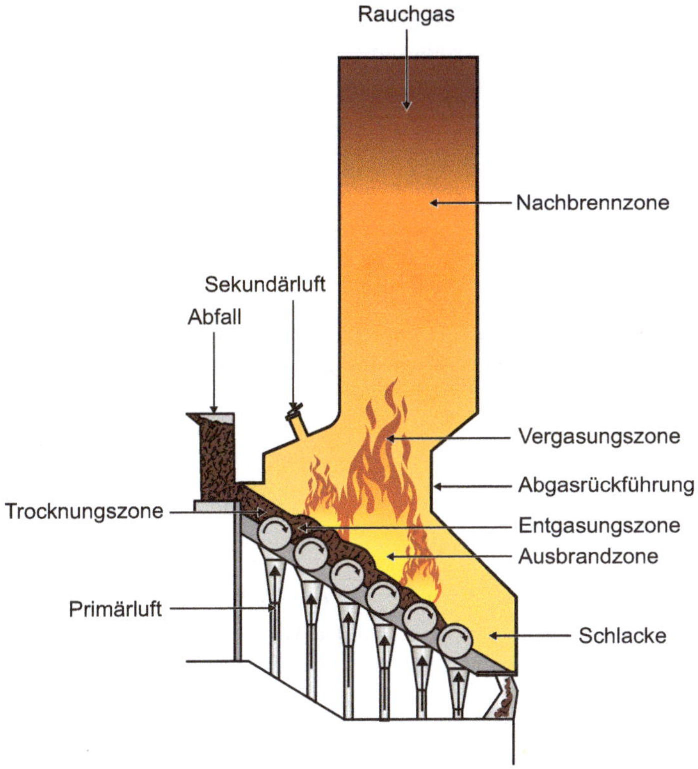

Bild 6.5 Phasen des Verbrennungsvorgangs, nach [BH13, S. 319]

6.3 Ersatzbrennstoffkraftwerke

Während Müllverbrennungsanlagen historisch gesehen insbesondere zur thermischen Abfallbehandlung konzipiert wurden, sind Ersatzbrennstoffkraftwerke (EBS-KW) vorrangig zur Energieerzeugung geplant worden. Daher wurden sie auch standortoptimiert in die Nähe von großen Energieabnehmern gebaut. Technisch gesehen unterscheiden sich die Anlagen von den MVAs kaum, auch die EBS-KWs verfügen hauptsächlich über Rostfeuerungen. Sie sind für die Verwendung von aufbereiteten Ersatzbrennstoffen konzipiert und haben somit nicht so ein breites Spektrum an aufgebbaren Abfällen wie die MVAs.

In Deutschland sind 32 solcher Anlagen mit einer Kapazität von 6,3 Mio. Tonnen in Betrieb. Aufgrund der für den Betrieb der Anlagen aufbereiteten, heizwertreichen Abfälle wird mit ca. 70 % ein deutlich höherer Gesamtnutzungsgrad erreicht als bei den MVAs. Die in den Anlagen umgesetzten Abfälle haben nach Hochrechnungen einen Energiegehalt von ca. 68 PJ pro Jahr. Die erzeugte Energie beträgt ca. 44 PJ pro

Jahr. Somit lässt sich sagen, dass obwohl in den MVAs ca. das Dreifache an Abfall verbrannt wird, lediglich ca. die doppelte Energiemenge erzeugt wird im Vergleich zu den EBS-KWs.

6.4 Mitverbrennung in Industrieanlagen und Kraftwerken

Neben den klassischen MVAs und den EBS-KWs werden Abfälle auch in zahlreichen Industrieanlagen und Kraftwerken in Deutschland verbrannt, um fossile Energieträger einzusparen. Hierzu zählen insbesondere:

- Zement- und Kalkwerke
- Kohlekraftwerke
- Industriekraftwerke

Um das Jahr 2018 wurden in Kohlekraftwerken ca. 1,5 Mio. Tonnen Abfall verbrannt, wobei diese Menge mit der Stilllegung vieler Kohlekraftwerke vermutlich mittlerweile deutlich geringer ausfallen wird. Aus dem gleichen Jahr stammen Zahlen, die 31 Industriekraftwerke ausweisen, welche eine Genehmigung zur Verbrennung von Abfällen haben. Allerdings handelt es sich dabei meistens um Produktionsabfälle aus der Holz- und Papierindustrie [FHQ+18].

Mit einer Gesamtabfallmenge von 3,2 Mio. Tonnen, die einer Energiemenge von ca. 60 PJ entspricht, ist der Abfalleinsatz in deutschen Zementwerken als durchaus nennenswert zu betrachten. 34 dieser Anlagen und zwei weitere Kalkwerke nutzen neben Tiermehl, Klärschlamm und Papier insbesondere die heizwertreichen Abfallfraktionen EBS, Kunststoffgemische und Altreifen. Diese werden für den äußerst energieintensiven Brennprozess des Zementklinkers benötigt. Zement ist in der Bauindustrie eins der wichtigsten Bindemittel und besteht im Wesentlichen aus unterschiedlichen Anteilen von Calcium-, Silicium-, Aluminium- und Eisenoxid. Gewonnen wird der Zement aus den Rohstoffen Kalkstein, Quarzsand und Ton, die vor dem Brennprozess fein gemahlen werden. In einem Drehrohrofen wird das gemahlene Material bei Temperaturen von 200 bis zu 2050 °C in oxidierender Atmosphäre gebrannt. Dabei erreicht das Material Temperaturen von 1450 °C. Diese Temperaturen erfordern einen hohen Brennstoffbedarf, der im Jahr 2018 zu über zwei Dritteln über abfallbasierte Brennstoffe bereitgestellt wurde. Da die Verbrennungsrückstände im Zementklinker verbleiben, ist bei der Auswahl des Abfalls auf die jeweilige Zusammensetzung zu achten. Im Sinne einer funktionierenden Abfallbehandlung und der gleichzeitigen Nutzung des Energiegehalts sind Zementwerke gut geeignet für dort eingebrachte Abfallmengen. Die hohen Temperaturen und die vergleichsweise lange Verweilzeit erfüllen alle Anforderungen der Bundesimmissionsschutzverordnung hinsichtlich Schadstoffzerstörung und Abgaszusammensetzung. Zudem werden die Ascherückstände stofflich genutzt, sodass neben der energetischen Verwertung auch ein stoffliches Recycling durchgeführt wird [BBM+95, S. 848 f.; FHQ+18; ZSW20].

Die in Zementwerken eingesetzten abfallbasierten Brennstoffe bestehen, bezogen auf den Gesamtenergieeintrag, aus knapp 36 % Kunststoffen, davon ein Viertel aus Altreifen. Von den jährlich anfallenden etwa 570 000 Tonnen Altreifen werden ca. 35–40 % in Zementwerken energetisch verwertet [FHQ+18; ZSW20].

6.5 Auswahl energetische Verwertung vs. Recycling

Ausgangspunkt für die Entscheidung, welcher Verwertungsweg den Vorrang bekommt, ist laut Kreislaufwirtschaftsgesetz (KrWG) generell der Schutz von Mensch und Umwelt. Für den Bewertungsprozess ist gemäß KrWG § 6, Absatz 2 der gesamte Lebenszyklus des Abfalls zu betrachten und folgende vier Kriterien bei der Wahl des jeweiligen Verwertungswegs zu berücksichtigen:

- „die zu erwartenden Emissionen,
- das Maß der Schonung der natürlichen Ressourcen,
- die einzusetzende oder zu gewinnende Energie sowie
- die Anreicherung von Schadstoffen in Erzeugnissen, in Abfällen zur Verwertung oder in daraus gewonnenen Erzeugnissen." [KrWG, § 6, Abs. 2]

Dabei ist auch zu beachten, ob der jeweilige Verwertungsweg für den betreffenden Abfall technisch möglich, wirtschaftlich zumutbar und sozialverträglich ist. Häufiges Ziel dieser konkreten Betrachtung ist die Entscheidung, ob der gemäß Abfallhierarchie bevorzugte Weg des Recyclings anhand verschiedener Kriterien revidiert werden muss und der in einem konkreten Fall ökologisch sinnvollere Weg der energetischen Verwertung eingeschlagen werden sollte. Das Kreislaufwirtschaftsgesetz bildet die Grundlage zur Anwendung der Abfallhierarchie und wird über die Abfallerzeuger und -besitzer umgesetzt. Nach § 8 Absatz 2 KrWG kann für bestimmte Abfallarten die hierarchiekonforme Abfallbehandlung durch Rechtsverordnung konkreter gefasst werden (Beispiel: Altfahrzeugverordnung, Gewerbeabfallverordnung). Zudem gibt es für bestimmte Abfallarten oder Produktgruppen spezielle gesetzliche Regelungen, die ebenfalls vorrangig zur Anwendung kommen. Hierunter fallen zum Beispiel das Elektrogesetz und das Verpackungsgesetz. Für alle anderen Abfallarten werden die Regelungen des Kreislaufwirtschaftsgesetzes direkt angewendet [NN01-ol, S. 1]. Auch wenn neben den Altfahrzeugen und dem Elektronikbereich für den größten Abfallstrom der Kunststoffe (Verpackungen) anderweitige Regelungen gelten, so zeigt das KrWG, nach welchen grundlegenden Prinzipien die Abfallhierarchie in der deutschen Gesetzgebung umgesetzt wird. Vor diesem Hintergrund sind die folgenden, jeweils auch kommentierend auf Kunststoffabfälle bezogenen Ausführungen zu sehen. Der Leitfaden zur Anwendung der Abfallhierarchie des Bundesministeriums für Umwelt, Naturschutz, nukleare Sicherheit und Verbraucherschutz aus dem Jahr 2017 macht deutlich, auf welchen Fragestellungen eine Abwägung hinsichtlich der Auswahl der Verwertungsarten nach dem KrWG beruhen soll [NN01-ol]. Die Betrachtung des gesamten Lebenszyklus der Abfälle von der Gewinnung natürlicher Ressourcen über die Be- und Verarbeitung, Vermarktung, Nutzung bis zur Abfallbewirtschaftung und ihrer Folgen ist die Basis für die ganzheitliche Betrachtung der Abfallauswirkungen. Zwar wird die Methodik der Abwägung nicht vorgeschrieben, aber es werden Methoden wie LCA (Life Cycle Assessment) oder CBA (Cost-Benefit Analysis) in diesem Zusammenhang als „etabliert" bezeichnet. Im Rahmen des Leitfadens werden die Stationen des Lebenszyklus in drei Phasen zusammengefasst, die im Folgenden mit den jeweiligen Fragestellungen hinsichtlich der beiden Verwertungswege Recycling und energetische Verwertung vorgestellt werden [NN01-ol]:

Phase: Abfallverwertung und Abfallbewirtschaftung

Hier sind alle Maßnahmen und Vorgänge zu berücksichtigen, die von der Überlassung des Abfalls bis zum Ende des Verwertungsverfahrens vorgenommen werden müssen. In Bezug auf das Verwertungsverfahren zählen hierzu die Emissionen, der Ressourcen- und Energieeinsatz, das Störfallrisiko und der Arbeitsschutz. Die gleichen Aspekte sollen auch für alle Beförderungsvorgänge berücksichtigt werden. Da die Prozesse des stofflichen Recyclings und der energetischen Verwertung im Prinzip bekannt sind, lässt sich hier eine vergleichende Bewertung recht einfach anstellen. Da das Herstellen von Rezyklat je nach Verwendung unterschiedlich hohe Anforderungen an die Qualität stellt, ist der anlagenbezogene Aufwand hiervon abhängig, sodass die Verknüpfung mit Phase 2 und 3 unerlässlich ist. Ein hochwertiges Recycling, beispielsweise mit Entfernung aller Störstoffe, Geruchsstoffe und Farbstoffe, ist technologisch höchst aufwendig und in der Regel im großen Maßstab nicht wettbewerbsfähig. Werden hingegen im Zuge der Aufbereitung lediglich oberflächliche Verunreinigungen durch Waschprozesse entfernt, ist der Aufwand anlagentechnisch deutlich geringer und damit fallen auch die Emissionen, der Energieeinsatz usw. geringer aus.

Phase: Output-Betrachtung: Auswirkungen der Abfallverwertung

In der Phase 2 geht es nicht um die Umweltauswirkung der Verwertungsvorgänge wie zum Beispiel die Emissionen der Anlagen (siehe Phase 1), sondern um die Stoffe und die gewonnene Energie, die aus den Verfahren resultieren.

Beim Recycling werden die Qualität und die Ressourceneffizienz des Produkts genannt, die bewertet werden sollen. Die Berücksichtigung der Qualität des Rezyklats ist wichtig, jedoch stellt sich die Frage, wie im konkreten Fall die Qualität des aus dem Abfall herzustellenden Sekundärrohstoffs evaluiert werden kann. Die Ressourceneffizienz bezieht sich auf den Anteil des dem Recycling zugeführten Abfalls, der tatsächlich wieder in den Wertstoffkreislauf überführt wird. Diese Betrachtung ist aus Sicht des Autors wichtig, weil die stofflichen Prozessverluste in vielen Fällen nicht oder nur unzureichend berücksichtigt werden. Zum Beispiel beziehen sich die gesetzlich festgelegten Recyclingquoten in dem Verpackungsgesetz (VerpackG, siehe Abschnitt 2.2.9) auf die Zuführung zum Recycling und nicht auf den jeweiligen Output. Weiterhin ist zu berücksichtigen, ob durch das Recycling im Abfall enthaltene Schadstoffe wieder dem Kreislauf zugeführt werden oder nicht. Wenn dies nicht ausgeschlossen werden kann, kann die energetische Verwertung oder die Deponierung der richtige Behandlungsweg sein.

Bei der energetischen Verwertung sind die Auswirkungen der Energienutzung im Hinblick auf die im Abfall enthaltene Energie, die Effizienz und die Umweltauswirkungen der Energienutzung relevant.

Phase: Input-Betrachtung: Phasen vor der Abfallbewirtschaftung

In dieser Phase werden die Umweltauswirkungen im Vergleich zu der jeweils substituierten Ressource (Rohstoffe oder Brennstoffe) betrachtet. Beim Recycling steht dabei das aus dem Rezyklat hergestellte Produkt auf dem Prüfstand. Im Fall der Kunststoffe stellt sich dabei die Frage: Können im konkreten Fall durch die Verwendung von Rezyklat anstelle von Neuware die negativen Umweltauswirkungen gemindert werden? Diese Frage stellt sich insbesondere dann, wenn Produkte im Fall geringerer mechanischer Materialkennwerte der Rezyklate bewusst größer dimensioniert werden und somit mehr Material verarbeitet wird. Dies steigert die eingesetzte Ressourcenmenge und den Energiebedarf. Erhöhter Ausschuss durch Chargenschwankungen bei der Verarbeitung von Rezyklat ist für eine ehrliche Analyse in die Betrachtung ebenfalls mit aufzunehmen. Beides betrifft die Qualität des Recyclingschritts, der natürlich vom Inputstrom, aber auch von den wirtschaftlich umsetzbaren Möglichkeiten abhängig ist.

Die energetische Verwertung hat das Ziel, herkömmliche Brennstoffe zu substituieren. Der Vorgang der Verbrennung ist für den konkreten Abfall einmalig und irreversibel, sodass lediglich das energetische Potenzial des Abfalls genutzt werden kann. Nach dem Leitfaden des Bundesumweltministeriums ist dabei relevant, welcher Energieträger (Kohle, Gas, Öl, erneuerbare Energien) ersetzt werden soll und ggf. auch, wie es um die Verfügbarkeit dieser Ressource bestellt ist.

Die Gesamtbetrachtung soll in eine vergleichende Gewichtung sich gegenüberstehender Argumente münden und letztlich die „beste Option" für den konkreten Abfall ergeben. Diese kann von der grundlegenden Abfallhierarchie abweichen, wenn dadurch der Schutz von Mensch und Umwelt am besten gewährleistet ist. Insgesamt lässt das Gesetz auf dieser Basis eine Vielzahl an Darlegungsmöglichkeiten mit komplexen und detailreichen Begründungen zu, die eine Überprüfung durch überwachende Behörden praktisch unmöglich macht. Im Zuge einer Evaluation zur Abschaffung der Heizwertklausel aus dem Jahr 2016 ergaben Rückmeldungen aus einer Befragung der Bundesländer unter anderem, dass keine Fälle bekannt sind, in denen Lebenszyklusanalysen bei der Auswahl der Verwertungsverfahren genutzt worden sind. Eine Stellungnahme aus einem der Bundesländer ergab in Bezug auf die damals geltende Heizwertklausel, dass generell die Regelung der die Auswahl der Verwertungsverfahren betreffenden §§ 6–8 KrWG „die Berücksichtigung sehr unterschiedlicher Kriterien erlaubt bzw. vorsieht, deren Anwendung und Abgrenzung praktisch nur sehr eingeschränkt einer behördlichen Überprüfung zugänglich sind, …“ [ZWD+16, S. 42].

Aus wissenschaftlicher Sicht ist generell das im KrWG zugrunde liegende „Lebenszyklusdenken“ zum Vergleich der Verwertungswege im konkreten Fall heranzuziehen, jedoch bedarf es klarer Rahmenbedingungen hinsichtlich der zu verwendenden Methodik. Die in Umweltfragen angewendete Ökobilanzierung bzw. das Life Cycle Assessment ist hier zunächst das geeignete Mittel, um quantifizierbar verschiedene Verwertungswege zu vergleichen. Neben dem Schutzgut Umwelt gilt es jedoch auch den Menschen und sein Umfeld zu schützen. Hierzu zählen nach dem Leitfaden zum KrWG das Leben, die Gesundheit, das körperliche, seelische und soziale Wohlbefinden und der im Bundesimmissionsschutzgesetz formulierte Bereich der „Allgemeinheit und Nachbarschaft“. Damit geht es auch um die Arbeitnehmer eines Unternehmens. Da die sozialen Aspekte bis dato noch nicht im Life Cycle Assessment erfasst sind, müssen diese also gesondert Berücksichtigung finden. Insgesamt sollten für jede Abfallart bzw. Produktgruppe quantitative Aufstellungen nach klaren Richtlinien als Basis der Entscheidungsfindung dienen. Die nun schon für viele Abfallarten erlassenen Gesetze und Verordnungen sind an dieser Stelle als komplexitätsreduzierende und branchenspezifische Alternativen zur direkten Anwendung des KrWG zu sehen. Dabei muss unterstellt werden, dass sie hierarchiekonforme Lenkungswirkung besitzen und somit die Ziele der betreffenden §§ 6–8 KrWG durch Quotenregelungen, Verpflichtungen zur getrennten Sammlung und Behandlung oder ähnliche Regeln erfüllen [ZWD+16, S. 46]. In welchen Fällen die Anwendung des KrWG gegenüber Spezialregeln aus Verordnungen zum Tragen kommt, ist eine juristische Frage und soll an dieser Stelle nicht weiter thematisiert werden.

Zusammenfassend lässt sich sagen, dass die energetische Verwertung bis auf Weiteres Bestandteil einer realistisch umsetzbaren Kreislaufwirtschaft sein wird. Eine wichtige Aufgabe ist die mit der thermischen Behandlung einhergehende Schadstoffsenke. Zudem werden in Zukunft lediglich in kleinen Schritten Zuwächse bei der stofflichen Verwertung zu erwarten sein, wenn nicht deutlich stärker vonseiten der Gesetzgebung wirksam steuernde Instrumente eingeführt werden. Die Energienutzung ist zudem vor dem Hintergrund knapper werdender Ressourcen ein wichtiger, wenn auch kleiner Baustein zur Schonung fossiler Energieträger.

Literatur

[BBM+95] Brandrup, J.; Bittner, M.; Michaeli, W.; Menges, G.: „Die Wiederverwertung von Kunststoffen". Carl Hanser Verlag, München, Berlin, 1995

[BH13] Bilitewski, B.; Härdtle, G.: „Abfallwirtschaft". Springer-Verlag, Berlin, Heidelberg, 2013

[Car95] Carlowitz, B: „Kunststoff-Tabellen". 4. Auflage, Carl Hanser Verlag, München, 1995

[Con21] Conversio Market & Strategy GmbH: „Stoffstrombild Kunststoffe in Deutschland 2021", Oktober 2022

[FHQ+18] Flamme, S.; Hanewinkel, J.; Quicker, P.; Weber, K.: „Energieerzeugung aus Abfällen – Stand und Potenziale in Deutschland bis 2030". Umweltbundesamt, Texte 51/2018, ISSN: 1862–4359, 2018

[MG16] Martens, H.; Goldmann, G.: „Recyclingtechnik", Springer Fachmedien, Wiesbaden, 2016

[NN01-ol] Bundesministerium für Umwelt, Naturschutz, nukleare Sicherheit und Verbraucherschutz: „Leitfaden zur Anwendung der Abfallhierarchie nach § 6 Kreislaufwirtschaftsgesetz (KrWG)", Stand: 25.09.2017, *https://www.bmuv.de/fileadmin/Daten_BMU/Download_PDF/Abfall-wirtschaft/krwg_leitfaden_abfallhierarchie_bf.pdf*, abgerufen am: 15.08.2022

[Jun04] Jungbauer, A.: „Recycling von Kunststoffen". Vogel Verlag und Druck KG, Würzburg, 1994

[KC10] Kranert, M.; Cord-Landwehr, K.: „Einführung in die Abfallwirtschaft". Wiesbaden, Vieweg+Teubner-Verlag, 2010

[NN01-ol] Deutsche Emissionshandelsstelle: „Standardfaktoren nach Art. 31 Abs. 1 c) Monitoring-Verordnung für Emissionsfaktoren, Heizwerte und Kohlenstoffgehalte". Anhang 4 des Leitfadens zur Erstellung von Überwachungsplänen und Emissionsberichten für stationäre Anlagen, Umweltbundesamt, 2022, *https://www.dehst.de/SharedDocs/downloads/DE/stationaere_anlagen/2021-2030/Ueberwachungsplan-Emissionsbericht_Leitfaden.pdf?__blob=publicationFile&v=12*, abgerufen am 19.08.2022

[Spo18] Spohn, C.: „Aktuelle Situation der Thermischen Abfallbehandlung in Deutschland vor dem Hintergrund der nationalen und europäischen Entwicklungen". In: Energie aus Abfall, Band 15, Thomé-Kozmiensky Verlag, 2018

[ZSW20] Zeschmar-Lahl, B.; Schönberger, H.; Waltisberg, J.: „Abfallmitverbrennung in Zementwerken". Umweltbundesamt, Texte 202/2020, ISSN: 1862–4804, 2020

[ZWD+16] Zotz, F.; Weißenbacher, J.; Dollhofer, M.; Greßmann, A.: „Evaluation der ökologischen und ökonomischen Auswirkungen des Wegfalls der Heizwertregelung des § 8 Abs. 3 Satz 1 KrWG". Umweltbundesamt, Texte 21/2016, ISSN: 1862–4804, 2016

7 Schlusswort

Ausgehend von einschlägigen Berichterstattungen über globale Umweltprobleme durch die unsachgemäße Entsorgung von Kunststoffen, wurde in diesem Buch zunächst anhand ausgewählter Studien der Blick auf die Umweltbelastung gerichtet. Auch wenn die Studienergebnisse in ihrer globalen Skalierung auf recht vagen Annahmen beruhen, ist beispielsweise das Ausmaß der in den Weltmeeren vorhandenen Kunststoffabfälle und der damit einhergehenden Folgen für die Tierwelt enorm groß. Es wird deutlich, dass in vielen Ländern dieser Erde die Einführung eines funktionierenden Abfallmanagementsystems eine erhebliche Reduzierung des Eintrags von Abfall in die Umwelt zur Folge hätte.

Grundsätzlich sind Kunststoffe aufgrund ihres Eigenschaftsprofils für zahlreiche Anwendungen der Werkstoff der Wahl und sind (zumindest die Thermoplaste) prinzipiell recyclingfähig. Allerdings steht die zumeist günstigere Neuware üblicherweise als reines Material in großer Menge, hoher Liefertreue und ausreichender Qualität zur Verfügung, sodass viele Hersteller diese aus rein ökonomischen Gesichtspunkten und aufgrund weitgehend stabiler Lieferketten dem Rezyklat vorziehen.

Für die Gewinnung von Kunststoffen aus dem Abfall sind bezüglich der Sammel- und Sortierlogistik, der Aufbereitungstechnik, der zu erzielenden Werkstoffeigenschaften sowie des Vorhandenseins entsprechender Anwendungen für die Rezyklate grundlegende Voraussetzungen notwendig. Aufwendige Aufbereitungsprozesse für hochreine Rezyklate können in vielen Fällen nur durch gesetzliche Vorgaben hinsichtlich des zwingenden Einsatzes von Rezyklat gerechtfertigt werden.

In Europa ist durch massive Einflussnahme der Gesetzgebung ein Weg beschritten worden, der einer Kreislaufwirtschaft den Weg ebnet. Recyclingquoten, Mindest-Rezyklateinsatz oder Designvorgaben führen zu einem verstärkten Einsatz von Rezyklat und dem Aufbau einer für ausgewählte Stoffströme wirtschaftlich betriebenen Recyclingindustrie. Wer als Akteur in der Wertschöpfungskette sich seiner Abhängigkeit und seines Stellenwerts gegenüber den anderen Akteuren bewusst ist und daraus resultierend versteht, seine Interessen umzusetzen, kann erfolgreich im Wettbewerb bestehen. Hierauf wird insbesondere in Abschnitt 2.3 eingegangen. Durch Bündelung mehrerer Rollen in einer Unternehmensgruppe lassen sich Abhängigkeiten reduzieren und die Wettbewerbsfähigkeit erhöhen.

Die gesetzlichen Vorgaben werden zukünftig nicht nur einen größeren Einfluss auf die ohnehin schon seit vielen Jahren betroffenen Stoffströme wie Verpackungen haben, sondern auch auf Produkte aus dem Automobilsektor, dem Maschinenbau oder der Elektrobranche. Zu befürchten ist ein Wettbewerbsnachteil gegenüber Unternehmen aus anderen Regionen dieser Erde, die diesen Zwängen in ihren Märkten nicht unterliegen.

Was die technologischen Rahmenbedingungen angeht, so lassen sich Kunststoffabfälle heutzutage mit moderner Anlagentechnik in einer hohen Sortier- bzw. Trenngüte in sortenreine Stoffströme überführen. Aktuelle Forschungsaktivitäten im Bereich des Auftrennens von Kunststoffverbunden führen zur Erschließung weiterer Rezyklatsorten, die auch in technischen Applikationen Einsatz finden können (siehe Abschnitt 4.6).

Gegenüber dem werkstofflichen Recycling spielt das rohstoffliche Recycling nach wie vor eine untergeordnete Rolle. Viele im Labormaßstab gut funktionierende Prozesse scheitern aus technischen und wirtschaftlichen Gründen an der großmaßstäblichen Skalierung. Die Zukunft wird zeigen, ob die durch große Konzerne in den letzten Jahren getätigten Investitionen im Bereich des rohstofflichen Recyclings zu einer nennenswerten Ausbringungsmenge an Rohstoffen führen.

Aufgrund des hohen Heizwerts sind Kunststoffe für die Energieerzeugung über Ersatzbrennstoff-Kraftwerke oder Müllverbrennungsanlagen ein beliebter Verwertungsweg. Aufwendige Abgasreinigungssysteme führen zu einer vergleichsweise geringen Emission von schädlichen Abgasen. Aufgrund der im Kreislaufwirtschaftsgesetz verankerten Abfallhierarchie ist die Verwertung über Recyclingprozesse der energetischen Verwertung prinzipiell vorzuziehen. Jedoch lassen beispielsweise Lebenszyklusanalysen abweichende Entscheidungen von diesem Prinzip zu, deren Überprüfbarkeit aufgrund fehlender, grundlegender und übergreifender Standards aktuell nicht gegeben ist. Aus diesem Grund dienen für einige Abfallarten geltende Verwertungs- bzw. Recyclingquoten als komplexitätsreduzierende Alternative zur direkten Anwendung des Kreislaufwirtschaftsgesetzes.

Das Zusammenspiel von langfristiger Rohstoffverfügbarkeit, effektivem Umwelt- und Klimaschutz, wirtschaftlichem Gestaltungsspielraum in einem globalen Markt und einem sicheren Abfallmanagement wird vor dem Hintergrund der steigenden Komplexität in jedem dieser Bereiche eine herausfordernde Aufgabe für Politik, Wirtschaft und Gesellschaft bleiben.

Glossar

ABS	Acrylnitril-Butadien-Styrol
ASA	Acrylnitril-Styrol-Acrylester
CBA	Cost-Benefit Analysis
EBA	Ethylen-Butylacrylat
EBS	Ersatzbrennstoff
EBS-KW	Ersatzbrennstoffkraftwerke
EPS	Expandiertes Polystyrol
EVA	Ethylen-Vinyl-Acetat
EVOH	Ethylen-Vinylalkohol
EPDM	Ethylen-Propylen-Dien-Kautschuk
ERDE	Erntekunststoffe Recycling Deutschland
EWKFondsG	Einwegkunststofffondsgesetz
EWKVerbotsV	Einwegkunststoffverbotsverordnung
GewAbfV	Gewerbeabfallverordnung
HDPE	Polyethylen hoher Dichte
KrWG	Kreislaufwirtschaftsgesetz
KTP	Kunststofftechnik Paderborn
LCA	Life Cycle Assessment
LDPE	Polyethylen geringer Dichte

LLDPE	Lineares Polyethylen geringer Dichte
LVP	Leichtverpackung
MVA	Müllverbrennungsanlage
PA	Polyamid
PC/ABS	Polymerblend aus Polycarbonat und Acrylnitril-Butadien-Styrol
PC	Polycarbonat
PET	Polyethylenterephthalat
PMMA	Polymethylmethacrylat
PE	Polyethylen
PP	Polypropylen
PPWR	Packaging and Packaging Waste Regulative
PS	Polystyrol
PU/PUR	Polyurethan
PVC	Polyvinylchlorid
SAN	Styrol-Acrylnitril-Copolymer
TPE	Thermoplastisches Elastomer
TPS	Thermoplastisches Styrolelastomer
TPU	Thermoplastisches Urethanelastomer
VerpackG	Deutsches Verpackungsgesetz
VerpackDG	Verpackungsrecht-Durchführungsgesetz

Index

L

M

N

O

P

R

S

U

V

W

Z